北京林业大学学术专著出版资助计划资助出版

马克思诞辰200周年纪念文库
The 200th Anniversary Books for Karl Marx

生态和谐社会伦理范式阐释研究

周国文 | 主编

中央编译出版社
Central Compilation & Translation Press

图书在版编目(CIP)数据

生态和谐社会伦理范式阐释研究／周国文主编．
—北京：中央编译出版社，2019.1
ISBN 978-7-5117-3647-5

Ⅰ．①生…
Ⅱ．①周…
Ⅲ．①社会公德—研究
Ⅳ．① B824

中国版本图书馆 CIP 数据核字（2018）第 277434 号

生态和谐社会伦理范式阐释研究

出 版 人：	葛海彦
责任编辑：	谭　伟
责任印制：	刘　慧
出版发行：	中央编译出版社
地　　址：	北京西城区车公庄大街乙 5 号鸿儒大厦 B 座（100044）
电　　话：	（010）52612345（总编室）　　（010）52612349（编辑室）
	（010）52612316（发行部）　　（010）52612346（馆配部）
传　　真：	（010）66515838
经　　销：	全国新华书店
印　　刷：	三河市华东印刷有限公司
开　　本：	710 毫米×1000 毫米　1/16
字　　数：	348 千字
印　　张：	20
版　　次：	2019 年 1 月第 1 版
印　　次：	2019 年 1 月第 1 次印刷
定　　价：	98.00 元

网　　址：	www.cctphome.com　　邮　箱：cctp@cctphome.com
新浪微博：@中央编译出版社　　微　信：中央编译出版社（ID：cctphome）
淘宝店铺：中央编译出版社直销店（http://shop108367160.taobao.com）（010）55626985

本社常年法律顾问：北京市吴栾赵阎律师事务所律师　　闫军　　梁勤
凡有印装质量问题，本社负责调换，电话：（010）55626985

序　言

国文又有新书付梓，要我为之作序，颇为踌躇不安。国文的思维方式和书写风格都极具个性，我在理解其著述时常常感到吃力。

国文新书的标题是"生态和谐社会伦理范式阐释研究"，"和谐"一词自是该书的一个关键词。我就在此谈谈"和谐"吧，呈一孔之见，就教于方家。

在人类社会中，人与人之间的关系总处于竞争与合作的张力之中，只要这种张力是适度的，则社会是和谐的。简言之，社会和谐就在竞争和合作的适度张力之中。没有竞争，社会就是一潭死水，毫无生气，智能之士就缺乏创新的积极性，在竞争张力之中，众多人才会自强不息。但竞争过于激烈而演变为无情的斗争或残酷的战争，就会造成严重的社会破坏。

竞争是无法消弭的，人类社会始终存在各种各样的竞争，人们不在这方面竞争就在那方面竞争，老子所说的那种不争的人是极其罕见的。例如，在中国计划经济时期，人们在经济方面吃"大锅饭"，奉行平均主义分配原则，空前弱化了经济竞争，但"以阶级斗争为纲"的政治路线又空前强化了政治竞争。事实上，那时人与人之间的政治斗争过于激烈，那样的社会当然是不和谐的。1978年改革开放以来，中国共产党实现了从"以阶级斗争为纲"到"以经济建设为中心"的"拨乱反正"，逐渐由计划经济转向市场经济，从而逐渐强化了人与人之间的经济竞争，弱化了政治竞争。

然而，无论何种人际竞争都必须遵循基本的道德规范，无视道德规范的恶性竞争必然会破坏和谐。事实上，中国改革开放以来各行各业的竞争就因为一些人无视道德底线而导致了种种恶果，其中食品行业和医药行业的恶性竞争为害尤甚。中国共产党在21世纪初之所以提出建设社会主义和谐社会，就是因为我国社会已存在不和谐现象。在这种情况下，加强民主法治建设、提高公民道德水平才是建设和谐社会的根本途径。

民主法治原则和现代社会基本公共道德原则是一致的，可归结为人权原则。人权原则强调人人都有不可剥夺的尊严和不可侵犯的基本权利，这些基本权利就写在现代国家的宪法里。仅当一个社会的多数人都自觉地遵守人权原则，即都有尊重他人的美德时，这个社会才可能是一个和谐社会。你尽可以争强好胜，但必须尊重他人的权利。争强好胜而又不择手段的人多了，则社会不可能和谐。

我们在建设和谐社会的过程中不可忘记，人类社会是地球生物圈的子系统，人在自然中如鱼在水中。一个社会多数人都自觉遵循人权原则，都有尊重他人的美德，该社会就是一个和谐社会。但这个社会的人们若一味追求物质财富的增长而肆无忌惮地污染环境、破坏生态健康，那么就会造成另一种不和谐，即人与自然环境之间的不和谐。事实上，第二次世界大战以后，发达国家都较好地保持了各自社会内部的和谐，却极其严重地污染了环境，且因过量排放温室气体而导致地球升温。如今发达国家较好地保护了自家的环境，而把污染性产业转移到中国、印度、越南、马来西亚等发展中国家。发展中国家在追求快速发展的过程中又造成了各自国家的严重污染，其温室气体排放的迅速增加会进一步影响全球气候变化。我们仍没有实现与地球生物圈之间的和谐，人类仍未走出生态危机。全球性生态危机警示人类，仅谋求人际和谐是不够的，人类还必须谋求人与地球生物圈之间的和谐，各国都必须谋求人与生态环境之间的和谐。

如上所述，纯属引玉之砖，关于如何建构和谐社会，如何谋求人与自然环境之间的和谐，国文皆有独到且深刻的见解，阅读该书必有教益。

卢 风

2018年6月1日于清华园新斋

目 录

引言　生态和谐社会的哲学蕴含 ………………………………………… 1

第一章　生态和谐社会伦理范式阐释之引论 ……………………………… 5
第一节　人、生态与社会 ………………………………………………… 6
第二节　生态和谐：自然的秩序之源 …………………………………… 7
第三节　从弱的人类中心论到弱的非人类中心论 ……………………… 10
第四节　生态和谐与社会和谐 …………………………………………… 13
第五节　生态和谐社会的内涵 …………………………………………… 14
第六节　范式及生态和谐社会的伦理范式 ……………………………… 16
第七节　阐释与伦理范式的阐释 ………………………………………… 19
第八节　生态和谐社会的道德机制及相关问题 ………………………… 20
第九节　尺度的德性 ……………………………………………………… 22
第十节　生态和谐的社会共识 …………………………………………… 23
第十一节　可持续的道德模式 …………………………………………… 25

第二章　生态和谐社会的基本内涵 ………………………………………… 28
第一节　均衡化的经济发展 ……………………………………………… 28
第二节　宜居化的社会生活 ……………………………………………… 29
第三节　至上化的生态环境 ……………………………………………… 30
第四节　自然化的科技导向 ……………………………………………… 32

第三章　生态和谐社会的思想演变 …… 34
第一节　不同社会形态的观念变迁 …… 34
第二节　生态和谐社会视野中的环境哲学本土化 …… 36

第四章　生态和谐社会的理论前提 …… 41
第一节　自然价值的承认 …… 41
第二节　人与自然的和谐统一 …… 42
第三节　社会生态的稳定 …… 44
第四节　生态公民身份的普及 …… 46
第五节　生产、生活与生态的平衡 …… 48
第六节　"仁"之概念的生态意涵 …… 50

第五章　生态和谐社会的伦理思辨 …… 59
第一节　伦理范式的内涵 …… 59
第二节　和谐社会与生态和谐社会 …… 61
第三节　生态和谐社会的伦理范式 …… 64
第四节　生态和谐社会的环境伦理 …… 68
第五节　生态和谐社会之城市建设的环境伦理支撑 …… 71

第六章　生态和谐社会的构建框架 …… 80
第一节　空间结构最优化 …… 81
第二节　生态环境健康化 …… 81
第三节　经济发展均衡化 …… 82
第四节　社会生活文明化 …… 83
第五节　文化氛围和谐化 …… 84
第六节　管理制度创新化 …… 85
第七节　绿色治理新形态 …… 85

第七章　生态和谐社会的现实维度 …… 95
第一节　生态和谐社会的概念与内涵 …… 96
第二节　多元化的生态和谐社会现实维度 …… 96
第三节　多元维度下的生态和谐社会实践路径 …… 99

第四节　维护环境正义的生态公民之培育 …………………… 102
　　第五节　公民伦理的承认及稳步实践 …………………………… 112

第八章　生态和谐社会的建设困境 …………………………… 121
　　第一节　工业社会的环境风险 …………………………………… 121
　　第二节　气候变化的全球危机 …………………………………… 122
　　第三节　离弃自然的生态灾难 …………………………………… 123
　　第四节　唯物质主义的增长警示 ………………………………… 124
　　第五节　单向度发展模式的问题 ………………………………… 125
　　第六节　生态和谐社会的主体人群 ……………………………… 126

第九章　生态和谐社会的目标取向 …………………………… 130
　　第一节　自然系统健全的文明社会 ……………………………… 130
　　第二节　生存环境美好的现代社会 ……………………………… 131
　　第三节　人类身心健康的现代社会 ……………………………… 133
　　第四节　绿色发展的和谐社会 …………………………………… 134
　　第五节　物质丰裕的生态社会 …………………………………… 135
　　第六节　生态和谐的蕴义与愿景：政府、公民与社会的环境目标 … 138
　　第七节　全球化视域下的生态幸福观 …………………………… 144

第十章　生态和谐社会的构成对象 …………………………… 151
　　第一节　人与城市 ………………………………………………… 151
　　第二节　人与农村 ………………………………………………… 153
　　第三节　人与森林 ………………………………………………… 155
　　第四节　人与河流 ………………………………………………… 156
　　第五节　人与海洋 ………………………………………………… 157
　　第六节　人与冰川 ………………………………………………… 159
　　第七节　人与大地 ………………………………………………… 160

第十一章　生态和谐社会的评价原则 ………………………… 162
　　第一节　能否善待一切生命 ……………………………………… 162
　　第二节　能否保护地球的生物链 ………………………………… 163

第三节　能否养成持久的生态公民 ………………………………… 164
　　第四节　能否维持自然界的完整、美好与稳定 …………………… 166
　　第五节　能否塑造系统的生态共同体 ……………………………… 167

第十二章　生态和谐社会的重要路标 …………………………………… 170
　　第一节　自然的哲学概念 …………………………………………… 170
　　第二节　生态概念与生态思维 ……………………………………… 172
　　第三节　自然主义生态思维的蕴含 ………………………………… 173
　　第四节　生态和谐社会的重要路标 ………………………………… 175
　　第五节　生态的哲学化与科技的生态学转向 ……………………… 178
　　第六节　环境哲学的实践指向 ……………………………………… 184
　　第七节　未来环境哲学之发展趋势 ………………………………… 192

第十三章　一个发育的生态和谐社会的生态伦理：问题与前景 …… 200
　　第一节　中国情境生态和谐社会生态伦理的形成背景 …………… 200
　　第二节　形成中国情境生态和谐社会生态伦理的基本条件 ……… 204
　　第三节　展望中国情境生态和谐社会生态伦理的未来生成 ……… 207

第十四章　生态和谐社会的未来展望 …………………………………… 211
　　第一节　以自然权与人权相融合的和谐观统领生态文明 ………… 211
　　第二节　以保护地球的生态公民观引导中国和谐社会 …………… 213
　　第三节　以自然为本的生态观形塑可持续发展模式 ……………… 215
　　第四节　以森林为立足点的绿色发展观培育全球化社会 ………… 217
　　第五节　以生态全球化的思维范式创造生态和谐世界 …………… 221

第十五章　生态和谐社会的生态文明与文化发展 …………………… 224
　　第一节　生态文明与工业文化 ……………………………………… 224
　　第二节　生态文明和现代性工业文化 ……………………………… 229
　　第三节　生态文明与文化的协同进化 ……………………………… 235

第十六章　生态和谐：一个生态世界的构想 ………………………… 246
　　第一节　生态和谐与生态世界的构想 ……………………………… 246

第二节　生态之美的两种形态:城市荒野与城市森林 …………………… 255
　　第三节　生态公民与一个生态世界的图景 ……………………………… 262
　　第四节　世界城市的生态文明模式——绿色北京的创新驱动 ………… 272

第十七章　伦理范式的生态和谐社会 ………………………………………… 281
　　第一节　生态性与公民身份的连接 ……………………………………… 281
　　第二节　生态和谐社会作为一个新兴的伦理范式 ……………………… 283
　　第三节　锻造生态和谐社会的公民德性 ………………………………… 285
　　第四节　生态和谐社会的实践取向 ……………………………………… 290

参考文献 ………………………………………………………………………… 292

后记　生态和谐社会:生态哲学的新维度 …………………………………… 301

引言　生态和谐社会的哲学蕴含

生态和谐社会作为一种相对理想的社会模式,体现出生态文明建设在社会层面的对应目标。在新的社会结构范式转换过程中,从无序向有序的转化,从混乱到均衡的变迁,呼唤着生态和谐社会的到来。

随着文明范式的转化,一种对新的社会结构的呼唤也随之而来。托马斯·伯利在20世纪末就预言,人类将走向生态纪。生态纪可以解读为生态文明新时代的征兆,如果说生态是人类不可选择的存在,那么社会则是人类有组织的形态。生态纪作为一个回归绿色的新时代,离不开生态和谐社会以社会形态为基础的支撑。

在生态后面加上"和谐"二字,表明了一种令人忧虑的现实,那就是我们地球面临着生态被破坏的后果。这实际上折射出我们固有的意识及相应的伦理观与社会观出了问题。人类能在多大程度上改变自己,从生活方式、生产方式到思维方式,体现出一个不断呈现善念与善行的社会结构。这种社会结构把人和自然共生共处共融于一个社会共同体内,关键在于我们的所作所为是不是在建设一个有效的生态社会。党的十八大提出要"努力走向社会主义生态文明新时代",这个新时代也正如同党的十九大所提出的"中国特色社会主义进入新时代"。时代是社会存在的背景,时代更是社会建设的趋势。新时代在人类组织形态上更加呼吁建设新社会。它在生态文明的层面,更加注重一个不断发育的生态和谐社会的凝聚。

当代中国社会的现代化是"人与自然和谐共生的现代化",它要求我们有效构建一个面向生态现代化的生态和谐社会。生态和谐是原初状态,也是本真状态,朝着生态和谐的目标前行,我们在后来人的意义上可以做一些生态修补的工作。生态和谐社会是一个充满张力的社会,自然环境所存在的丰富的多样性、复杂性与独立性,为人类社会面向自然生态的建设提供了有效的形式载体。这也正是一个不断改善中的社会所需要的。从弱的非人类中心主义观点来看,自然不能被人为地改变,但社会可以被有序地改善。

从代际伦理的层面看,生态和谐社会是后生态社会。它的理论基础是马克思主义生态观。特别是在人与自然之关系的探讨上,以和谐观融入生态观,以充分尊重自然规律来发展生产。如福斯特所认为,马克思的理论中深藏着浓厚的生态意识,表现了"自然与社会之间新陈代谢的相互作用理论"。生态和谐社会在其本质意义上要求是一个理念和谐、关系和谐、结构和谐与效果和谐的社会,但其到底能否做到和谐,关键要看人类、社会、环境与自然相互之间的和谐匹配度。它立足于未来社会人与自然关系的构想,从独立的层面站在生态与社会相互适应及连接的基础上,从融合的层面把社会更好地融入生态。和谐与否,是人类可认识的,却不是人类能决定的。生态不和谐是当今社会环境问题产生的根源及焦点。原生态在自然层面是和谐的,但生态在人类后天社会生活中所发生的演变却越来越呈现出不和谐的态势。

生态变异已经严重影响到人类自身的生存及生活,扭曲的环境问题在水污染、土壤污染与大气污染的层面造成生态受损,自然界遇到毁灭式侵掠。以生态恢复的驱动力去重新理解与排序和谐社会的多元种群结构,需要分别从人与自然的角度找到各自建设性的方式。

生态修复已提上议事日程。从布克金所论述的生态社会,到本文中所诠释的生态和谐社会,其理念思路不仅一致体现了对生态从概念到实践的足够关注,而且更加强调人类生存活动对和谐的需求及建构。生态和谐社会是一种新的格局,它所蕴含的新生态、新和谐与新社会是一种新境界。新生态不是意味着一种原生态,当然也不同于旧生态。新生态其本质上还是回归于自然之本与生态规律。只不过新生态更加注重生态与环境的合成式作用,更加强调人类参与生态环境综合性的功效。新生态并非"目中无人",更不是以科技的力量再次张扬人定胜天。基于对人之效能的合理评估,生态和谐社会可以说是后生态社会。它缘于生态环境问题严重地影响了生态社会的结构,并且极大地冲击了生态社会的底线,或者说造成了生态社会的破碎与解构。当生态社会已经不再一如往常,生态不和谐的问题已直接造成生态社会的丧失。"人们在全球范围内扩张并建立国际贸易网络,这使各个大陆重新聚集成为一个虚拟的超级大陆,并将植物、动物、微生物和真菌物种以一种自2亿多年前的泛古陆(指假定的古代超大陆)以来再也没有出现过的方式混合在一起。"① 在此关键节点,建构生态和谐社会就成了一个历史任务与时代课题。美国保育生物学家托马斯在其著作《地球继承人》中提出建设美丽新世界的四条规则:接受改变、保持灵活性(或许通过物种交换)、承认我们自己是一

---

① [美]戴维·别洛:《我们没有在毁灭地球》,载《参考消息》,2018年1月22日。

种自然力量以及不过度耗费。

在一个新旧交替的时代,无论是作为普遍的人类,还是作为不同国度的公民,我们是否做好准备迎接充满环境风险的挑战?这是一个值得思辨的问题。生态和谐不仅意味着不同物种之间的和谐,而且也是物种与栖息地之间的和谐。如利奥波德所说,保留每一个齿轮,这是智能修的第一个预防措施。那么支撑生态和谐社会的齿轮,不仅是自然的齿轮,也是社会的齿轮。从人类活动的角度出发,陆地是基础,是人生存的根本立足之所在,人对陆地的任何介入都是对环境的改变。它需要我们深刻理解环境在人的意义上被生成的事实。

生态和谐社会是解构后的重构,是面对破碎的重新整合。它更多的是一种恢复的哲学社会学,以向原初自然状态回归的方式,用弱的非人类中心主义的环境伦理学梳理粘合一个生态环境被污染的社会。可见,如果说生态社会是第一社会,是人类与自然界原初接触所形塑的先前社会,那么生态和谐社会则是第二社会,是人类面对被改造自然之后的再造社会。

从生态社会观念的变化来看,人类把握生态环境重组的重要性在于协调社会结构、社会力量与社会内涵对自然生态的影响力。把人的因素有效而又节制地融入自然,以平衡式地建设生态和谐社会。

人并不是自然界的造物主,但因为深受近代西方人类中心主义宇宙观的影响,特别是笛卡尔提出的身心二元论,为人与自然二元对立的观点提供了哲学基础。这种人类中心主义的伦理取向是造成自然生态被破坏的重要原因,社会生态也随之受到了影响。

生态和谐社会的形而上学基础,在于重新恢复对自然拥有感情的伦理信念与行为态度。我们需要辩证审视人类在地球上乃至在宇宙中的地位。它需要考虑人自身的健全,更需要把握自然界的整体式存在,而这种双重维度的审视则为好的社会建构创造了条件。

一个好的社会在形成生态共识的层面,会固化其内在的价值与标准,并为保护生物多样性提供一种好的道德、法律与共同体。因此我们假设生态和谐社会就是一种这样的社会,它提供了关系范式、生活形态与行为保障的理想状态。

在真实的世界里构思并建设生态和谐社会,不是简单地书写一篇有目的的社会化道德箴言,而是积极能动地表达对社会形态建构进程中一种持久、有效并均衡之社会模式的观念思辨。它超越了以批判工具的存在去解决生态危机的可能,而是要以社会整合化的方式达到对人类关系及其组织形态的再造。

在人、自然与社会之关系的重组过程中,生态和谐社会不仅建立在一种新的政治文化之中,而且它以创造性的方式提出了一种全面思虑环境问题的社会方略。它不是社会完善的自我修复,而是健全关系的一种思虑。如同霍华德·帕森斯把自然视为社会的内在要素之一,它寻求社会的发展相应地要求自然的发展。因此和谐的社会不仅是对人与人的关系而言的,而且必然也是体现自然生态完好的社会。毕竟社会不再是与自然相互隔绝的,它最大限度地释放出人之因素之中与自然最为密切的关联性基因,特别是最为充分并有效地体现人与自然之关系的整合式取向。

生态和谐社会是一种充分积淀时间进程的方案。它表现出人类历史中生态智慧的重要性,以此才能充分发现并解决人类所作所为造成自然界异化的方案。人类对自然秩序的美好想象,并不能代替自然界本身的存在。它表明时至今日我们所憧憬的生态和谐社会与巴门尼德所认为的一个整体的世界是有距离的。自组织的生态圈看似杂乱无章的背后,其实是有着自身深刻的规律。如果我们承认宇宙是有序的,那么身处这个世界的每个人不会轻易隔绝对任何生命的理解及整体生态系统的依赖。因此,缘此而生的生态和谐社会不仅是生命意义的探索,而且更是对生态系统与关联式子系统的把握。

自然界是一部杰出的作品,它在非人为的框架中创造出了不断进化的模式。人类是自然界繁衍伴生的结果。人类对自身的形塑,离不开自然界的告诫及其启示。生态学为我们理解和决定人类及其社会形态的复杂性,提供了新的思考框架。社会是人类生存、生产及交往活动的结晶。社会须臾离不开自然界,且只有有效融入自然,才能真正创造社会的完善。

从多元种群到多元族群,生态和谐社会在生态无国界的层面体现了一个可持续的全球视角。在一个广域空间中,它所体现的生态环境的一体性,让我们共同学会跨越边界的存在。作为理念的生态和谐社会,在融入全球未来愿景的历程中,生态和谐在修复生态与还原自然的过程中终于不再是人心的想象。它不仅是一种符号,而且是一种视野。给予我们相信自然的希望与勇气,并在充满活力的未来景象中提供了一个宽广的社会结构。从经验的知识到先验的知识,生态和谐社会所把握的自然规律在与人类有效行动相对接的进程中创造了社会进步的美好图景。

第一章　生态和谐社会伦理范式阐释之引论

哲学伦理学不仅要为人类的道德关怀提供论证,而且也要为人类的自然关怀提供答案。特别是当我们置身社会面对生态全球化趋势时,我们尤须以一种生态和谐的社会伦理范式,为重新复苏的自然价值寻找佐证的可能。而与此紧密相关的阐释路径,则为追问生态和谐社会的内涵与特征形塑坚实的道德逻辑支撑。

从自然存在的整体系统形态出发,没有和谐就没有生态,没有生态就没有社会。每一种生态都给社会留下了深刻的印记,每一种印记都是自然生态的固有呈现,每一种呈现都应该有和谐的本质。"我们面对的自然历史如此久远,任何过度利用,任何资源的浪费,任何物质的消亡,任何可能对和谐造成无法弥补威胁的人为创造都会对它构成伤害。所以应当定期纠正过度行为,监督发展速度,在过去与现在之间重新建立联系。"[①]面对环境污染与工业生产的副产品,地球需要生态平衡,社会需要生态智慧,生态智慧有助于和谐社会。对生态进行哲学思考就是创造生态和谐的观念准备。社会作为人类生活场所的重要系统,是一个有组织的生态领域。它一方面需要社会生活中的人在自然中的正确定位,另一方面也希求地球母体中的所有生命都能找到自己适当的位置。

失去自然佑护及裨益的社会,不可能是一个健全的社会,当然也不可能是一个生态的社会。濒临危机的人类在地球失衡的危险中迫切需要一种能平衡人、自然与社会关系的伦理范式及相应的道德意识。这种伦理范式及道德意识将为理性评价社会行为、公民观念和生态实体提供动力及标准。

在生态和谐社会的伦理范式中,不仅是考虑人—社会的伦理关系,更重要的是思考人—生物—种群—环境或者说是人—自然的对应伦理关系。在道德对象的扩展与普及的进程中,人类之外的存在、实体、系统与过程,不仅与人类的生存

[①]　[法]塞尔日·莫斯科维奇:《还自然之魅》,庄晨燕、邱寅晨译,生活·读书·新知三联书店2005年版,第197页。

与安全相关,而且也紧密地影响着人类社会的繁荣与发展。

第一节 人、生态与社会

生态是一个系统结构,是指在人类所置身的界域的不同功能单元的组合,是在地球的尺度上任一生物组织形态的综合。生态系统蕴含了不同尺度的环境条件,决定了生物种群、物理环境与空间相互作用的多样形态。

生态既是包含气候、水文、土壤、地貌、植被与动物界有机组成的自然地理环境,也是人类在自然地理环境基础上依循不间断地由政治、经济、社会与文化活动所构成的人文地理环境。自然地理环境与人文社会环境的有机融合,是生态的整全式存在。

生态是一个更大更包容的整全式概念,它蕴含了包括社会在内的自然机体与组织形态。社会则是隶属于人类的概念,它是人类生产及进行活动而相互联系的组织形态,是以物质劳动为基础的人类生活共同体。社会是生态的组成部分,生态则是社会的保证。没有生态,不可能形成社会。生态是社会生成的前提,社会是人类所特有的生态结构。

人是社会的主体,人也是生态的一个不可或缺的组成部分。马克思指出:"在实践上,人的普遍性正是表现为这样的普遍性,它把整个自然界——首先作为人的直接的生活资料,其次作为人的生命活动的对象(材料)和工具——变成人的无机的身体。人靠自然界生活。"①人的劳动是社会的前提,而自然的存在是生态的前提。社会不能脱离生态而存在,生态必然包含社会的内容。毛泽东指出:"人的社会实践,不限于生产活动一种形式,还有多种其他的形式,阶级斗争,政治生活,科学和艺术的活动。"②

因此,人类的生活方式、生产方式必须符合生态的本质要求,人类的社会物质生活条件必须以生态为整体标准,人类的劳动对象与生产资料也必须以生态系统的需要为准则。毛泽东在《人的正确思想是从哪里来的?》中开篇设问并自答,"人的正确思想是从哪里来的?是从天上掉下来的?不是。是自己头脑里固有的吗?

---

① 《马克思恩格斯选集》第1卷,人民出版社2012年版,第55—56页。
② 《毛泽东选集》第1卷,人民出版社1991年版,第283页。

不是,人的正确思想,只能从社会实践中来"①。社会是超个体的有机实体,它以特定的方式在人类生活的不同关系范畴中产生。由于人类个体之间活动的联系,因此才有了社会的可能。在人际关系的结构之外,自然不是分隔个体与社会的鸿沟,而是聚合多元个别因素的统一体。对社会概念的反思,需要考虑自我保存的需要及自然存在的可能,也必须注意到社会性的张力关系,从中进一步理解自然、自我与社会的三元概念结构与逻辑关系。

毕竟地球不仅仅只有人的在场,自然界的一切生命都是我们应该面对的具体存在,也是真实的存在。何况在次序上,地球出现在先,人类出现在后。人对于自然界一切生命的关爱是生态和谐社会伦理范式的内在出发点。假如我们不能对人性去蔽,复苏人心中久违的自然情感,人类自身的主体性将可能得而复失。明确自然界在人类生活中时刻在场,是十分重要的。它需要与我们的认识条件一起被充分地阐释。在自然的深处藏着一个深邃的镜子。"地球上生命的历史一直是生物及其周围环境相互作用的历史。在很大程度上,地球上植物和动物的自然形态和习性都是由环境造成的。就地球时间的整个阶段而言,生命改造环境的反作用实际上一直是比较微小的。仅仅在出现了生命新种——人类——之后,生命才具有了改造其周围大自然的异常能力。"②

自然的意义存在于历史和传统之中,人类存在的时间图谱,每时每刻都与自然界息息相关。我们必须通过一种自然视野来阐释人类社会,也就是在人类社会与自然界之间建立起辩证联系。人类可通过社会这个媒介达到对自然的触及。因此,这个社会须是对自然友好的社会。它尊重作为观察者客体的历史视野,更强调把它与生态圈的整体境遇联结在一起。

第二节 生态和谐:自然的秩序之源

人与自然正是通过社会生活实践,历史地统一在一起。马克思在《关于费尔巴哈的提纲》中指出:"人的思维是否具有客观的真理性,这不是一个理论的问题,而是一个实践的问题。人应该在实践中证明自己思维的真理性,即自己思维的现

---

① 《毛泽东文集》第 8 卷,人民出版社 1999 年版,第 320 页。
② [美]蕾切尔·卡森:《寂静的春天》,吕瑞兰、李长生译,上海译文出版社 2008 年版,第 5 页。

实性和力量,自己思维的此岸性。"①在此,人之外的自然存在越来越被归结为人类社会组织的一个延伸功能;我们根据与人类社会相处的自然模式来理解生态。这种自然模式不是一种个体的形式,而是以自然的关联特性体现不同因素的平衡结构。主要由自然界成员所组成的生态,与主要由人类个体所组成的社会,在共生的平台上具有涵盖的必然。同无妨异,异不害同;万物并存,相得益彰。它们之间不仅仅是拼图般的包容,而且是体现包含中融合的必要。

生态与社会的相吻合,离不开自然这个系统与中介。自然由位于时空中的物质客体所组成,而人在其中的联结,将体现出人在社会中,尤其在自然中以及社会亦在生态中的基本格局。这个伟大的存在之链,也将凸显自然的不同含义。无论是作为现象的自然,还是作为实体的自然,抑或是观念的自然,都是人类必须面对的自然。若对自然进行神秘解读及超自然力的观察将导致理性的沦丧。一个有机实体的自然,洋溢着关联的生机,充满着在规律中运作的自然活力。恩格斯在谈到事物普遍联系的"辩证图景"时指出:"当我们通过思维来考察自然界或人类历史或我们自己的精神活动的时候,首先呈现在我们眼前的,是一幅由种种联系和相互作用无穷无尽地交织起来的画面。"②

蕾切尔·卡森在《寂静的春天》中指出:"当人类向着他所宣告的征服大自然的目标前进时,已写下了一部令人痛心的破坏大自然的记录,这种破坏不仅仅直接危害了人们所居住的大地,而且也危害了与人类共享大自然的其他生命。"③因此,克服环境破坏需要对自然的敬畏,更需要以一种秩序感消解生态危机的困局。

自然的秩序之源是生态和谐。人有理性,但自然是否有理性? 自然界的变迁有规律,但能否将这种规律理解为理性,这需要耐心思虑。理性,在一般意义上是人主动发起的有效思维,是从感觉、知觉与表象升华而成对事物本质及其全部联系的抽象思维,是头脑积极探究形成的能动的衡量一切观念及学说的结果。可以说,理性决定了世界的基本结构,但理性断难决定自然生态的整体布局。

自然充满着力量,但自然显然不具备这种理性的可能。我们既不赞成自然的泛神论,也不认同自然的机械论。人对自然有认识有行动,而且我们可以借助理性达到对自然的正确认识与合理行动。自然界对人类的行动会有反应,但很难说自然对人类有认识,也很难说自然界整体有思维的理性;如若说自然有其象征意

---

① 转引自《费尔巴哈哲学著作选集》上卷,荣震华、李金山等译,商务印书馆1984年版,第248页。
② 《马克思恩格斯选集》第3卷,人民出版社2012年版,第395页。
③ [美]蕾切尔·卡森:《寂静的春天》,吕瑞兰、李长生译,上海译文出版社2008年版,第85页。

义的理性,也只能说自然界的演变有其动态的机制及内在的逻辑。但生态和谐社会的伦理范式离不开理性的支撑,理性绵延在人面对自然界所产生的道德意识与生态意识的相互关系中。马克思、恩格斯把人类社会发展的历史归结为"人化自然"和"自然人化"的有机统一。历史本身是自然史的一个现实部分,即自然界生成为人这一过程的一个现实部分。①

生态不和谐,自然的秩序也将失去。因此在更深远的意义上,生态终归是自然界的生态,它以无机物与有机物之间动态的关联孕育着生灵万物,以人类、动植物及地球生境一起演绎着奇妙的生命万象,更在生态之链上构成了有机整体的观念。生态系统的自然规律所支配的自然界万物,在严格的因果规律序列相互关联的影响下,在世界自然秩序的意义上形成不同的结构,体现出包容性、系统性与协同性的特点。而一种有效的伦理关系的渗透将有效地调整人类的行动,并以一种规范的制约使纷繁芜杂的世界变得更有秩序,使生态社会的和谐成为可能。

"人直接地是自然存在物,人作为自然存在物,而且作为有生命的自然存在物,一方面是具有自然力、生命力,是能动的存在物;这些力量作为天赋和才能、作为欲望存在于人身上;另一方面,人作为自然的、肉体的、感性的、对象性的存在物,同植物一样,是受动的、受制约和受限制的存在物。"②人既不在自然界之上,也不在自然界之外。若生存是一个与生俱来的难题,那么和谐就是一个根本的道德困境。人类身上一切美好的东西让我们如此骄傲,那么放弃它以求生态的和谐是否就是一个代价?恩格斯指出:"世界不是既成事物的集合体,而是过程的集合体。"③从混乱到和谐,是一个自我修复的过程,也是一个不断改善的过程。物质文明如何推动改变世界生产方式的技术?失控的技术如何转化成亲近自然的技术?自然概念如何从科学中得到倾注的呈现?科学如何有效地保护我们所生存的环境?环境又如何保持整体生态的有机需要?在此,社会与自然之间是否是和谐的?或者说社会与自然如何进一步缩短距离?"现代性将社会与自然的对立推到极致。现代性试图使世界丧失一切灿烂、神奇和巫魅,留下的只是用来代替自然的科学和技术产品。人类被如此粗暴地剥夺天堂之后,怀念曾经的灿烂,无法放弃神奇,渴望重新认识自然,希望社会与自然实现融合而不是对立。"④在现代性理

---

① 《马克思恩格斯文集》第 1 卷,人民出版社 2009 年版,第 194 页。
② 《马克思恩格斯文集》第 1 卷,人民出版社 2009 年版,第 209 页。
③ 《马克思恩格斯选集》第 4 卷,人民出版社 2012 年版,第 250 页。
④ [法]塞尔日·莫斯科维奇:《还自然之魅》,庄晨燕、邱寅晨译,生活·读书·新知三联书店 2005 年版,第 210 页。

论的观念中,认为自然从根本上讲是反人类与反社会的,任何试图融合的努力都不可能实现。以生态主义理论反思之,这是一种偏颇的观点。因为如若明确生态文明的认识,也将看到人类历史从自然中来并融合到自然去的既定历程。广大的生态公民也以真切的行动阐释了自己地球之友的身份,改变原先以消费与占有世界资源的程度作为衡量个人和民族价值的尺度的认识,并在尊重生态规律的实践中拉近了人类与自然的距离。

"没有自然界,没有感性的外部世界,工人什么也不能创造。自然界是工人的劳动得以实现、工人的劳动在其中活动、工人的劳动从中生产出来自己的产品的材料。"[1]自然既是人类实践活动的前提,人类实践活动受自然条件的制约,同时自然又是人类实践活动的对象,人类根据自己的需要能动地改造自然界。[2] 所以,真诚顺应自然的生态和谐既是一种生态智慧,也是一种理想状态。它源自对生态主义运动的长远思考,以人在自然中生存为根本点,改变了原先统治自然与征服自然的观念,以促进自然与保护自然为行动准则,目标是达至人类的生产生活与自然界的休养生息之间的平衡。"全部人类历史的第一个前提无疑是有生命的个人的存在。因此,第一个需要确认的事实就是这些个人的肉体组织以及由此产生的个人对其他自然的关系……任何历史记载都应当从这些自然基础以及它们在历史进程中由于人的活动而发生的变更出发。"[3]马克思、恩格斯进一步强调,即便人类具有利用和改造自然的能力,但这并不能改变自然的优先地位,他们在批判费尔巴哈直观唯物主义,肯定人类对自然的能动改造能力时指出:由于人的感性活动必然使自然界发生巨大的变化,但即便"在这种情况下,外部自然界的优先地位仍然会保持着"[4]。在人类聆听自然史的进程中,无论是局部的生态和谐,还是整体的生态和谐,都流露出绿色文明的统一格局。

第三节 从弱的人类中心论到弱的非人类中心论

当我们对生态有着确定的观念,我们能够对自然形成默契的责任。而当我们对社会有着清晰的认识,我们便拥有对自我的存在之觉醒。从强的人类中心论到

---

[1] 《马克思恩格斯文集》第1卷,人民出版社2009年版,第158页。
[2] 王雨辰:《生态学马克思主义与后发国家生态文明理论研究》,人民出版社2017年版,第167页。
[3] 《马克思恩格斯文集》第1卷,人民出版社2009年版,第519页。
[4] 《马克思恩格斯文集》第1卷,人民出版社2009年版,第529页。

弱的人类中心论,从弱的非人类中心论到强的非人类中心论,人类对自身在宇宙中地位的认识也经历了从膨胀到合理的过程。强的人类中心论,不仅是提出无论何时何处都以人类为中心及目的,而且是一概以人类的价值观来看待世间万物,并且强调通过对自然的主宰与征服来满足人类的物质需求。弱的人类中心论尽管依然强调人类自身的价值与利益,但是认为人类应该渐进式改变原先一切以人为根本尺度去评价和看待宇宙万物的观点,提出了人类对自然的依赖,因此对待自然,不应有征服的态度,而应通过有序地利用自然来达到经济的增长与社会的进步。弱的非人类中心论,强调以自然界的非人动植物生命为根本目的及尺度,提出自然生态系统的整体稳定、美丽与健全,敬畏自然、顺应自然,但也注意到人类也是广义自然的组成部分,保护自然的目的也能达到对人类自身福祉的促进。强的非人类中心论,绝对地以自然界的无机物与有机物的存在为目的及中心,自然界作为地球及宇宙的主人,其利益高于人类的利益,人类的生存只是自然界生息繁衍的一个组成部分。为了自然界生态的健全与完善,人类的生产活动都应停止。

在当下的世界中反思传统的工业文明,弱的人类中心论是实现生产发展、生活舒适与生态良好的现实观念;而为了更好地建构未来的生态文明,弱的非人类中心论是达到生态和谐社会的理想趋向。而我们目前的社会状态正处于从强的人类中心论向弱的人类中心论转化的阶段,弱的人类中心论是我们可以依靠的伦理主张。而要实现从弱的人类中心论向弱的非人类中心论的转化,还需要人类在绿色发展的进程中不断积累物质基础与观念共识。尽管当前人类对自然界已具备可观的控制力,但我们尤须谨慎。我们观察事物的视角往往影响着我们行动的界限,我们行动的界限又往往影响着自然界的生态存在。

如若还单向地把人类作为观察世界的中心及一切事物的目的,除了增强人类中心主义的观念及随意支配主宰自然的思想,从长期来看无助于人类自身生存境遇的整体改善;在社会物质文化条件发展到一定程度之后,人类日益增长的生态和谐需求,已经把非自然界的生命存在看成是我们共生的伙伴,并已成为我们建设生态文明的重要主张。

以此为评鉴,遵循一定的生态准则,谨守一定的自然规律,这是有见识有良心的人群行为取向的基本出发点,也是人在自然状态中正确发现自身的根本点。在利奥波德看来:"人类必须重新考虑他们作为自然界的成员和公民的作用。人在自然界的恰当的地位,不应是一个征服者的角色,也不应是一个根据个人利益或经济利己主义做出环境决定的经济企业主的角色,也不只是人类家庭成本利益计算者的角色。人不仅应是人类共同体中一个好公民的角色,而且应是自然共同体中一个好公民的角色。因此,需要把良心和义务扩大到自然界。"①我们不仅不能为了个人的利益去任意使用自然资源,而且也不能为了所谓人类的利益去任意使用自然资源。

以弱的人类中心论为思考基点,当自然这个生态系统面临倾覆时,人类所创造的多元文化及物质文明将不复存在,人类社会的居所也将被埋进废墟。活的自然显得是如此重要,因为人类依存于自然这个母体。自然的禁忌,也应是人类的禁忌。自然界内每个机体之间的关系是否和谐,是提高生命维持系统的能力所在,也决定了人类生活的和谐程度。人类与自然界其他有生或无生力量之间的关联,需要在一个整全式的环境中以多样化的生命物种的存在为依归。

而在更深层的价值模式中,以弱的非人类中心论为思考基点,在高人口密度、高人均消费水平与高能耗的生产技术面前,我们所置身的生态危机的困局已明显超出人类的预期。自然界的非人动植物的生命被漠视,人类的利益凌驾于非人类动植物的利益;如果一切皆可被利用,那么没有什么生命是不可以被客体化看待的。一场不可思议的生态灾难是否就在眼前,因为在无度狂妄中行为不可救药的某些人类不仅在退化自己的理性,而且实际上在抹杀自身的人性。他们还能感受到在人类良心深处仅存的道德责任吗?这是一个充满环境功利论的物质现实主义的时代,自然环境被功能化与工具化。"于是,从这种认识出发:二氧化碳的大量排放以及对人和生态系统构成威胁的方式使大气层迅速变暖,减少二氧化碳排放的要求被推导出来——当然只是在尽可能多的生物的持续生存是值得追求的这种价值决断(被推导出来)。从这个认识中不能被推导出来的是,谁应该减少,何时应该减少,应该减少多少。"②当然,自然的准则在当下应该以弱的人类中心论为支撑,寻求在未来适当的时间再以弱的非人类中心论之环境伦理学的认真对待。

但平心而论,从目前可实现的弱的人类中心论观念,走向将来可预见的弱的非人类中心论模式,人类整体的智慧还有清醒的可能,推动生态和谐的努力还没有走到极限。我们的疑虑纠结于仅仅是为人类自身的生存而战斗,还是为地球上所有生命的生存而努力。这是一个价值观的问题,因为我们所拥有的生存境况往

---

① 转引自陈瑛、廖申白主编:《现代伦理学》,重庆出版社1990年版,第299—300页。
② [瑞士]克里斯托弗·司徒博:《环境与发展——一种社会伦理学的考量》,邓安庆译,人民出版社2008年版,第52—53页。

往与我们对人和自然关系的看法紧密相关。只有真正理解人类与一切自然物在根本上是统一的,我们才能与自然界和平相处。

第四节　生态和谐与社会和谐

　　生态和谐在一个整体的范畴中调节的是人与非人动植物及自然环境的关系。如果说它更多依托的是弱的非人类中心论的模式,它不仅需要人类自身行为的节制,更需要在良性互动中学会倾听自然界的呼声,善于维护自然界其他存在物的权利。在此,人与自然的关系也是一种实在的道德关系。人必须确立对非人动植物生命的责任,学会以照顾人类社会他者的方式,关照自然界的他物。

　　社会和谐,则在相对狭小的界域中调节的是人际关系及社会组织的稳定;它在相当程度上立足于弱的人类中心论观念,关注人与社会力争以环境友好型的社会形态创造理性的共生共荣的格局。它较少地牵涉到自然界的其他生命,它更多地需要人类自身维度的诸多努力。但社会不能像个铁笼,把人与自然隔绝起来。若社会里面的人与社会以外的自然遥相对望,社会不仅起不到应有的中介作用,反而将成为一道栅栏。人是社会的组成部分,人也是生态的一分子。人不能背离生态的要求,社会不能成为生态的对立面;在一个更大的意义上,社会也是生态系统的组成部分。人、社会与生态系统,在从小到大的意义上,体现了广义自然界协同进化的可持续发展。

　　社会和谐与生态和谐相互影响、相互作用、相辅相成。社会和谐是生态和谐的良好前提,生态和谐是社会和谐的基本条件。在互为因果的基础上,如果说社会和谐很大程度上是人类活动的结晶,那么生态和谐则是一种多元界面上更大的和谐。

　　生态和谐讲究的是人、社会与自然的和谐。创造和谐,则是孕育一种持存的秩序。我们所置身的自然是既有、永恒和唯一的,它完全是非人类力量的产物。但人类对自然的影响在所经历的历史进程中,却一次又一次地触动了我们的思想。"因为我们经历的各个自然状态都是在历史进程中形成的。这一进程从总体上看无穷无尽,在每个具体时刻也没有完结。所以,技艺和特性的创造总是一个流动的过程,每一代人都在复制着上一代人。没有哪种自然状态比另一种状态更完整或完美,就如不同语言没有高级和低级之分一样,英语并不比法语、德语或斯瓦希利语更为高级。"①

我们生活于一个后自然的社会化的世界,社会和谐推动生态和谐,生态和谐包容社会和谐,虽然原生态的自然在人造的印迹中一片一片地消失。恩格斯曾指出:"对自然界的一切真实的认识,都是对永恒的东西、无限的东西的认识,因而本质上是绝对的。"②但尚存留的自然仍是可敬的自然,自然并非人类所创造的世界,更非人类手中燃起的灰烬,自然总是恒在的。"历史从哪里开始,思想进程也应当从哪里开始,而思想进程的进一步发展不过是历史过程在抽象的、理论上前后一贯的形式上的反映。"③

人类所给予自然的实践,在对一切与自然相关的事物中成就了人类改善自身境遇与社会状况的设想。毛泽东指出:"马克思主义的哲学认为十分重要的问题,不在于懂得了客观世界的规律性,因而能够解释世界,而在于拿了这种对于客观规律性的认识去能动地改造世界。"④

当代人欣赏自然,并且激励起后代对自然的深情,让我们想见自然资源本身就是人类如此深沉欢愉和心灵满足的源泉。尽管社会生活中人类生产及其所形成环境在气候变化的进程中对自然拥有独特的影响,但自然的独立性与完整性须臾不可夺。

生态和谐也正可谓是人类所给予自然的终极关怀。只要人类一息尚存,这种关怀就渗透了一种敬畏自然的价值、实践与思维。生态人是其中积极的中介,有效地从事着将自然的意志与人类的意志相互融合的工作。在此,社会和谐须臾不可失,自然的本质从机械的自然到控制的自然,再回归有机的自然。人们在亲近自然、形塑社会并创造和谐的过程中,如何寻求自然的本源实则关系到人类社会的自身处境。

第五节 生态和谐社会的内涵

从社会的层面理解生态和谐,它是一种有效的系统构造;它不是叠加的整合,

---

① [法]塞尔日·莫斯科维奇:《还自然之魅》,庄晨燕、邱寅晨译,生活·读书·新知三联书店2005年版,第233页。
② 《马克思恩格斯选集》第3卷,人民出版社2012年版,第938页。
③ 《马克思恩格斯选集》第2卷,人民出版社2012年版,第14页。
④ 《毛泽东选集》第1卷,人民出版社1991年版,第292页。

而是强调社会形态与自然生境在相互影响中的联系,倡导生态自由与生态秩序并重;它需要生态共同体的责任,也需要自然价值的觉醒。也就是说,不同个体的需求与偏好在生态系统的整体需要面前,应得到有效的协调。

生态和谐社会既拒绝人与社会的隔阂,又拒绝社会与自然的对立。人类在反自然的社会中不仅将丧失其自然属性,而且也不可能适应彼此的联系取得发展。人类生存的理由与价值,固然是在人化社会的氛围中进行生态化的思考,更关键的是二者如何嵌合在自然场域中达到对生态和谐社会的理解。

生态和谐社会,在此意义上它指的是生态的和谐社会,着重强调和谐社会的生态属性与蕴含,是对和谐社会的生态文明建设提出的要求;和谐社会不能只进行经济建设、政治建设、文化建设与社会建设,生态文明建设必须融入和谐社会构建的各方面和全过程。和谐社会的生态维度尊重人、社会与自然的多重和谐关系,强调对生态系统的保护将有效地促进社会关系,对生态系统的破坏将损耗社会关系。

生态和谐社会又指的是生态和谐的社会,着重强调生态和谐的内涵及原则对社会的影响,是明确社会建设的生态和谐准则;毕竟生态和谐与否,决定了社会和谐与否。生态不和谐的社会,不可能是整体意义上和谐的社会,其生态的隐患也将可能带来社会的病变。生态和谐的社会,将能够更好地促进社会的和谐,带来社会更大的繁荣进步。

生态和谐社会还指的是生态以总体全局和谐作为组成部分的社会。当然生态能否和谐社会,还要看生态的整体格局与被保护状态,在此过程中生态系统如何有效地涵盖社会是个关键的问题,另外在涵盖的过程中如何做到和谐也至为重要。因为一些地区生态环境比较脆弱,如何因应不同地域的环境做到有的放矢,需要我们着眼于生态修复来提高社会整体的健康程度。

力求建立稳定的自然调节机制,生态和谐社会理论不希望人为地强化文化与自然的两分,也不希求在人类与非人类之间划分出过分明晰的界限。它的主轴在于以和谐思维取代斗争思维,它在寻求构建人口、资源与环境的恰当的成比例的关系时,注重对于自然环境的同情式理解与实质性保护。"超速度增长的人口造成了一个明显问题,即怎样从地球这一有限的资源中为成百上千万的多余人口提供食物、衣服与住所。将会出现普遍的饥饿,自然平衡将会被打破,以致连现有的这些人口都难以存活。因此,不仅必须保持栽培作物正常循环,而且要保持能够产生新鲜空气。"①

生态和谐社会是建立在生态和谐基础上的社会,它不仅追求自然生态的和谐,而且也注重社会生态的和谐。生态的特性在于自然界这个母体的基础上遵循其自然演化的基本规律。但现有的不和谐境况,有人口增长、资源匮乏与空间挤压的矛盾,有单向度经济增长的困惑与环境破坏的风险,更有人、社会与自然失衡的难局。

生态和谐社会既可以理解为公众性的生态运动,也可以看成是一种有效平衡的社会结构。在生态主义思潮的影响下,社会形态也在经历从城市化模式向生态化模式的转变。当自然因素成为一个重要的评判和选择的标准时,人类对整体环境的重视就需要依托生态社会的新结构加以调整,使之从原有生产与生活模式中存在的生态不和谐状态向生态和谐状态转变。在此,生态和谐是适应自然界的要求。它产生于一个开放的空间,以活的自然为基础,并在保护自然界整体利益的基础上满足人类社会成员的基本需要。

生态和谐社会是积极性自然主义的表现,它在自然与历史之间的衔接,表现出创造一个可以实现的理想社会模式的理念。它是把能动的自然与被动的自然做了一个有效的结合。"因此,在这些关系的历史中,不是一个人,而是许多人,同样,不是一种自然,而是多种自然,即先后出现了一系列关系,有机、机械等各种自然状态,我们以两三百万年来已经或正在创造的种种技艺不断重复这些状态。"②

道德机制因应于此,必须有新的结构与方式。我们有必要反思这种大空间大尺度中生命泛化的情境,它需要对无言的道德主体——自然界及其非人动植物成员保持特别的关心,应对环境问题采取主动应对的态度。在尊重生态系统的多样性与整体性的进程中,把解决生态危机的重要立足点放在伦理范式的确立上。

第六节 范式及生态和谐社会的伦理范式

范式指的是理论框架与研究范型,它是美国哲学家库恩1962年在《科学革命

---

① [美]R.T.诺兰等:《伦理学与现实生活》,姚新中等译,华夏出版社1988年版,第438页。
② [法]塞尔日·莫斯科维奇:《还自然之魅》,庄晨燕、邱寅晨译,生活·读书·新知三联书店2005年版,第199页。

的结构》一书中提出的概念。它"大体上是指科学共同体成员所共有的'研究传统''理论框架''理论上和方法上的信念'、科学的'模型'和具体运用的'范例',还包括自然观或世界观等。范式是科学活动的实体和基础,科学的发展正是范式的运动。"①

在科学革命的征途上以新范式取代旧范式,范式是在不断转换、不断优化的进程中。正如列宁所说:"必须把人的全部实践——作为真理的标准。也作为事物同仁所需要它的那一点联系的实际确定者——包括到事物的完整的'定义'中去。"②范式也是一种自为的存在,它在揭示事物本质规律的历程中具有目的性、因果性与规律性,并渗透着主客观多元融合的规范。但范式并不是自明的,而是在研究进程中不断得以澄清。作为一种方法论信条,研究不能没有范式,范式不能离开研究;范式是研究的脉络,研究是范式的载体。

生态和谐社会的伦理范式建立在一个社会成员所建立的生态道德共识基础上,它以和谐的理念统摄人类对于自然、世界、人性的价值界定有关。基于寻求一种适宜居住的权利,如果能突破传统的短期功利模式,我们将在一个更大的具有长期的超越性的框架中,能够看到"像山一样思考"的思维方式对生态社会的积极影响。应进一步把握地球整体的价值准则,以期生态和谐社会以一种伦理范式建立起观察问题的视野与方法。

而范式是一种精粹的模式,是实体分殊的样式,是凝结了经验的特性概况,是可以被人所认识的区别于他物的形态。范式往往是在事物结构与框架的意义上形成有效的可效仿的路径。范式是实体发展脉络的呈现,范式的逻辑是隐含在事物本质的深处,是渗透着社会生活与人类思维发展的基本规律。

范式不是一朝一夕就能得以表现,它必须有深层与永恒的东西凝聚,是在有确定原因与确定结果相互匹配的条件下实现的属性,是事物在经历了长远历程的必然性总结。伦理范式是关于道德意志的一般规律的体现。在事物蔓延发展的进程中,伦理范式是在事物生长的根基处所凸显的,是能够通过事物自身的运动过程被我们所认识的。建立在真观念基础上的伦理范式是面对现实社会生活中道德冲突的有效解决方案,是不同道德原则在相互权衡中所达到的道德判断之共识。这种道德判断之共识不仅是符合它的对象的,而且是持久正确的。它不是任何其他别的东西所能产生。

---

① 《大辞海》(哲学卷),上海辞书出版社2003年版,第501页。
② 《列宁选集》第4卷,人民出版社2012年版,第419页。

有一条明确的道路:生态是社会之本,和谐是生态之本,生态和谐是社会伦理范式之本。在和谐社会与生态伦理范式之间的因果关系,证明着生态信念与自然世界的逻辑。

生态和谐社会的伦理范式是和谐社会的生态伦理与生态社会的和谐伦理的融合。它们的交叉之处,体现着生态社会体系的伦理共同点及和谐的道德属性。和谐社会的所有伦理特征都已经包含了实体在其自身内并可以被实体的生态存在与运动所概况的特质。生态实体不能为另一个实体所产生,它只为其自身的相同属性的实体而凝聚。因此生态和谐社会的伦理范式是特属于生态和谐社会的伦理致思路径。

生态和谐社会的伦理范式在更广泛的意义上可以成为贯穿社会生活的认识模式,可以成为改造现实世界的观念模式。在物质持续循环的地球行星上,人类的生活方式、社会的消费方式、企业的生产方式与国家的思想方式,都需要理智的反思与持续的创新,毕竟能量转换为物质的机制不能缺少人类生态理性的明智审视。

范式如何成为可能?伦理范式能在多大程度上影响生态和谐社会的建设?这是一个观念落地并形塑行为方式的问题,更是一个社会评价系统有效规范公民环境行为活动的问题。在不同场景的充满活力与多元性的境遇中,它能否在超越对立的知识立场中完备有约束力的主张,形成可普遍化的道德规范,关键是它需要在不同尺度的伦理学观念中,把本国生态安全、世界动态秩序与地球自然状况有效地融合在一起,以使伦理范式能在实践中被激活。而伦理范式中的规则作为软约束,能否发挥对生态系统的保护作用,不仅是观念体系能否被人所认识及实践的过程,而且是在社会规范的层面能否取得法律及政策的支撑以进一步实在化的举措。

伦理范式是道德机制上共有的信念与理论上可供借鉴的研究范例,它是专业母体这个总集中的重要子集。它在本质意义上以一种成熟的概念框架,预期着一定时间内生态和谐社会研究的方向与途径,并在伦理层面建构起形而上学的信念和价值标准。它在结构复杂的生态网络中梳理出清晰的伦理研究进路,这条进路不仅成为可供分析社会的观察脉络,而且成为具有公认伦理范例的模式意义。它所具有的定向意义体现科学的进步,是伦理共同体共有的东西。

它既可能从经验范例中提炼出各种观念的出发点,也可能从抽象的理论原理中指出一个具有普遍性的解释模式。在伦理范式的发展与变迁过程中,既预示着根本的世界观的改变,也表明在维持伦理传统的过程中达到道德逻辑的重构。在墨子看来,认识与检验真理有三表,也就是三个标准,即"有本之者,有原之者,有用之者"。以此观之,生态和谐社会的伦理范式既要具备传承中的历史根据,又要满足广大公民的感觉经验,还要符合国家的长远利益。除此之外,生态和谐社会的伦理范式还应该顺应自然界万事万物之理,排除主观成见的阐释。

第七节　阐释与伦理范式的阐释

阐释是一种包括阐述、理解与说明在内的过程,是对人类社会及自然现象普遍的深入的阐述,是不断地从系统到局部而又从局部到系统的理解,是借助经典理论概念与现实生活境况达到诠释对象的普遍说明。它从阐述走向理解,再从理解指向说明。在伦理范式的阐释过程中,道德规范的剖析及道德逻辑的澄清是认识事物的根本途径。阐释的方式是分析和推理,它需要经典文本的基本理论原则,也离不开在实践观照中对整个社会变迁的正确理解。一切此在的存在都是阐释的对象,而构造范式阐释的意义,在人与自然的存在关系上如同完备本体论的结构因素,不仅是形塑生态和谐社会的内在经验,还是创造客观精神的认识传统。

对生态和谐社会的伦理范式进行阐释是创造道德逻辑一致的观念体系,是在现实、知识、能力与价值谱系之间做一个有效的综合调和。它是创造未来千年生态系统完整性与稳定性的有效道德机制。它更加关注我们所置身环境中的自然因素,更加重视人与生物复合体相融汇的进程。自然的存在和人应该是未分离的。在整合动物、植物、微生物群落及无机环境所构成的功能单元结构过程中,其相互作用的动态过程充满了生物多样性的可能,它意图以宽容、和谐与自主的伦理范式争取对生物多样性、生态结构环境、生态演变过程及生态系统功能形成良性调节。它不仅将带来人类的福祉,也力图创造自然界的福祉。

为了实现一种善的生活的内在目的,生态和谐社会的伦理范式拥有往自然界可能方向发展及生成的期待,它以生态系统情境或自然整体环境决定社会道德,道德实现的根本目的在于自我与自然的紧密相连,将道德判断建立在自然主体性的基础上。与此相关的伦理规范都以对人与自然和谐关系的认识为依据。人性与自然性是确立道德规范的前提与条件,既确保自然的存在,又肯定人自身的价值,这是阐释生态和谐社会的重要立足点。

自我与自然并不是孤立的关系,如同社会与公民的界限也需要在澄清中明确。明确自我,就是在价值判别的进程中阐明内心的真实;它并不是隔绝自然,而是在自然的观照中明确自我;它要求我们理解自然界如何构造,并了解人的本性和可能性就是达成对自然的融合。生态和谐反馈于社会,社会生活落脚于生态和谐。在差异与重复增生的过程中,生态和谐社会是不断剔除差异及化解重复的过程,是人通过对各种表象的深入所建构出来的系统形态。

将社会融化在生态中,将人类融化在自然中,才能融汇生态系统中个体间的共通性,才能在生态和谐社会进程中表现出对这种共通性外化的凝结,并用一种阐释的循环去达到在整体与部分之间循环的实现,真正达到穿透主客体之间生命现象与行为规律的普遍有效性。

当它契合客观存在时,就并非是一种可有可无的东西,而是对将来趋向的一种把握,是达到对理想生活的价值辩证法。因此在澄清语言、明晰价值及建构模式的过程中,当它自己的内在生成和外在实现成为一种可能,不同视界的融合成为一种实践时,伦理范式的阐释借助于道德机制的着力是实在的、能够实现的。

第八节　生态和谐社会的道德机制及相关问题

作为自由的道德主体,伦理范式的阐释要求人对待自然的方式须接受多种需求的平衡。物质需求、安全需求,是一般意义上的生存需求;而更长远、更整体的环境需求,则是人类作为物种生活于这个世界的根本需求。环境需求需要自然界的给予,它面对是社会环境与自然环境的综合。尽管气候变化导致生物的栖息地变化,人类往往承受着比以往更大的生态代价。物种多样性、自组织、生物群落与平衡性的效应在递减,生态系统的服务功能在减少,生态环境的质量在退化,生态修复的能力在下降,人类所置身的并不是美好家园般的复合生态共同体,而是在人类生存与生产过程中留下的一个被改造的自然。全球陆地、海洋与水生生态系统正逐步被人类的行为所覆盖,自然界中不同类型和空间尺度的变化较为繁杂,被改造的自然意味着植被类型与广泛栖息地的缩小,被保护的跨生物的地理区域正在减少,生态系统的空间尺度越来越有含糊不明的趋势。

可见,生态系统能否被人类主宰,是一个事实层面的科学问题,也是一个观念价值层面的道德问题。而自然界能否提供一个适应人类生存的环境,满足人类持久生活的环境需求,在伦理范式的指导下则有赖于生态和谐社会的生成及其中生态道德机制的有效支撑。总体而言,生态和谐社会的有效的道德机制涉及三个方面:生态行动、生态社会行为规范、生态思想意识。

生态行动必须以尊重自然界的一切生命为基本准则,生态思想意识必须以承认自然及生态圈的内在价值为出发点,生态社会行为规范必须以促进人与自然的和谐相处为中心。生态行动以创造人类福祉为指向。人类福祉不仅是创造基本社会条件具备下的物质利益所在,而且是形塑良好社会公共关系的精神愉悦所在。人类的福祉与自然界的福祉紧密相关,维护自然界的福祉是人类福祉的前提,推动人类福祉是自然界福祉的延展。如同城市规划给市民在家居生活之余提供更大更多更美的自然区域,以供其欣赏、接近与消遣,满足生态公民活在自然中的愿景。

生态社会行为规范是人类更好地面对自然的道德问题。如何形塑道德规范以完善自然,如何健全伦理范式以提升生态实体,这些问题首先需要人类心灵的自明。心灵如若不能被自然的光亮照明,甚或有失去健全生态庇护及逾越行为边界而产生的不安理由,社会必须有理性疏导的渠道;否则大规模群体的环境风险往往来自群体心理的爆发及喷涌。1896 年,社会心理学家勒庞(Gustave Le Bon)就警告道,必须就来自(群体)心理的问题找出解决方案,不然就只能听天由命地被这些问题吞噬。历史变迁中生态视野的相逢,不是纯粹自然属性的张扬,而是在人、社会与自然之间,在过去、现在与未来之间做有效的生态道德对话。在此,有个问题需要澄清,个体视域中的自然往往是片面的,它应该让位于对生态实体中自然界价值的认识。人类通过道德手段来缓解目前严峻的环境状况已成为共识,关键是道德共识如何转化为伦理范式,伦理范式如何形塑生态和谐社会的道德规则,生态道德规则又如何促进美丽中国可持续发展的进步历程。

生态思想意识是因应生态系统内部自然界万事万物的事实与价值的思辨。如若人类主宰生态系统,它是否是人类的福音?这是一个事实问题,也是一个价值问题。从物种组成、地理条件、气候条件、地表覆盖类型,到人类的主要利用方式及资源管理体制,都体现了人类行为与自然界之间的对应。人类不能与自然界博弈,而只能尊重自然与保护自然。生态思想意识也因观念尺度的存在,而能合理规划自身的行为。

毕竟在现实意义上,地球上所有的生态系统由于人类的活动都发生了显著的变化。生物圈及地球上生命过程所受到的干扰,使生态系统的动力性与协调性都受到了影响,尽管生物及其生物组织在多重尺度上的多样性存在于任何地理尺度上,但在现实层面上这是以基因、种群、物种和生态系统的逐步缩减为代价的,表现为生态系统的变异性减弱,其中所伴随的生物多样性的丧失将在未来给人类带来很大影响。

第九节　尺度的德性

在一个更大的生命有机体的范畴内,生态和谐社会的道德机制决定了我们的生活在同其内在世界与外在世界的联系中达致广泛的稳定。地球的机体犹如人的身体结构,不同生物的存在如同身体的不同器官,和谐相处才能稳定平衡。人类对于地球就如同托管者,既承担权利也有义务。世界的完善不能没有人,但人类也只是有生命的行星的一分子。人对自然的善举善行,决定了一个有人的地球应该比无人的地球更好更美。而善举善行又决定于人类倡导的道德机制,生态和谐社会的伦理范式能否成为其中有效的道德机制,关键也在于其存在尺度与建构路径。

生态和谐社会是一个包括人类在内的复杂的生命共同体与其环境所组成的总体。用一种进化论伦理学的观点来看待,和谐的尺度在一个开放的过程中也会发生改变,以至于在与自然环境的相互调节过程中达到动态平衡。自然界的非人动物只是按照所属的那个物种的尺度和需要来生存;而人类的理性则懂得按照任何一个物种的生态尺度来进行生产,并且善于处处都把内在的尺度运用于对象。因此,人所追求的生态和谐社会也能按照生态规律的尺度来构造。

生态和谐社会的道德机制所促生的伦理范式是创造生态尺度的伦理标准,是形成生态观念的认识界限。尺度本身就是在一个宇宙的框架中。如若说人类是自然的书籍,但无自然的启示,读者以人类单一的经验靠近,误读圣书也将迷失人类的生活。生态和谐社会的伦理范式作为自然的启示之一,是在开放的系统中所形成生态平衡的观念。"生态平衡,如同在开放系统的进化和动力学那里讲的一样,不是稳定的,而是持续变化的,所以有人说它是流平衡。一种生态平衡绝不是凝固的,当然也不是从外表上看不出有任何变化的。如果把我们脚下坚固的土地抽走,那我们就如同站在一个漂浮的岛屿上。"[①]生态平衡可在不同维度得到体现,并将在诸多完全不同的关系中得以验证。它通过道德的反思复苏自组织而形塑稳定的结构体系,并以一种自然的尺度塑造合乎生态和谐的普遍框架。在此,一种自然整体性的思维必须得到承认,人类自身只是地球组成的一角,我们的行动

[①]　[瑞士]克里斯托弗·司徒博:《环境与发展——一种社会伦理学的考量》,邓安庆译,人民出版社2008年版,第95页。

都是自然界生命活动的一部分。

利奥波德在《沙乡年鉴》提出的"大地伦理":大地是一个有机整体,地球上的任何存在物都有生命,人和其他自然存在物之间存在伦理关系。因此,尺度的德性对于伦理范式来说,显得异常重要。它既是健康的理智,又是合理的行为,在一种审视生态和谐的社会境遇中强调人之秉性的中道。明确观念的温和,在多样化的博弈中保持适度的自制,用拥有智慧的动态平衡来形塑生态系统运行过程中的正义。

生态和谐社会的伦理范式,其实质是在一个失范及失衡的时代为观念与行动寻找尺度。因为任何的阐释,都需要在一个标准中确定其启示的源泉。如果将人的主体意识之外的内容全部加以悬置,自然的缺席成为一种人类生活的习惯,那是社会生态的一种匮乏。它将从本质意义上瓦解生态和谐的可能,形成社会和谐在生态维度上的困难。

在保持自然界生物遗传多样性的基础上,人类的合理行为在于稳定生态系统的结构与机能,并在互动中形成生态伦理的基本存在尺度。在一种弱的非人类中心主义观念的影响下,一方面,人类希图在保持自然界整体稳定的前提下实现对生态系统与生物物种的持续利用;另一方面,在保证人类基本生存条件的基础上保护所有生物遗传物质的种群。在此,生态和谐社会的伦理范式,其内在的比例关系显得非常敏感。罗尔斯顿认为生态伦理:"它以生态学作为道德的基本尺度,在服从生态系统所必需的参数的前提下,人类可以做出行为的选择,符合道德的行动应该促进社会与自然界的平衡。"[①]人对自然内在固有的道德义务关系,是生态和谐社会的伦理根源所在。防止富裕的腐化与奢侈的消费吞噬人类的生态良知,在自然统一性原则下保持内心的平静,才能减却不必要的欲望,才能拥有符合生态观念的自足的愉悦,也才能为生态和谐的社会共识创造道德支撑。

第十节 生态和谐的社会共识

改革进程中的中国需形成生态和谐的社会共识。生态和谐包含社会和谐之理念。和谐社会是一种理想模式,社会和谐是一种公众价值。生态和谐是最广泛意义上的和谐;社会和谐则是局部意义上的和谐,是在人之生存、生产与生活意

---

① 转引自陈瑛、廖申白主编:《现代伦理学》,重庆出版社 1990 年版,第 301 页。

上的和谐。和谐生态直接推动和谐社会的形成,和谐社会的建构有助于和谐生态的实现。它需要从三个方面努力:

首先,以生态全局推动社会整合,以提升和谐能量及优势。在社会转型呈现利益多元化的当下,改革的中国需在伦理维度形成何种社会和谐共识?这个问题十分重要,它提醒我们必须围绕生态整体化与多样性的趋势加紧构建生态和谐的公民意识、社会观念与行政伦理,在不同社会阶层流动渠道畅通及利益重组过程不陷于固化危险的状况下,凝聚以改革促和谐的共识,以生态优化带动社会进步,以生态和谐推动社会和谐。

其次,以和谐指针转变生态失衡,以改革社会发展及文明。面对时代变革并实现有效治理,需要生态和谐社会的基础条件。它必须正视社会治理领域中,强政府—弱社会的格局仍然制约着社会的良性发展;而满足群众对生活保障的更高要求,须从生态系统的角度及构建生态和谐社会的层面来思考。

最后,以社会宗旨促进和谐优化,以完善生态稳定及美丽。在此,生态和谐社会的共识也急需形成。用社会和谐促进生态和谐,以生态和谐包容社会和谐。在社会基本组成部分之间不同关系的网络,需要清晰有效的生态标准加以系统整合,在生态圈的相互适应、相互渗透的过程中形成稳定的生态协调机制。

而为了实现三个方面的努力,我们必须思考如下三个问题:

如何形塑充满活力而又具备张力的社会结构?社会结构也是生态系统的重要组成部分。理性的人群所优化形成的社会结构,既要考虑到人类自身梯度化的需要,也要从自然界万物的生存出发。毕竟自然界的存在是人类生存与发展的前提,万物共生共处是衡量生态社会的基本尺度。因此人类社会自身的和谐很大程度上取决于社会结构的良性与否,自然界生态调节机制的稳定与否,即自然界有机体之间的平衡及有机体、无机体与整体环境之间的平衡。

如何保证生态和谐的改良有效影响社会变革?社会变革不能是对自然界生命的糟蹋,也不能是对人的生命的漠视。自然界的非人存在物也应该是一般他者,甚至是人类必须尊重的一般他者。不仅仅是人类,每一物种都有其独特的生命需求,其生存与发展都必须予以同等的对待。生态和谐的改良是社会变革的环境基础。变革,从制度的层面进行优化设计,从生产方式、生活方式与思维方式上构造有效健康的社会平台,一方面为生态和谐的改良创造条件,另一方面为真正的社会变革形塑路径。

如何以伦理规范在社会共同体的层面促进社会良性循环?尽管生态和谐的道德共识无法改变生态系统的边界,但它能够有效影响人类行为的边界。生态系统的边界是由每一物种的生物及其自然环境在相互联系、相互作用的过程中所构成种群网络的生命规律所决定的,而人类行为的边界则是由与一般他者相处时应该遵守的行为规范所决定的。伦理规范在生态层面的体现是当人具有理性、信息、知识的能力时及当人类具有资源、技术和制度的优势时,不对自然界的非人动植物及无机物滥用这种优势的道德力量。当道德共同体的界域突破人类的范围,覆盖了人类生活圈子之外的非人存在物。这种非人类中心主义的观念,将地球上的无机物与有机物都作为道德关怀的主体。它把所有的生态过程与生命维持系统都纳入人类的伦理界域中。毕竟"生态意识中所包含的道德问题属于我们时代最新颖的、最富于挑战性的道德困境。这些问题之所以最新颖,是因为它们要求我们考虑这样一种可能性,即承认动物、树木和其他非人的有机体也具有权利。这些问题之所以最富于挑战性,是因为它们可能会要求我们抛弃那些我们长期所珍视的一些理想,即我们的生活应达到的一定水准以及为了维持这种水准而应进行各种各样的经济活动。"①

第十一节 可持续的道德模式

在自然的伴随下,生态和谐社会并不是孤立的,一种有效的道德模式是支撑生态和谐社会的核心。人与自然的如影随形,或者说让生态和谐社会成为自然界整体和谐的一部分,在一系列自然关系中才能达至超越凌乱及机械状态的生态和谐。在此,对生命有机体的尊重胜过对非生命有机体的控制,道德思维的贯穿至关重要。因为生命成长及衰落的历史过程,值得我们投注比环境变化的物理过程更多关怀的目光。在人类生命与自然界生命之能力条件不对称的情况下,人类的生态道德自律也是普遍需要的,甚至是一个生态文明社会所必需的。

我们正生活在一个拥挤的星球,有必要思考一下德沃尔所信赖的生态学基本原则:"1. 一种新的宇宙或生态形而上学将强调人类与人之外的自然统一性,这是一种'生物平等主义'的形式。2. 一种对自然的客观态度,不仅仅把自然看作满足人类需要的对象。3. 抛弃主观的人、然的二元论,代之以'行星地球完全融为一体'的崭新意识。4. 科学应该成为对宇宙的沉思,而不应该成为开发宇宙的工具。5. 在稳定的自然进程中蕴藏着一种智慧,它不会因人类干涉而有所改变。

---

① [美]R.T.诺兰等:《伦理学与现实生活》,姚新中等译,华夏出版社1988年版,第435—436页。

6. 衡量人类生存质量的尺度,不应该仅仅是产品的数量。7. 以狩猎和采集为生的社会能够为健康的生态社会提供基本的生活必需品。8. 无论从文化上看,还是从作为生态系统健康稳定的原则上看,差异都是合适的。9. 生活方式应该努力促进精神和社会的发展,而不应该助长消费主义。"①只有这种自我约束的生态道德,才能最后成全生态和谐社会的理想。

在人类足智多谋的发明创造面前,自然不成其为人类创造的产品,而应是人类敬畏的母体。但问题在于道德困境总是与人类的恣意妄为有关,我们该何去何从,面对生产方式、消费模式及污染形式的多样化,人口、资源与环境的紧张关系将会如影随形。用道德的力量如何解决、用伦理范式如何调节,都急待我们做出新的应答。

为了达到生态和谐,我们对待自然的态度应该审慎思虑、合理行动与有效转向。审慎思虑,表明的是以自然为本的思考与持续努力的耐心;合理行动,表明的是不以社会功利的算计为着眼点,而是充分把握自然承受力为准则;有效转向,表明的是思路倾向从以弱的人类为中心向以弱的非人类为中心转变。这些行为都指向善良实践,每一个理性存在者都表现出自身意志对生态客观法则的遵守。

对当代人整体生活的幸福思虑,对地球生态圈的和谐考量,对人类子孙万代的长远生存,都需要在生态和谐社会的伦理范式中找到道德的出路。舍己为人与舍人为自然,成为调谐生态和谐社会活动的令人尊敬的而且是必要的道德原则。

生态和谐社会的伦理范式,必须发展一种生态意识,用人与自然相统一的价值,使人与自然在休戚与共的氛围中把握我们人类既是世界的一员、也是地球的一员的理念;必须发展一种善待自然的新道德,在为子孙后代负责的格局中,以促进自然界的稳定、美好与繁荣为根本目的,在资源日益匮乏的状况下倡导可持续发展的新生活方式;必须发展一种生命观念,生命物种无关于高贵与卑微,都是世间的生物存在,人类不同代际之间的生命不仅应得到尊重,而且非人动植物的生命都应得到同等对待,构建良好环境效益的生态圈。

以生态和谐社会的伦理范式为评鉴,人类的行动必须是适度的。任何生命的活动必须是有限度的,在我们居住的小小行星上,物质生产、能源供给与生态平衡如何做到有效协调是一个难题。生态和谐社会的伦理范式,希求塑造的是整个社会机制的生态良心以及在生态良心审视下的生态行动。一个新的好的自然世界,并不是向所谓的自然原始状态倒退,而是合乎比例地搭建一个人与自然和谐相处

---

① [美]R.T.诺兰等:《伦理学与现实生活》,姚新中等译,华夏出版社1988年版,第455页。

的生态环境。

  总之,一种可持续的道德模式,在社会伦理建设的有效推动下以和谐观念为引导支撑生产、生活与生态的共同进步。在理智地把握生态规则的能力及理性地触及生态原则的能力的进程中,生态意志必须成为一个不折不扣的道德规律。哲学伦理学的主张在此需要从形而上学的思辨中化身为可操作的生态准则。从一个公平的理性的生态共同体出发,我们需要在生态伦理与经济伦理的合理限度内重组现实而又有效的世界秩序。在此,我们须警醒自然主义的谬误,也就是从对自然的描述中强制推导伦理价值的歧见。同时,我们也要小心道德规范主义的流弊,避免仅仅从规范的存在及表现就推导出具体的道德标准与约束法则。

第二章 生态和谐社会的基本内涵

内涵作为一种抽象的感觉,是指人的内在涵养或素质,或者事物内部所含的实质或意义。内涵不是局部的,是局限在某一特定人对待某一人或某一事的看法。内涵不是表面上的东西,而是内在的、隐藏在事物深处的物质,需要探索挖掘才可以理解。生态和谐社会的基本内涵主要表现为均衡化的经济发展、民主化的政治制度、宜居化的社会生活、至上化的生态环境和自然化的科技导向五个方面。

第一节 均衡化的经济发展

在不同的学科中,均衡一词的含义也不同。在博弈论中,均衡指通过博弈而达到的一种稳定状态。在经济学中,均衡一般是指经济体系中变动着的各种力量处于平衡。在生态哲学中,均衡是指事物处于一种协调、适中、和谐之中。

经济发展,简单地说,就是一个国家摆脱贫困落后状态,走向经济和社会生活现代化的过程。相对于经济增长,经济发展是一个更加全面、更加体现人的目的性的概念。经济发展强调人的生活质量和社会公平性等价值,一般包括经济量的增长、经济结构的改进和优化、经济质量的改善和提高三层含义。正如经济学家马蒂亚·森曾说:如果一个国家的经济成功只是以人均GDP来判断——不幸的是事实经常是这样——那么生活的重要目标就丢失了。可见,经济发展涉及的内容超过了单纯的经济增长,比单向度的经济增长更为广泛。

均衡化的经济发展是指经济发展与环境发展之间维持着一种制约与协调的动态关系,它要求人类在追求生态和谐的前提下谋求经济发展,或者说,为了生态世界的和谐而均衡地发展、有限制地发展,达到人与自然和谐的社会状态。均衡化的经济发展有两个基本点:一是经济发展与资源的供给相协调,二是人类的经济活动必须建立在保护环境的基础上。①

均衡化的经济发展以生态整体自然观为核心,把包括人类在内的整个自然界看作一个整体,认为组成自然整体的各部分之间联系是有机的、内在的、动态发展的,人与自然界的其他存在物都是自然整体存在链上的环节,地球的资源储量和生态环境的承载能力是有限的,如果人类的经济活动超过生态限度,自然生态平衡就会遭到破坏。均衡化的经济发展表达了一种弱的人类中心主义思想,它不仅承认人类是具有内在价值的存在物,而且认同非人类物种乃至整个生物圈也是个有自身独立于人类工具性价值之外的内在价值的存在物。②

均衡化的经济发展与生态和谐社会价值取向一致,是生态和谐社会的基本内涵。首先,均衡化的经济发展是在保护环境的基础上发展经济,也即实现人与自然的共同发展;而生态和谐社会的目标也是为构建一个人与人、人与自然、人与社会和谐共荣、互生互存的社会发展模式。其次,均衡化的经济发展是生态和谐社会健全的前提条件,为生态和谐社会提供可依托的经济基础;而生态和谐社会的健全又为均衡化的经济发展提供良好的发展平台和重要保障。

第二节 宜居化的社会生活

宜居即指适宜居住,它与和谐、生态、花园这些形容居住环境的词语相互联系,相辅相成。宜居有广义和狭义之分,广义的宜居是指怡人的自然生态环境、和谐的社会环境和人文环境的完整统一体,它是人类社会生活发展的方向和目标;狭义的宜居是从生态哲学的角度和人与自然关系的角度来定义的,指自然环境舒适,气候条件宜人,生态景观和谐。③

社会生活是马克思、恩格斯提出的一个科学范畴,它有广义和狭义之分。广义的社会生活指人类整个社会物质的和精神的生活;狭义的社会生活是指社会的物质生产活动和社会组织的公共活动领域以外的社会日常生活方面,它主要由自然环境、人口、劳动、沟通方式和组织等基本要素所构成。

宜居化的社会生活是一个全方位的概念,强调社会在经济、政治、社会、文化、

---

① 王铭霞:《人与自然关系的哲学反思》,载《理论月刊》,2001年第2期。
② 陈曦:《论经济发展与环境保护的动态均衡》,载《江西社会科学》,2009年第10期。
③ 陈望衡:《乐居——环境美的最高追求》,载《中国地质大学学报》,2011年第1期。

环境等各个方面都能协调发展。宜居化的社会生活,不仅要从科学化及功能性的角度进行界定,还要从伦理学和美学层次进行人文价值描述。归根结底,宜居化的社会生活就是全面满足人性需要、让人类生活更美好的社会。它不仅是健康而方便的社会模式,而且生活于其中的人类应该感到公平、温暖、愉悦,产生家园般的归属感。

传统的工业文明社会将社会生活中的物质财富的多少作为衡量社会发展与进步的唯一标准,一味地强调社会的经济建设而忽视环境建设,甚至是肆无忌惮地破坏生态环境,掠夺自然资源,滥杀野生动物,最终造成了我们居住的生活环境恶化,引发了一系列危害人类健康的生态环境问题。正如马克思曾说,现代历史著述方面的真正进步,都是当历史学家从政治形式的外表,深入到社会生活的深处时才取得的。工业文明社会的这种表面的社会生活的发展与进步实际上给自然界和人类社会造成了无法弥补的灾难。

宜居化的社会生活是生态和谐社会的本质要求。随着生态和谐社会的到来,人们对生活环境、生活质量、生存状态的要求也在不断发生变化,并且总体上需求越来越复杂、要求越来越高。这个必然的进化趋势导致人们越来越关心人居生态环境,追求社会生活的品质。此外,生态和谐社会将提供给人类更加宜居化的社会生活。在生态和谐社会中,人类在开发和利用自然资源的时候,会充分考虑到自然价值,保护自然环境,使人类社会与自然融洽相处、和谐共生,从而为人类提供更加宜居的居住地和更加美好的社会生活。

第三节 至上化的生态环境

至上,简而言之,就是指人处于至尊的地位或者事物处于至高无上的位置。至上出自《淮南子·缪称训》一文,其文说道:"道至高无上,至深无下。"这句话的意思是:道高到了顶点,再也没有更高的了;深到底部,再也没有比它更深的了。汉代许慎在《说文解字·一部》中也曾说:"天,颠也。至高无上,从一大。"就是说,天是顶点、巅峰,没有比它更高的了。

生态环境由生态与环境组成。生态与环境都是描述与人类息息相关的各种自然的总和。二者的不同之处在于,生态偏重于自然界生物与其周边环境的相互关系,更多地体现出系统性、整体性、关联性;而环境则更强调以人类生存发展为中心的外部因素,更多地体现为人类社会的生产和生活提供的广阔空间、充裕资源和必要条件。生态环境有广义和狭义之分,广义上说,生态环境即指万物,包括人类在内的整个世界,与物质、宇宙同属一个概念;狭义上讲,生态环境是指与人及人类社会相对应的人类社会赖以生存和发展的自然环境、自然物质条件,或者是关系到社会和经济持续发展的复合生态系统。生态环境是包括人类在内的所有生物与环境、生命个体与整体间的一种相互作用关系,在生物界和人类社会中无处不在、无时不有。

至上化的生态环境,就是指将生态环境置于至高无上的地位。至上化的生态环境描述了一种人与自然和谐共处的关系。这种人与自然和谐共处的关系是人类在认识、感悟和品味自然、保护、改造和管理环境过程中,从感性认识到理性认识、从必然王国到自由王国所积累的知识、技术、经验和系统方法在社会上的普及、宣传、观念意识的升华和风尚的进步,其基础是生态哲学。

至上化的生态环境要求人类转变以往的人类中心主义的价值观为人与自然和谐的生态价值观。要求人类在处理人与自然的关系时,应认识到人是大地之子,是自然界的一部分,对自然界生态环境持敬畏之心、感激之心、热爱之心;在对自然界进行开发、利用和改造时,不应把人的主体地位绝对化,不能无限夸大人对自然的超越性,而是遵循自然规律,对自然界进行适度的合理的开发、利用和改造;在利用生态环境满足自身需要的同时,应该把对生态环境的负面影响限制在自然界生态系统的稳定和平衡之内、实现人与自然的和谐共处,协调发展。[1]

至上化的生态环境为生态和谐社会提供良好的环境基础。至上化的生态环境将生态环境看为孕育人类生命的母亲,持有适应自然、顺应自然和敬爱自然的生态价值观,遵循自然界发展的客观规律,从而形成人与自然处于共生共存的良好状态,为生态和谐社会的构建提供良好的生态环境基础。生态和谐社会离不开至上化的生态环境。生态环境是人类社会存在和发展的基础。至上化的生态环境是生态和谐社会的奠基石。若没有良好的生态环境,人与自然的关系就不会和谐,进而影响到人与人、人与社会关系的不和谐,这样,生态和谐社会就无法实现。

---

[1] 陈伟华、杨曦:《世界观的转变:从人类中心主义到生态中心主义》,载《科学技术与辩证法》,2001年第4期。

第四节　自然化的科技导向

自然,既可指自然界、物理学宇宙、物质世界以及物质宇宙,也可指自然界的现象,以及普遍意义上的生命。自然之意有名词和形容词之分,作名词时,自然指具有无穷多样的一切存在物,通常又可分为原生自然和人化自然;作形容词时,自然指天然的、非人为的或不做作、不拘束、不呆板,非勉强的。

科技导向,简而言之,即指科学技术的发展方向。科学技术作为人与自然关系的中介力量,极大地提升了人类开发、利用自然的能力,为构建生态和谐社会创造了大量的社会物质财富。此外,科学技术还为解决生态危机和治理环境问题发挥了重要作用。"机器的改良,使那些在原有形式上本来不能利用的物质,获得一种在新的生产中可以利用的形态;科学的进步,特别是化学的进步,发现了那些废物的有用性质。"①马克思进一步指出废弃物的减少和再利用"部分地要取决于所使用的机器的质量"②。

然而,正如世界上的任何事物一样,科学技术也绝不是十全十美的,科学技术也是造就当今世界各国生态环境危机的罪魁祸首。正如美国海洋学家蕾切尔·卡森在《寂静的春天》中指出的那样,化肥和农药的大量使用固然丰富了食物,但同时也导致了食物天然品质的损坏和土壤的贫瘠化,对能源、资源不断地开发利用又不断增强着对生态的压力。③恩格斯指出:"在我们这个时代,每一件事物都好像都包含有自己的反面。我们看到,机器具有减少人类劳动和使劳动更有成效的神奇力量,然而却引起了饥饿和过度的疲劳。"④可见,科技这把"双刃剑",用之为善则能够为生态和谐社会提供技术支持;用之为恶则将给人类带来生态危机,造成毁灭性灾难。

自然化的科技导向是指科学技术的开发与利用要考虑人与自然界万物的协调共生、要考虑自然界的承载能力和客观规律的科学技术发展方向。习近平指出:"实现中华民族伟大复兴的梦想,应对各种前所未有的困难和挑战、创造光辉

---

① 《马克思恩格斯文集》第 7 卷,人民出版社 2009 年版,第 115 页。
② 《马克思恩格斯文集》第 7 卷,人民出版社 2009 年版,第 117 页。
③ [美]蕾切尔·卡森:《寂静的春天》,吕瑞兰、李长生译,上海译文出版社 2011 年版,第 158—163 页。
④ 《马克思恩格斯文集》第 2 卷,人民出版社 2009 年版,第 580 页。

而美好的未来,动力从哪里来?只能从发展中来、从改革中来、从创新中来。"①

自然化的科技发展有以下两方面含义:一是自然化的科技导向克服了过去那种只看到自然的消费性价值的思想,意识到自然界生态价值对人类生存和发展的重大意义。二是自然化的生态导向能够最大限度地发挥技术的正面效应则不仅能为人类谋求福利,还能减少对环境的损害,是适应人类社会可持续发展的科技方向。

生态和谐社会的建设与发展离不开自然化的科技导向。自然化的科技导向以人与自然的协调发展为最高宗旨,正视自然资源的有限性,并在实践中着眼于保护生态,促进清洁型生产,并充分考虑生态环境对污染物吸收力的有限性,为生态和谐社会建设提供了良好的环境基础。反过来,生态和谐社会的理论与实践又将推动科学技术从工业社会的"科技万能论"向"科技生态化"转型,进而对人类社会与整个生态系统的可持续发展发挥重大作用。

---

① 习近平:《让工程科技造福人类、创造未来——在2014年国际工程科技大会上的主旨演讲》,载《人民日报》,2014年6月4日。

第三章　生态和谐社会的思想演变

第一节　不同社会形态的观念变迁

一、原始社会:"服从自然"

原始社会为公元前 200 万年到公元前 1 万年左右,这一阶段的人类以采集和狩猎为主要生产方式,因此也称为采猎文明阶段。这一阶段的人口数量非常少,人类的生存能力十分低下,人类与自然的关系是一种纯粹的服从和依赖关系。人类在与自然界的相处中,普遍遵循着以"自然"为主导生存思想,表现为被动地依赖大自然的恩赐,极度地服从自然、崇拜自然、信奉自然。正如中国史书上所记载,我国远古时期的人类对自然现象、动物图腾等十分崇拜,把天、地、日、月、星、雷、风、云、火等自然现象都视为神的召唤,并对其进行祭拜以祈求庇护和恩赐。因此,原始社会的人类对生态环境的影响程度非常小,人类社会与自然界保持着原始的、低级的平衡状态。

二、农业社会:"顺应自然"

农业社会为公元前 1 万年到公元 18 世纪左右,这一阶段的人类以种植业和畜牧业为主要生产方式,因此也称为农业文明阶段。这一阶段的人口数量逐步增多,社会生产力有所提高,人类与自然界表现为一种顺应关系。在人与自然的共处中,农业社会的人类越来越不安于被动地接受自然界的统治,开始逐步地开发、利用和改造自然,并向自然界索取自然资源和空间环境等,但依然遵循以"自然"

为主导的发展理念,表现为"顺应自然、尊敬自然、敬畏自然"。正如我国 2000 多年前所建的"都江堰水利工程",就被视为一项农业社会开发、利用自然的典范。然而,由于社会生产力和科学技术水平有限,农业社会人类对自然的开发、利用程度非常小,没有超出自然界的自我调节和再生能力,因此并未对大自然造成不可修复的破坏,人类社会与自然界依然保持着整体的平衡、和谐状态。

三、工业社会:"征服自然"

工业社会出现在 18 世纪末到 19 世纪初至今,以英国工业革命为主要标志。这一阶段,伴随着科学技术的迅猛发展,社会生产力迅速发展,人类对自然的认识能力和改造能力显著提高,开始由农业社会的顺应自然转变为征服自然。在人与自然的共处中,工业社会人类遵循着"征服自然、掠夺自然、控制自然"的思想理念,甚至将人与自然看作是二元对立的关系,强调"机械的"哲学世界观和"人类中心主义"价值观。例如,法国建筑师戈涅在其提出的"工业社会模式"中所言,工业化已经成为人类社会所无法提高抗拒的力量,现实的社会发展与行动就是要使人类社会适应这种机器化生产方式,并严格地按某种秩序将社会中的各种要素规律地组织在一起,整个人类社会就会像一个良好的机器一样高效运转,所有问题都可以顺利地解决。[1]

这种盲目自大的价值观念和发展理念,以及人类欲望的无限性、自私性和自然界资源、环境的有限性矛盾,导致了工业社会的无序扩张和对自然界的无限掠夺,打破了人类社会与自然界原有的动态、均衡、规律的运行状态,造成了人类社会与自然界矛盾的严重激化,导致自然界生态系统失去平衡,全球生态危机频频出现。正如恩格斯在谈到自然界对人类社会的报复时所言,人类社会所造成的环境恶果的最终受害者是人类自身。[2]"世界八大公害事件"的出现也印证了工业社会错误的发展理念和价值观念。

四、生态和谐社会:"人与自然和谐"

工业社会的思想理念和发展模式已经不再适应当前人类社会的发展,已经无

---

[1] 张京祥:《西方规划思想史纲》,东南大学出版社 2005 年版,第 98 页。
[2] 《马克思恩格斯全集》第 3 卷,人民出版社 1979 年版,第 53 页。

法正确地处理人类社会与自然的关系。尽管"征服自然、掠夺自然和控制自然"思想理念下，人类也可以为了自身的利益而善待自然，即采取某些措施阻止破坏自然生态的行为发生，但是，由于工业社会理念和模式本身的内在局限性和缺陷性，它不可能从根本上解决全球性、整体性的生态危机。正如人类社会经历了原始社会、农业社会的先后更替一样，伴随着工业社会的衰退，一种全新的、生机勃勃的社会形态——生态和谐社会即将来临。

生态和谐社会是"自然、社会与人"的一体化发展，是生态系统中"自然、社会与人"的和谐化、均衡化、规律化的社会状态。在生态和谐社会中，"自然、社会与人"共同形成了客观的、最优的、内在的、动态均衡的调节机制，人类社会与自然界公平、公正地参与博弈，避免矛盾和对抗，从而达到发展过程与结果的客观统一，实现整个生态系统的和谐共处。可见，生态和谐社会无论在世界观、价值观还是发展理念方面，都是对工业社会的超越。在世界观上，生态和谐社会超越工业社会的"机械论"，树立"人与自然和谐"的"有机论"；在价值理念上，生态和谐社会超越工业社会的"人类中心主义"价值观，追求"人与自然和谐共处"的价值观；在发展理念上，生态和谐社会超越工业社会视"经济增长"为唯一的发展理念，构建"人口、资源与环境"共同发展的可持续发展观。

生态和谐社会是继原始社会、农业社会、工业社会之后人类社会发展史上的又一次质的飞跃，是人类社会未来发展的必然趋势和最佳选择。构建生态和谐社会将引导一场全新的生态革命。这场生态革命将广泛贯穿于社会、经济、政治、法律、科技等各个领域，引导社会生态环境、经济发展、管理制度、社会环境、文化理念等各个方面的生态化导向，并将为解决当前日益严重的全球生态危机提供最有效的途径。

第二节 生态和谐社会视野中的环境哲学本土化

在生态和谐社会视野中思考"环境哲学的本土化"概念与意涵，是力图重新寻求环境哲学之知识范畴的定位功能及生态伦理观念的价值趋向。"环境哲学的本土化"需要我们细致思辨本土化的条件、形式、主体与指向，以及在环境哲学论域中本土化的表现及趋势。本土化的蕴义可以理解为本土立场、本土内容与本土视角。在一个同质性的空间，它回归自身本土责任，洞见思想生命血缘，在对区域性伦理进行肯定性思考的层面立足于本国物质土壤、历史土壤与精神土壤，在此意义上它可以推论等同于中国化。中国化是一个整体语境,也是一个观念系统。

如果说本土化是一个历史过程与时空变化适应的产物。它不是单向度地回归传统的帝国式生活框架,而是构造更多民间场域的话语空间。环境哲学的本土化作为一个信念系统的成立是在长期连贯性的过程中碰撞融合的产物。它不是先验论的,而是经验论的。环境哲学的本土化在其指向上是将环境哲学的内蕴精义融入和植根于本土历史文化传统与现实社会政治经济环境中。本土化的关键在于把区域伦理与普适伦理、本土文化与民族文化、国家价值与世界价值的辩证关系做一个关联性的梳理与界定性的条分缕析。环境哲学的本土化,更重要的是纳入环境与哲学的双重向度,在更依附于环境的生成、作用与延伸的意义上,强调哲学反思的研究对象在地化。

在当下重新思考"环境哲学的本土化"的概念与意涵,是力图寻求环境哲学之知识范畴的定位功能及生态伦理观念的价值趋向。在此衡量的关键点,或者说观念系统中的首要命题是:环境哲学能否实现本土化?如果环境哲学的本土化既是可能的、又是现实的,那么它在内涵上意味着什么,又包含了哪些特征?

"环境哲学的本土化"也需要我们细致思辨本土化的条件、形式、主体与指向,以及在环境哲学论域中本土化的表现及趋势。如果从语义学的层面理解本土化,它能否呈现另一个真实的地域?从国土疆域的根底处研究我们每个人所置身的环境,那不仅是一个切实接近我们观念的生活空间,是与我们周边的人群共享精神理念的场所,而且不再是遥远的呈现异质性价值的所在。

从地域确定的角度,它更尊重本土行为习惯与公序良俗;从族群认同的角度,它更理解自身血统来源与民族身份;从生活环境的角度,它更知晓当地语言文字与历史文化。在一个同质性的空间,它回归自身本土责任,洞见思想生命血缘,在对区域性伦理进行肯定性思考的层面立足于本国物质土壤、历史土壤与精神土壤,在此意义上它是否可以等同于中国化?

中国化是一个整体语境,也是一个观念系统,如同本土化需要在商谈中确认,中国化也需要在相信中理解。本土化不仅不是对民族国家文化价值观念的解构,反而是立足于本国历史文化土壤的生成与强化,它是对本土价值虚无主义的有力批驳。"冷战结束后,西方文化正以前所未有的渗透力通化着世界文化,物质主义、享乐主义和经济主义正以前所未有的渗透力影响着世界各个民族。人们对物欲的贪求和全球性疯狂的经济竞争似乎正把人类引向灾难;全球的环境正日益受到污染,生态平衡正日益受到破坏。"①

若承接着中国化的道路,这里的本土化有三种类型:一种是作为审视对象的本土化;一种是作为知识地位的本土化;一种是作为指导思想的本土化。作为审视对象的本土化,是在先前的意识检验阶段所锤炼与认识的本土化的内涵与认识。作为知识地位的本土化,是已被科学观念体系所形塑与确认的作为知识之可能的本土化的角色与地位。作为指导思想的本土化,是发挥精神的中介作用与定义未来发展趋向的本土化的趋势与走向。"一种伦理观……不是人们可以简单决定其拥有的东西;'需要一种伦理观'完全不同于'需要一件新衣服'。一种新的伦理观要么只能产生于业已存在的观念之中,要么它就不可能产生。"②

本土化能否作为一种精神实体而形成,在一定程度上体现了本土化在不同区域、发展阶段与历史时期其自身的能量谱系与价值向度。本土化是一种与近处的人们共享的传统语境,它在集体构造的认同语境中形塑精神烙印。

本土化的蕴义可以理解为本土立场、本土视角与本土内容。

本土立场是站在本土社会观念的利益机制上捍卫本土的生活模式与价值机制。每一个本土都构成独特的"自我",都可能在关键时刻主宰我们的人格。"但它的主宰不是绝对的;假如它是绝对的,我们也不会是一捆变化的自我,而是一个完善的自我——即使是一种被贫困化和受限制的自我,而且如果是这样,我们将不能真正地修正我们的生活方式和占主导地位的信仰——它们实际上不代表我们目前的状况。"③

本土视角意味着本土来源于本地,而又超越于本地。在不同的时空结构中表达了对其文化相对主义哲学的内涵有所了解的诠释学之中。这种诠释从自我相对主义的立场出发,自我认同、本地语境与本土风范被重估。"由此看来,其他的人,其他的生活历史,其他的利益格局,只有当它们在我们主体间所分享的生活方式范围内与我的认同、我的生活历史以及我的利益格局交织在一起的时候,才具有意义。"④

本土内容是否在观念体系的层面等于本土语境?如果我们承认本土化是在

---

① 卢风:《从现代文明到生态文明》,中央编译出版社2009年版,第134页。
② John Passmore, *Man's Responsibility for Nature: Ecological Problems and Western Traditions*, 2nd, London:Duckworth, 1980, p. 56.
③ [加]约翰·M. 瑞斯特:《真正的伦理学》,向玉乔等译,中国人民大学出版社2012年版,第113页。
④ [德]尤尔根·哈贝马斯:《对话伦理学与真理的问题》,沈清楷译,中国人民大学出版社2005年版,第71页。

一定的语境中形成的,那么本土化的流变也在接受着语境之语境的锤炼。它无以超越语境,语境既可能是阻挡的藩篱,也可能是穿越的势场。"来自生活世界的行动者依附于确信,对使他们惊讶并使他们失望的事物做出反应。他们应该面对这个所谓的客观世界,并因为这个预设,在对知识与意见之间——也就是在真的和只显得是真的东西之间——进行区分的基础上行动。"①

许许多多的本土构成了世界,世界在诸多本土的单位概念上拼贴了生态和谐社会的整体景观。每一个在历史记忆、生活经验与现实境遇中所形成的本土都离不开在根深蒂固的传统习惯与思维定式中所构成的复合体。它在经验的范畴中接受着事实的检验。

本土不能无根、本土不能漂移、本土不能颠覆,毕竟摇摆的本土化不是真正的本土化。本土就是在场的一切,它覆盖了我们生活中的每一片场域与每一个族群生息繁衍的土地。若我们站在整体论的生态主义立场反对机械论的自然观,人类不能隔绝与自然的关系与责任。

本土化到底要走向何方？如果说本土化是一个历史过程与时空变化适应的产物。它不是单向度地回归传统的帝国式生活框架,而是构造更多民间场域的话语空间。法国有一个新锐的哲学工作者夏尔·佩潘最近在中国上海表示,哲学家要学会把哲学从学院高冷的位置上拉下来,让哲学更接地气。

本土化要理解生态和谐社会与区域化的关系。在一个多元文化社会,本土化是世界化的基础,或者说越是本土的越是世界的;越是民族的越是全球的。本土的价值、趋向与意志既是确定的,又非板结的。无论是本土地面对,还是世界的面对,它都是真实地面对,而不是想象地面对。"那么,在用来区分这两种面对的有关标准中,在用来决定一个给定的信念系统在一个给定的时刻对一群给定的人来说究竟是不是一个真正选项的考虑中,那些信念系统的地位将也会把自己揭示出来。"②给定的信念,在形成观念定式的过程中也需要追逐一种公开论证的理念。

本土化是否表达的是一种相对主义的真理？追逐在不同文化世界观中的意识,其伦理主张的差异是否意味着相对主义在诸多的领域就是真的？在复杂的观念系统中把相对的成分界定出来,这是否在一个多元主义的后工业社会是明显的困难。

---

① [德]尤尔根·哈贝马斯:《对话伦理学与真理的问题》,沈清楷译,中国人民大学出版社2005年版,第52—53页。
② [英]伯纳德·威廉斯:《道德运气》,徐向东译,上海译文出版社2007年版,第202页。

当本土化被直接地指向伦理相对主义或价值相对主义时,我们需要回应的是作为本土化概念,其内在核心的信念是否存在?如果信念存在,其自身的特质又在多大程度上体现出信念的作用与意义?从一种理想的意义而言,本土化的此种逻辑结构之存在是关联性的。"这个结构的任何应用都涉及针对一个信念系统的连贯性和同质性而进行的某种程度的理想化。然而,这些特征可以受到影响的方式不止一种,在这个方面的差别影响了用来理想化一个信念系统的方式,或者可能影响了它的意义。"①

本土化是否具有其限度?彻底的语境论者可能不相信本土化具有的边界,它愿意推论实践理性指向所依靠的本土化有其强大的影响力,如同在认识论之前的任何所谓"存在论"转向,都将可能引起本土化意识的怀疑与犹豫,导致本土化实践环节被不同价值与意识形态质疑或扭曲。

环境哲学的本土化作为一个信念系统的成立是在长期连贯性的过程中碰撞融合的产物。它不是先验论的,而是经验论的。它所预设的这些关系与概念是否能够成为支撑环境哲学本土化框架的基础源泉。英国哲学家罗宾·艾特福尔德在《环境伦理学:面向二十一世纪的概述》中认为:"不是每个人都意味着同样的事情,他们说'环境'或'环境问题'时。它们经常意味着'围绕'(这是第一个意涵),以自然或其他方式,无论是一个人对她生活的持续时间,或一个社会的其存在的持续时间。"②

环境哲学的本土化在其指向上是将环境哲学的内蕴精义融入和植根于本土历史文化传统与现实社会政治经济环境中。本土化的关键在于把区域伦理与普适伦理、本土文化与民族文化、国家价值与世界价值的辩证关系做一个关联性的梳理与界定性的条分缕析。环境哲学的本土化更重要的是纳入环境与哲学的双重向度,在更依附于环境的生成、作用与延伸的意义上,强调哲学反思的研究对象在地化。它既看到自然环境的先天存在,又看到社会环境的后天发育。

---

① [英]伯纳德·威廉斯:《道德运气》,徐向东译,上海译文出版社2007年版,第186—187页。
② Robin Attfield, *Environmental Ethics—An Overview for the Twenty-First Century*, 2nd, Cambridge: Polity Press, 2014, p. 1.

第四章　生态和谐社会的理论前提

第一节　自然价值的承认

20世纪以来,人类改造自然的能力大幅提高,创造了日益丰富的物质财富和发达的物质文明。但与此同时,人类的活动过度消耗了资源,严重地污染了环境,破坏了自然界的生态平衡,使人类自身的生存发展受到严重威胁。全球性的生态危机本质上是人与自然的冲突危机,其根源在于长期以来我们将自然界视为与人类分立的改造对象,完全忽视自然界本身的价值。自然价值问题成为当代环境伦理学关注的焦点,自然存在物是否拥有内在价值,自然存在物的价值是主观的还是客观的成为亟待解决的理论难题。

众所周知,环境问题主要表现为环境污染和生态破坏,但这只是环境问题的表面现象,其实质是人与自然关系失调,主要是人的价值观错位以及在此观念指导下的实践失误。走出这种生态困境,需要我们重新审视人和自然的关系以及人类在自然界中的定位,并且在这种哲学反思中诠释自然价值,唤起人们对大自然的敬重感和对它的无私馈赠的感激。对于自然价值的承认将有助于更好地指导人类的生产和生活,并进而促进生态和谐社会的建构。这对我们贯彻科学发展观与构建和谐的人与自然关系具有重要意义。从承认自然界的价值出发,积极把伦理道德的概念扩大到生物和自然界的其他实体的研究,架起了直接通往中国环境伦理学的桥梁。自然价值理论为环境伦理学的研究开启了新领域,提供了新课题。在我们对"当前和谐社会的建设中哪组和谐关系最为重要"的调查中,一共有409份有效问卷,其中有42.79%的人认为人与自然的关系最重要,位居第一,如

图 1 所示①：

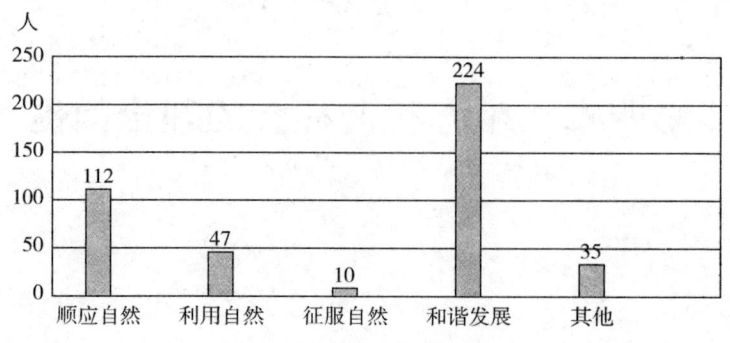

图 1　人与自然的关系

人与自然的关系直接影响到生态和谐社会的建构,自然价值的承认与重新定位将有助于更好地指导人类的生产和生活,而生态自然价值概念又扩大了传统价值范畴的范围,认为价值是一种客观存在,与人们的兴趣、爱好、意识关系不大,这是一个重大的突破;同时,自然价值还把系统论、生态学与价值论有机地结合起来,指出了人的价值以及人对价值的评价只是自然价值链条上的一个环节,这是一个不小的进步。因此,自然价值理论成为一种不同于传统价值观的、全新的、颇有争议的价值观念和价值理论。

第二节　人与自然的和谐统一

构建人与自然和谐的社会主义需要马克思主义哲学指导。人类对待自然界的态度,在经历了古代的"崇拜""敬畏"、近代的"征服""统治"之后,作为否定之否定的"和谐"形态,是对前两个阶段的积极扬弃。构建人与自然和谐社会必须坚持"以人为本"原则,要用"人类相对中心论"取代"人类绝对中心论"。解决当代

---

① "生态和谐社会伦理范式阐释研究课题组"于 2012 年 11 月开展了关于构建生态和谐社会伦理范式阐释研究问题的调查。本次调查的目的是要切实了解当前我国生态和谐社会的伦理范式、现实困境、目标取向、形塑条件、建构路径以及未来展望等问题,并据此以科学的实证分析为相关机构提供政策参考和决策依据。本次调查分别对社会和学生进行了调查取样,社会中我们的调查对象包括企业、政府、公民等相关人员,共回收有效问卷 409 份;学生群体的对象主要是北京林业大学的学生以及其他院校的大学生,共回收有效问卷 380 份。以下出现的图表均来自"生态和谐社会伦理范式阐释研究课题组"真实有效的调查。

全球生态危机的根本出路是废除资本主义制度,人与自然和谐是社会主义的内在要求。在我国,如果不解决严重的生态问题,社会主义现代化将难以实现。为此要确立新的"社会—自然"观,树立和实践科学发展观,转变经济增长方式和消费方式。事实证明,在对人与自然的关系调查中,将近60%的人都认为人与自然应该和谐相处,这既反映了人类对于与自然和谐相处的一种诉求,更体现了自然对于人类的生产和生活有着不可替代的重要作用。

一、承认人类的非唯一主体性

人类中心主义从人类自身出发,将人视为唯一的价值主体;而非人类中心主义以客观价值论为基础,认为自然存在物同样拥有价值主体地位。人类中心主义从价值主体论出发,以自我意识、自由、认识和实践能力这些人类的主体性特征来界定内在价值,这就必然否定人类成员之外的一切自然存在物具有内在价值,而只承认它们满足人类需要的属性、功能和效用等工具价值。[1] 非人类中心主义从泛价值主体论出发,以自然物本身所具有的目的性和创造性来界定内在价值,由此必然肯定生命本身具有内在价值,而非仅仅存在满足人类生存和发展的工具价值。余谋昌认为,我们就要承认不仅人是目的,而且其他生命也是目的;而且要承认自然界的价值。在这里,价值主体不是唯一的,不仅仅人是价值主体,其他生命也是价值主体。

二、树立人与自然平等的观念

重塑伦理主体性,承认自然界的内在价值,将人类社会的价值与权利延伸到自然界,将利他精神发扬到生物界。意识到地球资源是有限的,自然价值的生成能力是有限的,而人类利用自然资源维持自身生存、繁衍、发展的需要则是无限的。为了实现可持续发展,人类要树立正确的发展观、资源观。倡导人与自然之间和谐相处,互利共生。要合理调节人与自然之间的物质变换。即人类应该遵循自然发展的客观规律,要以自己的整体利益和长远利益为宗旨,合理地开发自然和利用自然,反对掠夺性开发资源,在自然承受和允许的范围内,调节自己与自然之间的物质变化。人类应当依靠消耗最小的自然能源来实现和调节人与自然之

---

[1] 刘湘溶:《生态伦理学》,湖南师范大学出版社1992年版,第35页。

间的物质变换,使人类社会与自然生态得到协调发展。人类活动对自然界的索取不能超过自然的承载力,对可更新资源的开发不能超过它的再生速度。从自然界取出的资源不超过环境所容忍的限度,不超出支持发展的生态系统的负载力,以保护自然界的生态平衡。要发挥人的主体性和能动性。人类要服从自然,又要超越自然,在自然和社会的协调发展中展示自己的人性,发挥人类自身的聪明才智,为人类提供一个良好的生存和发展环境。

三、强化有机整体自然观

人与自然和谐发展的价值观把人与自然内在地看作一个共同体,从而它以人与自然的和谐发展为目标。因此,它首先承认自然(包括各种自然物以及自然共同体)的内在价值,同时也承认人类在人与自然共同体中的特殊地位,承认人类的实践能动性和理性调控作用,并由此确立人与自然之间的价值伦理关系,在伦理上扩大了道德共同体。人与自然和谐发展的价值观以人与自然共同体的整体价值为最高价值取向,既重视自然的道德地位也重视人的主体地位;既重视人类的利益也重视自然的利益。[①]

有机论自然观将人类当作自然的一部分,反对人类君临自然和自然之为人类而存在的论调,成为环境伦理学的思想资源。许多非人类中心主义论者都是有机论者,他们所开创的环境伦理思想观念与他们所信仰的有机论自然观具有内在相融性。然而有机论并不等于环境伦理,虽然有机体主义者对人类中心主义提出了疑问,但他们在大多数情况下仍然承认人类控制自然的合理性。麦茜特认为不能把关于自然的有机论哲学和机械论哲学看成是严格二元对立的。大多数哲学家也不是固定在一个阵营里的。

第三节 社会生态的稳定

一、社会生态的内涵

社会生态学是研究人类社会和自然环境相互作用的科学。社会生态即人类

---

① [美]霍尔姆斯·罗尔斯顿:《哲学走向荒野》,刘耳、叶平译,吉林人民出版社2000年版。

社会的生态,是由人类与其环境所组成的生态关系或生态系统,它是集自然、社会和经济三重属性为一体的客观现实存在。社会生态的自然性,这是人类赖以生存和社会得以发展的自然环境特性,包括无机环境和有机环境两方面的属性。社会生态的社会性,这是生态对于社会诸领域如人类的思维方式、思想意识、哲学观念、文学艺术、伦理道德以及文化、法律、政治、社会等各方面进行渗透与影响,由此而产生了诸如生态思维、生态意识、生态哲学、生态美学、生态伦理(环境道德)、生态文化、生态法学、生态政治学、生态社会学等的社会性状和表现,以及社会生态学等新的边缘交叉学科概念。社会生态的经济性,这是生态对于人类经济领域各方面进行渗透与影响,从而产生了生态经济学的新分支及其生态生产力、生态生产关系、生态经济基础、生态经济效率、生态经济价值、生态经济流通、生态经济需求、生态经济资源配置等新的经济学概念与范畴。正是因为社会生态无论是区域生态(城市、乡村、城乡复合体等)还是全球生态(生物圈或生态圈),都有其自然性、经济性和社会性,所以我国著名生态学家马世骏教授将区域生态和全球生态通称为"社会—经济—自然复合生态系统",或称为"社会—经济—自然复合生态系统问题"。

二、从自然生态到社会生态

自然生态这个概念,是伴随近代生物学不断发展而诞生、并同生态学一起出现的。生态学(ecology)一词源于希腊语中的"oikos"(住所或生境)和"logos"(研究或科学),并且直接由这两个词根所拼成,意思是"生境的科学"即"生态学"。所以直观地说来,自然生态无非就是自然界生物的生存环境(生境),其中包括水分、土壤、空气、温度、阳光等无机自然环境,和其他生物如植被、动物、微生物等有机自然环境。自然生态,通常简称为生态。

20世纪60年代以来,随着世界性的人口暴涨、粮食不足、资源匮乏、能源短缺、环境污染等重大社会生态问题相继出现,现代生态学便开始从以各类生物生态系统为中心的自然生态研究,进一步向以人类社会生态系统为中心的社会生态研究逐步转变,或即从自然生态到社会生态的转变与发展,并且将自然生态系统与社会生系统结合起来进行整体性与综合性的研究,由此形成了以现代生态学为理论基础,并以实现社会效益、经济效益和生态效益相统一为主要目标的"社会——经济——自然复合生态系统(SENCE)"的前沿研究。经过近半个世纪的深入探索,现已揭示出人类社会和全球生态系统功能结构演变与物质能量生产相关性基本规律和发展趋势,同时也开始定量地描述人类在各类食物链营养基中的生态区位和物能需耗,从而便能为人类社会的和谐发展与良性循环提供可靠的参数和科学的阐释。

三、社会生态平衡的重塑

社会生态系统也具有生态平衡的状态特征和动态规律:在一定时期,一个社会生态系统的物质、能量和信息的输入与输出大体保持均衡状态,由此而维持该系统结构与功能的相对稳定和动态平衡,这个社会生态系统也就达到了生态平衡的状态亦即社会生态平衡。然而,当物资、能源和信息的供应所制造的生产品,超过了社会生态系统的需求时,该系统即进入投资过旺状态;而当物能信息的供应所制造的生产品,满足不了社会生态系统的需求时,该系统便进入投资不足状态,由此便出现了社会生态系统非平衡的两种基本状态。社会生态平衡与非平衡的状态特征和动态规律,不仅存在于社会经济领域,而且也同样存在于人类社会的政治、军事、科学、教育、文化、意识形态等各个领域之中。事实上,任何一个社会要素(如生产者、管理者或败坏者群体),或者任何一个环境要素(如无机、有机或社会环境),它们都会引发社会生态系统的变异,由此而影响与破坏社会生态系统的平衡状态。所以,为保持社会生态平衡的总体目标,人类必须约束自己的行为,节制自己的欲望,并严格遵从社会生态规律办事,才能够凭借社会生态系统负反馈控制机制和系统自调节功能的共同作用,由此不断校正与维持该社会生态系统在其生态阈限范围内的平衡状态,或者经过较长时期的调控之后进入到一种新的系统平衡状态。

第四节 生态公民身份的普及

一、生态公民的内涵

生态公民是具有生态文明意识且积极致力于生态文明建设的现代公民。生态公民是建设生态文明的主体基础。生态公民概念是一种新的社群概念,一种新的思维方式,一种新的价值标准,一种新的行为方向,一种新的伦理规范。调查显示,有相当一部分人对到底什么是生态公民还不太了解,只是感觉自己有过保护环境的行为就是生态公民。其实生态公民是在人与环境相互作用的模式中生成的,并以被赋予自然意识的自我与共同体的结合来看待地球生境的变化,是生态和平运动与公民和谐社会相结合的产物。

生态公民①具有三个显著特征:(1)生态公民是具有环境人权意识的公民。强调个人权利的优先性和国家对于个人权利的保护是现代公民意识的本质特征。(2)生态公民是具有良好美德和责任意识的公民。生态公民不是只知向他人和国家要求权利的消极公民,而是主动承担并履行相关义务的积极公民。(3)生态公民是具有世界主义理念的公民。生态公民清醒地意识到环境问题的全球性以及生态文明建设的全球维度。他们不再把国家或民族的边界视为权利和责任的边界,而是在世界主义理念的引导下积极地参与全球范围的环境保护。

二、何谓生态公民身份的普及

从"公民"的缺失,到公民概念的确立和普遍使用,再到"生态公民"理念的提出,无不体现着人类社会发展中公民文化的渗透。公民概念的提出是建立在民主政治基础上的,它标志着人由自在自发的自然状态走向自由自觉的主体存在状态,它的特点是主张自由选择、自主创造和自我负责,力求以理性自律取代外在强制。以公民概念为基础,以社会问题为背景,人们将公民与人相区分,将生态与公民相融合,提出了"生态公民"一词,以高度的角色意识表达了公民的社会责任感和公共精神。现实社会中社会公德问题并不十分乐观,调查表明41%的人认为社会公德比较差,境况令人担忧。生态公民身份的普及是改善社会公德境况的直接路径。

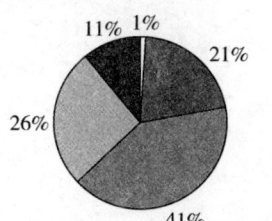

图2 当前的市民社会公德的现状

---

① [英]斯廷博根:《公民身份的条件》,郭台辉译,吉林出版集团2007年版。

基于公民身份的理论,生态公民身份是一个更加强调公民与自然之间契约式关系的新型概念,是对生态个体与生态共同体之间稳定关系的表现。[①] 它更加强调生态个体性植根于整全式生态系统之中的原则。这种生态个体性是融入于生态群体的个体展示,是一种公民参与生态文明的体现。在塑造生态国家的过程中,生态公民将发挥非常重要的引领作用。

三、生态公民身份的普及与构建生态和谐社会

作为生态和谐主体人群的生态公民具有良好健全的生态素养,能善待自然,对大自然怀有敬意,欣赏自然之美,尊重生命共同体其他成员,了解并肯定自然生态的价值。同时,生态公民对人类破坏生态环境的行为感到愤怒,对日益严峻的生态问题感到担忧。不论是古今还是中外,生态公民作为生态和谐的主体,总是在以自然生态之理引发生命态度,向自然学习生存的智慧,对人生聊以自慰,使道德得以践履。总而言之,生态公民已经成为全球维度的群体,不论是社会发展程度较高的西方国家,还是正在建设进程中的社会主义国家,都呼唤着生态公民的到来。生态公民可以将人类社会带入文明的更高层次,作为生态结构的调控者,生态公民对自然能够负起天然的道德责任,创建人与生态环境共赢的生态文化价值体系,进而实现人的全面而自由的发展。[②] 在创建生态文明的过程中,现代公民不仅需要具备传统公民理论所倡导的守法、宽容、正直、相互尊重、独立、勇敢等"消极美德",还需具备现代公民理论所倡导的正义感、关怀、同情、团结、忠诚、节俭、自省等"积极美德",其中,关心全球生态系统的完整、稳定与美丽是生态公民最重要的美德之一。生态公民的这些美德是构建生态和谐社会的必要条件,也是这些制度体系得以良性运行的润滑剂。

第五节　生产、生活与生态的平衡

坚持生产发展、生活富裕、生态良好的文明发展道路,关系广大人民群众的切

---

① 周国文:《低碳经济:生态公民的绿色尺度》,载《人文杂志》,2011年第1期。
② 杨通进:《生态公民论纲》,载《南京林业大学学报(人文社科版)》,2008年第3期。

身利益,关系实现又好又快的发展要求,关系中华民族的生存发展,是坚持全面协调可持续基本要求的重要体现,是贯彻落实科学发展观的必然选择。

要正确认识生产发展、生活富裕、生态良好是紧密联系、辩证统一的关系。生产发展,是走文明发展道路的基础环节。离开生产发展,社会进步就失去前提,生活富裕也不可能实现。生活富裕,是走文明发展道路的重要体现。不断提高整个社会的物质和精神生活水平,使社会财富得到合理分配,使全体社会成员共享发展成果,人类文明才能不断进步。生态良好,是走文明发展道路的应有之义。遵循经济规律和自然规律,合理利用自然资源,保护和优化生态环境,坚持可持续发展,实现人与自然和谐相处,人类文明才能得到持久永续发展。

在对交通出行方式409份有效的问卷调查中,有204人选择乘坐公共交通出行,既减少了汽车尾气的排放,也缓解了交通压力。只有人类用行动坚持环保,生态和谐社会的建设才能成功。

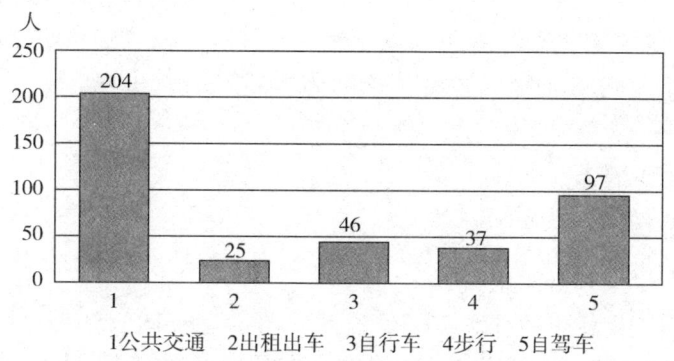

图3　交通出行方式选择

坚持文明发展道路,就要在经济社会发展过程中,把推进生产发展、实现生活富裕、保持生态良好有机统一起来,坚持以生产发展为基础,以生活富裕为目的,以生态良好为条件,努力实现社会经济系统和自然生态系统的良性循环。要按照全面协调可持续的基本要求,全面推进中国特色社会主义事业,使社会生产力,特别是先进生产力不断发展,国家的经济实力和综合国力不断增强,人们生活质量和富裕程度持续提高,享有的民主权利和法制保障更加充分,精神生活和精神追求更加丰富高尚,社会更加和谐稳定和充满活力。

第六节 "仁"之概念的生态意涵

生态和谐社会的理论前提，离不开对人之仁的认识。没有"仁"，难以达到和谐；没有对"仁"之概念生态意涵的把握，它所贯穿的德性也难以落地。

18世纪下半叶工业革命以来，人们在创造巨大物质财富的同时，也无限制地消耗着大量的生态资源。在城市繁荣、奢华、洁净的背后隐藏的是水体的污染、空气的污浊、资源的枯竭以及生物多样性的骤减，人类开始面临着生态危机的困扰。所以，保护环境、缓解人与自然之间的矛盾已刻不容缓，成为人们所必须面对的严峻课题。面对如此紧迫的形势，越来越多的学者开始把目光投向了传统的生态伦理。而中国儒家思想中的"天人合一""仁爱万物"与"和为贵"等思想都体现了善待自然、尊重自然规律的生态伦理思想，为我们解决当今的生态问题提供了丰富的理论基础。而仁作为儒家思想的概念源泉，梳理其内涵与外延，及在人心意识中的观念趋向，也是我们探寻儒家生态伦理是否成立的关键所在。

一、"仁"之概念

（一）"仁者，爱人"

孔子以仁学为思想的核心，在《论语》中，"仁"被提到的频率高达一百多次，因此，孔子的思想也被称为"仁"的学说。什么是"仁"？余谋昌认为"仁者，爱人"，仁的基本含义是"爱人""泛爱众"，以"己欲立而立人，己欲达而达人"的原则做人，这是对人的基本的道德要求。《论语·颜渊》篇中记载，樊迟问仁，孔子回答说"爱人"，说的是一个人在社会上行事为人，应当有他遵循的义务，而这些义务的本质应当是"爱人"，即"仁"。一个人必须要对别人存有仁爱之心，是他应该履行的社会责任。孔子所认为的"仁"，并不仅指一种特定的品德，而是泛指人的所有德性。"仁"的含义便是推己及人、舍身为人的"品德完美"。

仁的实践包含着为他人着想。"己之所欲，亦施于人"（《论语·颜渊》），"己欲立而立人，己欲达而达人"（《论语·雍也》），这些是"仁"的积极方面，尽己为人谓之忠。而"仁"的含义并不仅仅如此，还有另外一个方面，即"恕"，就是"己所不欲，勿施于人"。这两方面合起来，就是"忠恕之道"，这就是把人付诸实践的途径，也就是孔子所说的"仁之方"。从这里可以看出，"仁"的实现是一个推己及人的过程,不但要爱自己,还要爱别人,同时也要顾及自然界的万事万物,将爱扩展。虽然孔子没有明确提出"爱物",但是其学说里已暗含着这方面的内容,孟子只是将这一内容明确揭示出来并加以发展。"忠"和"恕"的做人原则也就是"仁"的原则。因此,一个人按"忠""恕"之道行事为人,也就是"仁"的实践,这种实践引导人们去完成对社会的责任和义务。"忠"和"恕"是人的道德生活的开端,也是它的完成。《论语·里仁》中有云,"子曰:'参乎!吾道一以贯之。'曾子曰:'唯。'子出。门人问曰:'何谓也?'曾子曰:'夫子之道,忠恕而已矣。'"

（二）"仁"之性善论

孟子从性善论的角度拓展了"仁"这个概念的论述。性善是对人类禀赋的肯定,是对人性的正面认可。因为人生来为善,所以仁为善端。孟子被认为是继承了孔子学说的正统,其思想是以"仁"为中心而展开的,对孔子"仁学"思想进行了继承和发展。孟子生活在战乱纷飞、民不聊生、礼崩乐坏的春秋战国时期,在这个时代,如何拯救身处水深火热之中的百姓？这就需要"仁",需要"爱"。而仁爱实现的根本前提就是人的"性善"论,这也是催生其生态伦理思想的内在动力。可以说,孟子的性善论是其生态伦理产生的内因。孟子认为人具有先验的善性,他将这种先天的善性称为"善端"。在《孟子·告子上》中有这样一段:告子曰:"性犹水也,决诸东方则东流,决诸西方则西流。人性之无分于善不善也,犹水之无分于东西也。"孟子曰:"水信无分于东西。无分于上下乎？人性之善也,犹水之就下也。人无有不善,水无有不下。今夫水,搏而跃之,可使过颡；激而行之,可使在山。是岂水之性哉？其势则然也。人之可使为不善,其性亦犹是也。"意思就是,孟子认为人的本性是善良的,就好比是向下流淌的水一样。人的本性没有不善良的,就如水的本性没有不向下流淌的。如今的水,被击打就可以溅得很高,可以使它高过额头；堵塞水道使它倒行,就可以使它流上山冈。难道这是水的本性吗？是形势使它这样的。人之所以可以使他不善良,其本性的变化也是一样的。所以,孟子认为在人的意识里,善良是人的本性,即使有不善的地方,也是因为被形势所迫。

孟子从三个方面证明"善端"的存在:其一,良能良知。孟子曰:"人之所不学而能者,其良能也；所不虑而知者,其良知也。孩提之童,无不知爱其亲者；及其长也,无不知敬其兄也。亲亲,仁也；敬长,义也。无他,达之天下也"（《孟子·尽心上》）。意思是人们没有经过学习就会的,是人的良能；不经过考虑就知道的,是人的良知。两三岁的小孩没有不知道喜爱父母的,长大后没有不知道尊敬兄长的,这种行为没有别的原因,是天下人共同的方式,说明人的天性本是如此,孩童不经过教导就有良知良能,说明了人性本善。其二,平旦之气、夜气。孟子曰:"牛山之木尝美矣,以其郊于大国也,斧斤伐之,可以为美乎?是其日夜之所息,雨露之所润,非无萌蘖之生焉,牛羊又从而牧之,是以若彼濯濯也。人见其濯濯也,以为未尝有材焉,此岂山之性也哉?虽存乎人者,岂无仁义之心哉?其所以放其良心者,亦犹斧斤之于木也,旦旦而伐之,可以为美乎?其日夜之所息,平旦之气,其好恶与人相近也者几希,则其旦昼之所为,有梏亡之矣。梏之反覆,则其夜气不足以存;夜气不足以存,则其违禽兽不远矣。人见其禽兽也,而以为未尝有才焉者,是岂人之情也哉?"(《孟子·告之上》)。孟子引用树木被刀斧砍伐,被牛羊啃光,但不能否认其曾经繁茂过的例子来表明有的人的善良本性会被后天的一些憎恶所磨灭,但是他们日夜息养善心,接触清晨的清明之气。然而由于受到的束缚太多,使夜里息养的善心不能存留,便跟禽兽相距不远了。但是这是人的本质特征吗?在这里,孟子认为不能因为人的后天行为变坏而否认人的善性就没有存在过。其三,自发的恻隐之心。孟子曰:"人皆有不忍人之心。先王有不忍人之心,斯有不忍人之政矣。以不忍人之心,行不忍人之政,治天下可运之掌上。所以谓人皆有不忍人之心者,今人乍见孺子将入于井,皆有怵惕恻隐之心——非所以内交于孺子之父母也,非所以要誉于乡党朋友也,非恶其声而然也"(《孟子·公孙丑上》)。在孟子看来,当看见一个小孩要掉进井里时,情急之下人的内心都会产生一种特殊的情感——恻隐之心,并且会受这种情感的驱使去救落井的小孩。这并不是说人们跟这个小孩的父母有私交或是想博得名声,而是人们在突发情况的一瞬间所产生的感情,是人无意识的情感。"恻隐之心,仁之端也。"通过以上几点,孟子认为这种人与生俱来的良能良知、恻隐之心都是人善的本性。

孟子提出:"恻隐之心,人皆有之;羞恶之心,人皆有之;恭敬之心,人皆有之;是非之心,人皆有之。"这就是孟子所说的"仁义礼智"四心,也是孟子生态伦理思想的内在基础。

二、"仁"之生态意涵

生态意涵是一种对整体自然界的理解,以对自然生态的亲近意识融入地球生命有机体的感悟,表达出作为宇宙整体系统形态的基本存在,在天地万物并存的层面体现出对环境的敏感与对自然界非人动植物的关怀。"仁"之概念,在儒家思想的立足点更多地体现出人与人之关系的构想。但它并没有忽略对自然生态的理解。许多人误认为,孔子的思想中更多的是关注人的内在精神和道德品格,几乎没有涉及生态伦理方面的思想。其实不然,爱护自然万物,尊重自然规律的思想,早已体现在孔子"仁"的学说中。孔子曰:"智者乐水,仁者乐山。智者动,仁者静。智者乐,仁者寿。"①在孔子看来,智者和仁者都是有道德修养的人,只有心中充满仁爱的人才能乐山乐水,并且对大自然充满热情,爱护自然万物。孔子对大自然中的生命也充满着怜悯之情,《论语·宿而篇》中记载"子钓而不网,弋不射宿",这句话最能体现孔子爱惜和保护生物。意思是,孔子钓鱼时只使用鱼竿钓鱼,而不会用渔网捕鱼从而将鱼一网打尽;为避免影响鸟儿的繁衍生存,射鸟时也不会射栖息在巢中的鸟儿,因为它们可能是雏鸟或者是正在繁育的鸟儿。由此可见,孔子的取物有度以及对大自然的仁爱之情。这也是孔子深层次的生态意识。

孟子在"仁"上继承和发展了孔子的思想。他在"推己及人"方面进一步提出"老吾老以及人之老,幼吾幼以及人之幼"(《孟子·梁惠王上》);在"推人及物"方面提出"君子之于物也,爱之而弗仁;于民也,仁之而弗亲。亲亲而仁民,仁民而爱物"(《孟子·尽心上》),大意为,对于自然界的万物,君子虽然爱护,但是却没有以仁爱去对待它;对于民众,君子虽然以仁爱的德行去对待,但是却不亲爱他们;君子应该像对待自己的亲人一样去仁爱民众,再从仁爱民众发展到爱惜世间万物。"君子之于禽兽也,见其生,不忍见其死;闻其声,不忍食其肉,是以君子远庖厨也"(《孟子·梁惠王上》),深刻体现了孟子对动物的同情与爱护。"仁民万物",标志着儒家"仁"的思想的进一步发展。孟子将仁推广到了自然界,在人与人、人与自然之间,建立起了一种新的自然价值观。假若能够做到仁民爱物,那么也就构成了孟子所描绘的理想的生态社会"不违农时,谷不可胜食也。数罟不入污池,鱼鳖不可胜食也;斧斤以时入山林,林木不可胜用也。谷与鱼鳖不可胜食,材木不可胜用,是使民养生送死无憾也……五亩之宅,树之以桑,五十者可以衣帛矣。鸡豚狗彘之畜,无失其时,七十者可以食肉矣。百亩之田,勿夺其时,数中之家可以无饥矣。谨庠序之教,申之以孝悌之义,颁白者不负戴于道路矣。七十者衣帛食肉,黎民不饥不寒……"

在构建这一理想的生态社会模式中,孟子试图以小见大,以点带面,仁民、爱物、遵循自然规律、取之有度、休养生息等生态思想意涵通过人类自身生态智慧的融入贯穿其中。

若仁是通过爱来体现的,爱又何以承载仁的观念?在孟子看来,"爱"与"仁"还是有区别的,对人民是"仁",对生物是"爱",人们虽然要爱护万物,但对生物却

---

① 《论语·雍也篇》。

不必讲"仁"。儒学发展到董仲舒,就其生命哲学而言,把"仁"直接扩展到动物,完成了"仁"从"爱人"到"爱物"的转变。他说:"质于爱民,以下至鸟兽昆虫莫不爱。不爱,奚足以谓仁?"(《春秋繁露·仁义法》)这就把"仁"扩展到了鸟兽鱼虫等动物,具有重要的环境保护意义。张载则进一步讲:"民,吾同胞;物,吾与也"(《张载集·正蒙》),揭示了其"万物一体"的哲学思想,同时"万物一体"这个主题也是程颢的哲学中心。他认为,人把自己视为与万物一体正是"仁"的主要特征。程颢说:"学者须先仁。仁者,浑然与物同体。义、礼、知、信皆仁也……此道与物无对,大不足以名之,天地之用皆我之用"(《河南程氏遗书》卷2上)。虽然程颢对"仁"的解释带有形而上学的色彩,但是他的"万物一体"的哲学主张教导人们用心去感受自然万物,与万物融为一体,真诚用心地去做,这在一定程度上会促使人们珍爱大自然,保护环境,因为自己与大自然万物是息息相关,互养共生的。

出于仁,行于仁,成于仁。虽然"仁"是儒家伦理的一个基本原则,但仁是统摄人类做人与做事的核心思想。以仁入情入心入脑、以仁贯注待人接物的每个细节。儒家学者从"天人合一"的观点出发,高扬"天道生生"的哲学,衍生出敬重、尽性、和谐三大生命伦理原则,表达对大自然的终极关怀。《周易·系辞传》中记载,"生生之谓易""天地之大德曰生"。"易"就是生生,第一个"生"是动词,即生产和创生;第二个"生"是名词,即生命和万物。"生生"就是指新生物不断产生而代替旧事物的循环过程。"有天地然后有万物,有万物然后有男女"(《易传·序卦》),"天"创造世界万物,万物生而又生,生生不息,这就是"易",也是最高的"德"。宋代以后的儒学把"生"看成是宇宙的本体,把"仁"与整个宇宙的本质和原则相联系,把"仁"直接解释为"生"。朱熹说:"盖仁之为道,乃天地生物之心,即物而在"(《仁说》)。他认为,仁是万物生长化育的天地之心,赋予万物以生命,从而生生不息,是万物生的本质。清代戴震也进一步提出"生生之德"就是"仁"。他说:"仁者,生生之德也……所以生生者,一人遂其生,推之以天下共遂其生,仁也"(《孟子字义疏正·仁义礼信》)。人之生是人之仁的前提,而人之仁是人之生的提升。无生也就无仁,无仁则更不能延其生。生生才能美其仁,这里的生不仅涵盖了人类的生命,也包括非人动植物的生命。毕竟世界要恒久存在,不仅人类要生存,天下万物也要生存,以仁面对天地万物对如今我们与自然和谐共处具有重要的启示意义。

仁是一种义理,更沉淀着一种礼仪。人类亲近自然、进入自然、融入自然。"斧子亲(仁),然后义生;义生,然后礼作;礼作,然后万物安"(《礼记·郊特性》)。

从"仁"推出了"孝""义""礼"等伦理规范,这些不仅适用于人,而且适用于万物,从而达到"万物安"的伦理目标。例如,曾子曾引述孔子的话说:"树木以时伐焉,禽兽以时杀焉。夫子曰:'断一树,杀一兽,不以其时,非孝也'"(《礼记·祭义》)。孔子把保护自然提到了"孝"的高度。又如"义",《史记·孔子》记载,孔子听说晋国两位有才德的大夫被杀,大发感慨:"丘闻之也,刳胎杀夭则麒麟不至郊,竭泽涸渔则蛟龙不合阴阳。何则?君子讳伤其类也。夫鸟兽之于不义尚知辟之,而况乎丘哉!"这里,孔子把杀人和猎杀动物都看作是不义行为。又如"礼"这一伦理范畴,荀子说:"礼有三本:天地者,生生之本也;先祖者,类之本也;君师者,治之本。尊先祖而隆君师,是礼之三本也"(《荀子·礼运》),要化生"仁"这种意识,需要通过礼这种形式而得到表现。把仁与礼结合在一起,仁心仁德要体现为仁行。把"礼"运用于对待生命时,他说:"杀大蚤,非礼也"(《荀子·大略》),"蚤"即早,就是若不合时宜的宰杀动物是不符合礼的。"仁""孝""义""礼"这些道德规范,从人扩展到植物与动物,是生态伦理所要求的扩展道德主体的特点,对于如今我们以何种态度正确对待自然,处理人与自然之间的关系具有重大意义。

三、"仁"之意涵对生态文明建设的启示

20世纪60年代以来,生态危机成为全社会共同面对的挑战,由于人类无节制地开发大自然,向自然过度索取,无暇顾及生态平衡和环境保护,致使人与自然的关系日益紧张,生态环境的恶化已逐渐威胁到人类的生存。近年来干旱、洪涝等各种自然灾害的频发,已表达了大自然对人类破坏环境行为的抗议。当今人类面临着一个人口快速膨胀、耕地急剧减少、空气污染严重、生物多样性骤减、资源濒临枯竭、健康受到威胁的世界,面对如此状况,人类不得不开始重新审视自己的行为,以期修复和挽救人与自然的关系。虽然环境的恢复与保护在本质上是一个科学问题,需要依靠科学的手段与先进的技术来协助,但是造成当下让人痛心疾首的局面,其根本原因还在于人们的生态意识的缺位。因此,我们更应该从环境哲学的高度来反思人与自然的关系。而儒家思想中的"仁"的概念与蕴含为我们在生态文明建设的过程中提供了坚实的哲学基础和思想源泉。

第一,"仁"是一种大爱。它表现为以珍爱大自然的态度互爱共存。儒家之仁,不仅是人伦之仁,也是自然之仁。人是自然界的一部分,是自然界不断进化的产物;人吸取了天地之精华,才能是万物之灵。儒家学者将人类视为天地最贵、最灵的物种,所以在厚生的层面认为人类应该珍惜生命、尊重生命、善待生命。但这

并不是说人类就可以成为万物的主宰,肆无忌惮的藐视其他物种。因为人与万物皆是天地所生,人只是自然界中的一分子。《说卦传》中说:"昔者圣人之作易也,将以顺性命之理。是以,立天地之道,曰阴阳;立地之道,曰柔刚;立人之道,曰仁义,世界是人与天地参。"这表明天、地、人三者是有机统一和谐发展的。因此,人与自然界万物是一个相互依赖、相互制约的统一的生命整体。如果我们藐视其他生命,破坏自然界生态,那么就是破坏人类的生存环境,最终只会导致人类自身的灭亡。儒家的"仁民爱物""恩及禽兽"[①]的思想都告诉我们,人类应该以友善、珍爱与和谐的态度对待自然万物,形塑保护生态环境与节约自然资源的基本观念。"仁"不仅是一种善良意识的萌生与规范,更是一种良知触动之后的反省与修正。《尚书·武成》中有一篇武王伐纣的讨伐檄文,文中对商纣王列的第一大罪状就是"暴殄天物",指的是残害灭绝天地间的万物。儒家学者将"仁"由人扩展到物,表现了其泛爱生灵的博大胸怀,他们希望万物都能活泼地生长。北宋哲学家周敦颐面对窗前的杂草从来不除,因为他每当看到春天窗前的杂草蓬勃生长时,就会看作是万物生生不已,便会油然升起一股对自然的仁爱怜惜之情。这就是为后儒津津乐道的"茂叔窗前草不除"的典故。当然,这并不是说人类不能除去一草一木,只是当人类的自身利益和自然界非人动植物的利益之间发生矛盾时,以儒家之"仁"所化约的生态文明观要求人类做出合理的选择。在保证人类基本生存需要的前提下,可以适当地开发自然界的资源。但是必须要在合乎环境伦理的情况下,例如那些为了追求物质享受和经济利益去活剥动物皮毛、贩卖收藏象牙等行为都是违背"仁"的生态意涵,是必须要谴责和禁止的行为。因此,以"仁"促行,"仁"以约行,儒家"仁爱万物"的精神要真正回馈于自然界,同时思"仁"以洗心,成就一颗持久的"仁"心,在大自然面前保持"谦恭"的态度,不以任何借口杀戮生灵,积极担当起保护自然的义务和责任,珍爱自然万物,与大自然互爱共存,努力实现人与自然的和谐。

第二,"仁"也是一种节制的观念。"仁"是心灵的博大,也是意识的自制。它表现为取之有时,用之有节的可持续发展的理念"可持续发展"的概念在1987年的时候第一次在全球范围内提出。在《我们共同的未来》的报告中,"可持续发展"被定义为:既满足当代人的需要,又不对后代人满足其需求能力构成危害的发展。我国也将走可持续发展道路作为实现中华民族伟大复兴的一项重要战略。而在中国古代的哲学中,"可持续思想"早已被体现出来,特别是在儒家著作中,如

---

① 孟子:《齐桓晋之事章》。

《论语·宿而篇》《孟子·告之上》《孟子·梁惠王上》等,都以"仁"的思想体现了这种丰富而深刻的古代朴素生态思想。儒家的"仁"之概念强调推人及人、推人及物,用"仁"的德性对待自然万物。因此,在对待动植物时也充满了仁爱之心。"子钓而不网,弋不射宿"体现了孔子在捕捉动物时是非常有节制的,不会一网打尽。曾子曰:"树木以时伐焉,禽兽以时杀焉"(《礼记·祭义》)。"仁"即善用其时,存万物,重时序。孟子对"时"作了更进一步的论述,"不违农时,谷不可胜食也。数罟不入污池,鱼鳖不可胜食也;斧斤以时入山林,林木不可胜用也。谷与鱼鳖不可胜食,材木不可胜用,是使民养生送死无憾也……五亩之宅,树之以桑,五十者可以衣帛矣。鸡豚狗彘之畜,无失其时,七十者可以食肉矣。百亩之田,勿夺其时,数中之家可以无饥矣。"以"仁"的观念察其时,既是对时间观这一自然规律的尊重,更是告诉人们只有按照动植物的生长规律去利用自然资源,且不可过度取用,才能保证人们有充足的生活资源并能持续利用。荀子也系统化了"以时禁发"的思想,他提出要根据生物的生长规律,建立相应的管理制度。"草木荣华滋硕之时,则斧斤不入山林,不夭其生,不绝其长也。鼋鼍、鱼鳖、鳅鳝孕别之时,网罟毒药不入泽,不夭其生,不绝其长也。春耕、夏耘、秋收、冬藏,四者不失时,故五谷不绝,而百姓有余食也。污池渊沼川泽,谨其时禁,故鱼鳖优多,而百姓有余用也。斩伐养长不失其时,故山林不童,而百姓有余材也"(《荀子·王制》)。在这里,荀子就认识到人类的生存是依赖于自然界的各种资源的,提出以"时"来保护和利用自然资源的具体要求。这些都是如今我们所倡导的可持续发展思想的体现,例如我们国家搞国家级自然保护区,搞退耕还林,渔民春季、休渔等措施,就是向传统儒家以"仁"保护自然、善待天地万物思想的回归。

第三,"仁"是人的根本属性;人之仁是人之所以为人的根本。没有"仁",也就根本不成其为人。要知其仁,才能锻造成人。无论在任何时代,仁都是做人的根本。在现代社会,"仁"不仅要依靠心性,而且更要拥有政策与制度的支持,形成道德手段与法制手段协同推进的氛围。保护生态环境是一项任重道远的工作,除了依靠科学知识和科学意识的普及,使民众真正认识到环境保护的重要性,还要依靠法律法规等强制性的手段来保证相应措施的执行。仁心要有仁德,要想从根本上完成这项工作,还必须引进道德的观念作为辅助,道德是立法的基础,使道德与法律软硬兼施。儒家"仁"思想中存在的一些道德规范,就要求人们在社会生产活动中能够自觉地去保护生态资源。受儒家"仁"之概念的影响,在中国古代封建社会上至皇家贵族,下至百姓人家都在不同层面拥有"仁"爱惜万物的观念教育。据《宋元学案·伊川学案上》载,程颐为经筵侍讲时,"一日讲罢未退,上折柳枝,先生进曰:'方春发生,不可无故摧折'"。这是程颐以一个老师的身份规训皇帝不能破坏花木。皇帝都被要求爱护花木,更何况黎民百姓呢?儒家这种以仁爱的情怀对待自然万物,把人与自然看成是一个有机联系的整体的思想,在当时已成为一种道德规范,无时无刻不在约束着人们的行为,提醒着人们以"仁"为桥梁建立与大自然的深切联系。而从某种意义上说,"仁"作为道德要求,也是立法的基础,有些体现为"仁"的道德规范直接就能成为法律规定。因此,"仁"的生态思想对于我们当前在生态保护的立法方面有很大的借鉴意义。在古代中国社会,相关的立法其实已经出现了。例如,周、秦的国家法律都由定期封山、禁止砍伐、建立保护区等保护自然生态的法律条文。《逸周书·文传解》记载周文王告示太子发之言说:"山林非时不升斤斧,以成草木之长洲泽非时不人网罟,以成鱼鳖之长;不鹰不卵,以成鸟兽之长。败渔以时,童不夭胎,马不驰骛,土不失宜。土可犯材,可蓄润湿,不谷树之竹苇莞蒲,砾石不可谷,树之葛木,以为烯络,以为材用。"把"仁"作为一种制度要求,这就充分地表达出重视土地的利用效率和生态保护的措施,可以说已经具有了国策的性质。《礼记·王制》中也有许多对天子、诸侯在什么情况下可以打猎、砍伐,什么情况下不能,应该打什么动物,不应该打什么动物,应该砍伐什么树木,不应砍伐什么树木等都做了详细的规定。这就是根据动植物的生长规律和习性加以利用,从而保证它们生长繁衍。所以,在构建生态文明社会的进程中,以"仁"作为制度的基础,不能只依靠单纯的科技手段,更应该依靠道德和法律的手段,唤醒人们的环境伦理意识,并以"仁制"与"仁念"制定完善的环境保护法来约束人们的行为,长此下去,我们向生态和谐社会的转变也就指日可待。

儒家思想中包含着大量的生态思想,为当代社会发展生态文明并建设生态和谐社会提供了理论资源。虽然有的理论可能存在一些狭隘的思想,但我们应尽量去挖掘其中有利于现代化社会进步的观点和思想,为建立生态文明社会服务。研究儒学思想与生态文明,既能弘扬民族文化,增强民族自豪感,也能使我们深刻认识到保护环境渊源已久,我们应该继承和发扬儒学文化的精髓,将生态意识和理念融入社会的各个方面,为建设生态和谐社会奠定坚实的理论基础。

第五章　生态和谐社会的伦理思辨

伦理是对人的社会关系及行为规范的应然性认识,思辨在哲学上指运用逻辑推导而进行的纯理论、纯概念的思考。伦理思辨可以理解为运用逻辑推导进行的对伦理理论和概念的思考。生态和谐社会的伦理思辨是指对人类追求生态和谐过程中的动机、行为、结果等运用道德标准和概念进行研究和思考。生态和谐社会之所以需要伦理思辨,是由于对生态伦理关系的内涵与本质进行解析,可以为生态和谐社会的建设提供强有力的理论基础;同时,让我们更加清楚地对生态和谐社会中的价值和行为准则进行判断,保证我们面对自然的所作所为朝着正确的方向前行。

第一节　伦理范式的内涵

范式一词最早由美国著名科学哲学家托马斯·库恩在《科学革命的结构》中系统阐述。在前面导论中有较为详细的介绍,伦理范式的内涵主要从范式的转变、道德与逻辑的一致、价值与现实的调和三部分介绍。

一、范式的转变

保护生态环境,解决生态危机,首要的是要调整人类的发展理念,选择正确的哲学范式转变。"人类中心论"是当今世界存在的生态环境问题的思想文化根源,生态和谐社会的理论基础和基本的价值观念绝非是建立在"人类中心主义"之上的。20 世纪 70 年代以来生态问题日益严峻,于是爆发了保护环境的生态运动,生态中心论作为一种反人类中心论的诉求与超越,引起了人类哲学史上环境价值观的范式革命。"我们对自然的看法正经历一个根本性的转变,即转向多重性、暂时性和复杂性。长期以来,西方科学被一种主客二分的机械论世界观统治着;而今天,我们认识到我们是生活在一个多元论的世界中。"生态和谐社会的价值理念要彻底突破人类中心的界限,把生态系统的整体利益作为最高价值,而不是把人类的利益作为最高价值,把是否有利益维持和保护生态系统的完整、和谐、稳定、平衡和持续存在作为衡量一切事物的根本尺度。

二、道德与逻辑的一致

理智行为是逻辑思维的必然结果,道德行为更是如此,符合道德的行为必定是符合逻辑的,而不道德行为也必定是违背逻辑的,生态和谐社会的伦理范式也是逻辑的产物,生态道德的本质是调节人与自然的关系问题。工业文明造成严重的生态环境问题,使得人与自然的关系十分紧张,人们在人伦关系中很难找到解决生态危机的出路,因此提出生态伦理来调节人与自然地关系,缓和人与自然关系的危机。以生态为基点建立起来的道德体系,如同古代德性论、神性论一样是从人性之外去寻求道德根基,但是,与古代不同的是生态道德体系超越人类中心主义,站在所有物种都平等的立场上来设计道德,以人与自然和谐来推动人与人之间的和谐。生态和谐社会的伦理范式符合人类的逻辑思维,并继续促使我们的道德行为与逻辑有更高层次的一致。

三、现实与价值的调和

矛盾是普遍存在的,和谐社会并不是没有矛盾,生态和谐社会也存在人与自然的矛盾,因为对自然的保护必然会损坏部分人的短期利益。生态和谐社会的伦理范式要在现实利益和崇高价值观出现矛盾时,提供一种调和方式和手段。

价值与现实是不同的,价值具有主体性,它是多元化的,人的价值判断应该以主体为尺度,即使是在生态和谐的社会中,人的生态价值也会与现实利益发生矛盾。同时,现实与价值也是不能分离的,主体的价值取向不仅要从主体的利益和需要出发,而且必须以客观事物和规律为根据。生态伦理范式要调和环境现实与生态价值,使主体在确定自己的价值取向时,既要了解自身的利益、需要,又要了解客观事实,尽量避免出现无现实根据的价值决策。

第二节 和谐社会与生态和谐社会

和谐社会的实现依赖于生态和谐的建设,生态和谐社会建设是和谐社会建设的重要组成部分,为和谐社会建设提供了物质基础。生态和谐社会是和谐社会建设的生态属性、生态准则和生态维度。

一、生态和谐社会

生态和谐社会是以环境哲学为指导理念、以生态伦理为价值导向、以生产产业为物质基础、以生态消费为主要特征的经济、政治、社会、文化和环境全面生态化转向的社会发展形态。

(一)生态社会

生态是一切生物的生存状态以及它们相互之间、与环境之间环环相扣的关系。社会是人类社会存在的共同体。生态社会,简而言之,就是指人与自然和谐共处的社会。国外学者主要从生社会制度、社会文化和生态学等层次对生态社会做出了一定的阐述。美国生态学家默里·布克金在其《自由生态学——等级制度的出现与消解》一书中最先从社会制度和社会文化等价值角度提出,生态社会是在一种不平等中的平等原则的指导下,在实现社会内部和谐与社会自然和谐过程中,既不忽视个性领域,也不忽视社会领域;既不忽视公共领域,也不忽视家庭领域的社会形态。[①] 美国新罕布什尔南方大学罗伊·莫里森教授在《走向生态社会》一书中从生态学角度提出,生态社会是从生态学角度去理解自然,创造一个良好的、积极的社会环境的社会。[②]

国内学者主要从生态伦理、经济学和社会学等方面给出了生态社会的定义。南京师范大学曹孟勤教授在《生态社会的来临》一书中从生态伦理的角度提出,生态社会是人类社会与自然世界的本质统一,是人与人关系和人与自然关系的辩证统一。生态社会本身将谋求人与自然的和谐作为内在目的,将保护自然环境作为

---

① [美]默里·布克金:《自由生态学——等级制的出现与消解》,郇庆治译,山东大学出版社 2008 年版,第 10 页。
② [美]罗伊·莫里森:《走向生态社会》,明空译,载《中国社会科学学报》,2010 年第 4 期。

人类不得不承担的道义。① 中国人民大学姚淑群教授从社会学视角提出,生态社会不仅是人与自然之间良性循环的社会,而且是强调人类社会的稳定、公平、和谐与可持续发展的社会,生态社会必然要有绿色的劳动。② 东华大学管理学院李雪玲教授从经济学的角度提出,生态社会是指在生态系统承载能力范围内运用生态经济学原理和系统工程方法改变生产方式和消费方式,挖掘整个社会一切可以利用的资源潜力,建设经济发达、生态高效的产业,生态健康、景观适宜的环境及体制合理、社会和谐的文明,实现自然生态与人类生态的高度统一和持续发展。③

(二) 和谐社会

和谐是万物之源,是宇宙和人生的最高境界。和谐社会是人类社会发展的理想状态。目前,国外学者还没有专门针对和谐社会的研究,国内学者对和谐社会的定义主要有以下几种:俞可平从现代民主社会治理的视角提出,和谐社会应该是一个理性的、宽容的、善治的、有序的、公平的、诚信的和可持续发展的社会。④ 朱力从社会结构的视角提出,和谐社会是针对社会结构总体而言,而不是部分而言的,社会各个领域、部门和环节的稳定、协调和有序,社会成员、群体、阶层和集团之间关系融洽、协调、无根本利害冲突,社会各个要素处于一种相互协调的状态。⑤ 万俊人从社会伦理的角度提出,和谐社会就是以一种作为"隐形制度"的道德伦理为基础而构建的社会形态。

(三) 生态和谐社会

生态和谐社会是人类社会发展的高级形态和理想状态。目前,国外学者还没有专门对生态和谐社会的定义,国内学者从生态伦理、社会学等角度提出了生态和谐社会的概念。我们认为生态和谐社会既包括生态的和谐社会,又包括生态和谐的社会。作为生态的和谐社会时,它着重强调和谐社会的生态属性与蕴含,是对和谐社会的生态文明建设提出的要求;作为生态和谐的社会时,它着重强调生态和谐的内涵及原则对社会的影响,是明确社会建设的生态和谐准则。白志礼教授在《生态和谐社会:社会观的创新》一文中,从社会学角度提出了生态社会的概

---

① 曹孟勤、徐海红:《生态社会的来临》,南京师范大学出版社2010年版,第255页。
② 姚淑群:《生态社会与和谐社会的思考——兼论现代社会的"绿色劳动"》,载《广东社会科学》,2005年第6期。
③ 李雪玲:《可持续的循环经济载体与政府实践》,载《上海城市管理职业技术学院学报》,2009年第6期。
④ 俞可平:《和谐社会面面观》,载《马克思主义与现实》,2005年第1期。
⑤ 朱力:《对"和谐社会"的社会学解读》,载《南京社会科学》,2005年第1期。

念。他认为,生态和谐社会是指人类社会关系和谐化、生态化,生态和谐社会是人际社会关系的基础,市场经济除了竞争法则之外,还要有生态社会法则。[①]

综合以上专家学者的观点,生态和谐社会是以生态哲学为思想理念、以生态伦理为价值原则、以生态经济为物质基础、以生态政治为制度保障、以生态文化为行为引导、以生态社会为最终目标、以生态环境为先决条件、以生态技术为动力支撑的经济高效、政治民主、社会和谐、文化繁荣、环境优美的社会形态和社会体系。

生态和谐社会包括人与自然、人与社会、人与人的和谐三重内涵。人与自然的和谐是基本前提。自然界是人类社会生存和发展的基础,如果生态环境受到严重破坏,人与社会、人与人的和谐也就难以实现。人与社会的和谐是本质体现。人类社会的和谐发展与整个生态系统密切相连,也是维持整个自然界健康运转,促进整个地球生命共同体长远稳定和繁荣的主要特征。人与人的和谐是根本目的。从本质上来说,构建生态系统良性循环、物质财富不断丰富、人类社会全面发展的生态和谐社会的最终目的都是为了促进人与人的和谐发展。

二、生态和谐是和谐社会的生态属性

生态属性是和谐社会固有的性质,对于和谐社会来说生态的和谐是社会和谐的必然的、基本的、不可分离的特性。这种生态属性表现方式多种多样,比如资源的节约、污染的减少、生物链的完整和经济的可持续发展等,它既不主张"环境中心论",也反对人类一切以自我为中心的"人类中心主义"。它以人和自然和谐为基础,以人和人的和谐为核心,以人与社会的和谐为目的的社会。在和谐社会的含义解释中特别强调了人与自然的和谐,和谐社会的生态属性是不可或缺的。

三、生态和谐是和谐社会的生态准则

如果资源是人类生存进步的基础,那么自然环境就是人类存在于世上的前提,我们生存的场所、呼吸的空气、使用的资源都是环境给予的。21世纪我们人类面临着前所未有的环境挑战,地球上的生命资源正在被惊人地掠夺、消耗和浪费。人口的迅速增多给自然环境增加了前所未有的重负,人与自然的矛盾越来越大,人类对环境的破坏正在威胁到自身的存在。生态和社会的建设可以说是一场"及

[①] 白志礼:《生态和谐社会:社会观的创新》,载《生态经济》,2010年第1期。

时雨",它的出现为人们的行为敲响了警钟,为文明的进步搭建了阶梯,在人与自然矛盾多发的时期成为约束人们不生态行为的准则。

四、生态和谐是和谐社会的生态维度

和谐社会包括很多方面,既有人自身的和谐,又有人与社会、经济、政治的和谐。生态和谐是和谐社会的重要组成部分,是从生态的维度来拓展和谐社会的内涵。和谐社会的建设离不开这一维度,而且它们之间关系非常紧密。人类不仅改造自然,而且非常依赖自然,可以说二者之间是相互影响、相互作用的。在这种情况下,人类爱护自然、保护自然,作为自然的馈赠,人类社会也将更加美好。相反,如果人类无休止地向自然界索要,并且破坏自然必将受到自然界的惩罚。马克思说,社会是人同自然界完成了本质的统一,是自然界的真正复活,是人的实现了的自然主义和自然界的实现了的人道主义。

第三节 生态和谐社会的伦理范式

生态和谐社会的建设是一个不断解决问题同时又会有新的问题出现的过程。生态和谐社会的伦理范式应该是针对目前的生态伦理情况做出的基础性、理论性、规范性的研究。因此,本文对生态和谐社会的伦理范式的理论基础、本质和构建方式三个方面进行了分析。

一、生态和谐社会的伦理范式的理论基础

(一)自然价值理论

自然界是否有价值是生态伦理学的一个基本理论问题,生态伦理学对这一问题做出了肯定回答。生态和谐社会的伦理范式是生态伦理学与现阶段和谐社会建设相结合并完善发展而来的,因此,生态和谐社会伦理范式的探讨也要建立在承认自然界价值的理论基础上。人类中心说认为自然界的价值在于为人类提供了各种各样的人类所需要的价值。这种观点只看到了自然的工具价值,忽视了它的内在价值。著名的环境伦理学家罗尔斯顿认为自然物的价值是其所具有的创造性属性,是进化的生态系统内在具有的属性。罗尔斯顿把自然价值分为13种,分别是：经济价值、科学价值、娱乐价值、基因多样性的价值、自然史和文化史价值、文化象征价值、性格培养价值、治疗价值、科学和宗教的价值、支撑生命的价值、辩证的价值、自然界稳定和开放的价值、尊重生命的价值。我们可以简单地把前8种价值归类到对人类所具有的价值，即工具价值。后5种价值归类到自然的内在价值。自然价值是工具价值和内在价值的统一。一种生物的存在以利己性的生存为目的的同时又为其他生物的生存服务。自然价值理论抛弃了传统的人类中心说成生态系统和谐存在的理论基础之一。

（二）自然界权利理论

"价值"与"权利"两个概念是相互联系的，生态和谐社会伦理范式对自然界价值的承认导致其对自然界权利的确认。因此，把道德权利的概念扩大到生命和自然界其他实体是生态和谐社会伦理范式应遵循的理论基础之一。

自然界的权利指生物和自然界的其他事物有权按生态规律持续生存。"生存权，从生物学上讲，为了生存适应性配合的权利。适应性配合，需经上千年的维持生存过程。这种思想至少是人们想到，在某一生态位的物种，它们有完善的权利。因此，人类允许物种的存在和进化才是公正的。"从主张生命公平，即所有的生命有机体，不论对我们有用与否，都有其固有的价值和权利的"生物中心论"，到宣扬生态过程和生态系统的伦理价值和道德权利，认为整个系统比单个的组织重要的"生态中心论"，环境伦理的发展一直存在着关于自然界权利界定的不同观点。在生态和谐社会伦理范式的构建过程中应当以这样的自然权利理论为基础：第一，任何非人类的生命形式都有生存、自由和获得生态安全的权利；第二，非生命的自然存在物有保持经长期演化后所形成的自在状态的权利；第三，所有的自然系统都有保持美好、稳定并不断完善的权利。

二、生态和谐社会的伦理范式以人与自然的和谐为本质

"和谐"是对立事物之间在一定的条件下、具体、动态、相对、辩证的统一，是不同事物之间相同相成、相辅相成、相反相成、互助合作、互利互惠、互促互补、共同发展的关系。

和谐是生态文明追求的目的，它指导生态建设的实践，蕴含于当今人类文明发展的每一步。人与自然是地球生物圈之中的一对对立统一体，相互依赖，相互作用，相互影响。自然为人类提供栖息之所，供人类繁衍后代，发展生产。同时，人类逐渐认识自然规律，并通过行动改造自然。曾几何时人类只顾自己的享乐，

在改造自然的道路上迷失。曾几何时人类为了满足自己的私欲,忽视大自然无言的抗议。当我们陷入与自然关系的空前危机中并奋力挣扎时,人类的智慧让我们找到了"和谐"。"和谐"是调整人与自然关系的一把钥匙,我们将通过它打开生态和谐社会的大门。生态和谐社会伦理范式的形成离不开人与自然和谐的这一本质。

三、生态和谐社会伦理范式的构建

(一)实现生态伦理范式的转变

生态和谐社会的伦理范式首先要以正确的生态价值观和理论为基础,因此需要对以前的不符合生态和谐社会理念的伦理观念加以改变。传统的伦理学认为人是主体,生命和自然界是人的对象;因而只有人有价值,其他生命和自然界没有价值;因此只能对人讲道德,无须对其他生命和自然界讲道德。这是工业文明人统治自然的哲学基础。生态和谐社会伦理范式认为,不仅人是主体,自然也是主体;不仅人有价值,自然也有价值;不仅人有主动性,自然也有主动性;不仅人依靠自然,所有生命都依靠自然。因而人类要尊重生命和自然界,人与其他生命共享一个地球。生态伦理是一个人性与生态性全面统一的社会形态。这种统一不是人性服从于生态性,也不是生态性服从于人性,而是将以人为本的生态和谐原则作为每个人全面发展的前提。在生态和谐社会实现这种转变是必要的,因为人类作为地球上所有生命的道德代言人,把人与自然看作一个统一体,以"人与自然关系的和谐"为终极目的,达到人与自然、与生态系统的和平共处是最起码责任。

(二)实现生态伦理教育的大众化

社会和谐是社会存在与发展的本质属性。和谐社会是当今中国孜孜以求的一种美好的社会,在追求这种理想的过程中,公民是和谐社会建设的重要力量。因此,在中国建立生态和谐社会必须首先把生态伦理教育纳入大众化教育的实施体系。其目的是提高全民族的生态意识,使传统的生态观念向先进的生态文明理念转变。

生态文明教育内容主要有:首先,生态自然教育。主要是教育公民:自然界是人类社会赖以存在的前提和基础,人们的衣食住行都离不开自然,要更多地亲近自然、接触自然,深切感受自然对人类的奉献,培养热爱自然的感情;同时还要结合反面事例,教育人们不尊重、破坏自然就会受到自然的惩罚,引发人们的反思,从而逐步树立正确的生态自然观。其次,生态消费教育。生态消费是一种绿色的、可持续的消费,是满足人类自身需要的前提下,倡导节约能源、保护环境的消费模式的总和。生态消费教育主要是教育公民适度消费,不能奢侈浪费,养成环保的消费习惯。最后,生态法制教育。认真学习国家颁布的生态环境方面的法律政策,提高公民的生态法律常识,同时,提高公民的生态法制责任意识,即爱护生态环境、遵守生态法制是人们的生态法制义务,但不履行生态义务承担相应的法律责任或接受法律的制裁。

(三)促进生态伦理研究的国际化

生态和谐社会伦理范式的建立必须有国际化的眼光,不能闭门造车,不交流、不借鉴。促进生态伦理研究的国际化,原因有以下两点:第一,当今环境问题大多具有全球化的性质,如气候变暖、臭氧层破坏、生物多样性减少、酸雨蔓延、森林锐减、土地荒漠化等。因此,解决生态问题是各个国家的愿望,加强生态伦理研究是每个国家应该为此付出的努力。第二,西方生态伦理理论研究具有优越性。西方国家首先进入工业社会时期,环境问题比中国出现的早,对生态伦理理论研究得比较早,学术体系进入相对成熟期。我国的生态伦理理论建设还处在初级阶段,需要借鉴国外的理论成果。综上所述,生态和谐社会伦理范式的建立需要国际交流与合作。

(四)完善生态和谐社会生态伦理的干预机制

人与自然的关系是一种和谐、共生、协调发展的关系,在构建生态和谐社会伦理范式的过程中,必须建立生态伦理的干预机制——政府可以适当采取各种经济、政治和法律手段把生态环境保护落到实处。第一,把生态建设成果纳入干部考核评价体系之中,积极创新政府官员绩效考核制度,强化生态伦理建设的动力机制。第二,建立健全生态建设的法律制度。健全高效的生态环境治理体系、完善环境法规政策标准体系、完备环境管理体系、全民参与的社会行动体系等,大力倡导发展节约能源资源和保护生态环境的产业,抑制高污染高消耗产业的发展,深化环评制度。健全法律制度的同时,政府部门要从严执法,落实环境责任追究制度,大力度处罚违法超标排污企业,严惩环境违法行为,加强生态立法建设。

(五)发挥生态伦理对人们行为的价值诱导作用

生态和谐社会伦理范式的构建,单依靠政府的各种手段强制干预不是理想的方式,生态和谐社会建设一定要以公民的自觉、自主为主要途径。因此除了干预机制外还要创造一种人与环境和谐友好的文化氛围,进而发挥生态伦理对公民的价值诱导作用。造就生态和谐的文化氛围可以充分发挥新闻媒体的文化传播作用,宣传生态理念;可以发动环保组织举行公民普遍参加的生态环保活动。当生态理念内化为公民的价值观使其成为持久公民时,生态和谐社会伦理范式的构建将减少不少阻力。

第四节　生态和谐社会的环境伦理

环境伦理学研究的是人与自然的关系,在生态和谐社会的伦理范式一部分中论证了生态和谐社会的伦理范式以人和自然的和谐为本质。由此可见,研究人与自然关系的环境伦理,实际上是对生态和谐社会伦理范式核心内容的进一步剖析和阐述。

一、什么是环境伦理

环境伦理学是关于人和环境关系的道德研究,旨在系统地阐释有关人类和自然环境之间的道德关系。环境伦理学是建立在"人类对自然界的行为能够而且也一直被道德规范约束着"。环境伦理最初并没有受到人们的重视,直到20世纪中叶,人们逐渐意识到环境的衰退、资源的枯竭、自然灾害的贫乏已经严重到危害人类的生存和发展。于是越来越多的人开始重视并研究环境伦理。

对环境伦理的研究存在着不同观点,主要有人类中心论、动物中心论、生物中心论和生态中心论。人类中心论的环境伦理仍然认为人是一切道德关系的主体,人的利益是至高无上的,人类的能力也是无限的。我们去保护环境,建立环境规范,目的都是人类的利益,为了使人类更多地占有大自然。动物中心论,有两种观点:第一种观点认为,动物有痛苦、快乐等感受,人们捕杀动物使动物承受了极大的痛苦,这样做是不道德的。这种观点的代表是功利主义者彼得辛格。第二种观点认为,动物有生存、不被干扰、不受伤害等道德权利。这种观念的代表是动物权利主义者雷根。生物中心论者认为,伦理应该超出生命的界限,覆盖到每一种生物。世界上的所有生物都只有自由发展的权利。生态中心论者认为,地球为了所有的物种而存在,它们相互联系,相互影响。我们不要试图去独占自然,我们要保护地球,节约资源。生态中心论者的代表是自然主义者罗尔斯顿。

二、中外环境伦理思想

中国的环境伦理思想博大精深,儒家、道家、佛教的一些思想理念中都包含了环境伦理思想。儒家主张"天人合一",认为人应体会自然运行法则,以达"天人合德",如此才能"自天佑之,吉无不利"。道家老子主张"人法地,地法天,天法道,道法自然",庄子说"天地与我并生,万物与我为一"。佛教思想中也有环境伦理思想,主张"佛者,觉悟之意;性者,不改之意,一切众生皆有不变不改的觉悟之性,名为佛性"。"无缘大慈摄众生,犹如一子皆平等。"现代生态伦理学的科学思想、基本理论和观念形态,是由西方学者提出来的。施韦兹的"尊重生命的伦理学"主张从伦理学的高度保护地球上的生命,构建敬畏生命的伦理学;莱奥波尔德的"大地伦理学"根据生态学的整体性观点,以及人类道德的进化,主张把对象的范围从人际领域拓展到人与自然关系领域;辛格"尊重感觉的伦理学"认为只有能感受痛苦和快乐的存在物才能处于道德界限以内;丸山竹秋的"地球伦理学"以人的生存和地球的保护为环境伦理学的最大目标;罗尔斯顿"生态伦理学科学体系"提出了哲学走向荒野,哲学不仅关注人的价值,也关注自然界的价值。

三、生态和谐社会所蕴含的环境伦理关系

(一)人与土地

土地是生命赖以生存的条件,管仲说"人之所生,衣与食也","衣食所生,水与土也"。土地是人类社会重要的劳动资料。当然除了人类,其他生物的生存也依靠土地,土地是大自然中的重要成员。土地的形成是地质作用、太阳辐射作用、河流的冲刷作用等各种因素的综合,在人类产生以后,人类活动又成为土地发生改变的新因素。人类在土地上劳作,发展农业;在土地上建设,发展工业。与此同时,正是人类的滥伐森林与破坏植被,导致水土流失、岩石裸露。如今中国土地的环境题严重,如西北地区土地荒漠化、华北东北地区的土地盐碱化、化学工业发展造成的土地污染等问题都严肃地摆在了人们面前。如何处理人与土地之间的关系显得十分重要,因此,在构建生态和谐社会的过程中人与土地的关系成为十分重要的伦理关系。

(二)人与植物

植物是第一生产者,由植物吸收大地的养分、太阳的光辉、环境中的二氧化

碳,经雨露滋润,进行光合作用,生产氧气,制造出碳水化合物,生产出各种食物、营养物质、药品和木材。植物是人类呼吸中的需要的氧气来源。植物在光合作用中放出氧气,净化环境,为人类的生存提供了必备条件,植物与人类息息相关。不只在构建生态和谐社会,在任何时候植物资源都是非常珍贵的,它并没有我们想象中的充足丰富,以森林资源为例:我国的森林资源总量不足,森林覆盖率只有20.36%,相当于世界平均水平30.3%的2/3;人均占有森林面积不到世界人均占有量0.62公顷的1/4;人均占有森林蓄积量仅相当于世界人均占有蓄积量68.54立方米的1/7强(详见表1)。生态和谐社会的环境伦理自然包含了人与植物之间的关系,建立植物生态伦理是非常必要的。

表1 中国森林情况与世界之比较

	中国	世界
森林平均覆盖率	20.36%	30.3%
人均占有森林面积(公顷)	<0.155	0.62
人均占有森林蓄积量(立方米)	<9.79	68.54

数据来源:国家林业局公布的《2011中国林业基本情况》。

(三)人与动物

动物有血有肉,能感受痛苦和快乐,人类文明的进步不仅仅体现在生产力的发展还有对生命的敬畏。动物解放论者辛格说"我们所倡导的是,我们在态度和实践方面的精神转变应朝向一个更大的存在群体:一个其成员比我们人类更多的物种,即我们所蔑视的动物。换言之,我们认为,我们应当把大多数人都承认的那种适用于我们这个物种所有成员的平等原则扩展到其他物种身上去。"当你听到这样的一个故事是否会感动:有一群猎人,正追杀一只藏羚羊,眼看走投无路,藏羚羊突然不再奔跑,而是面对猎人跪下了。猎人好生奇怪,畜生还会求生吗?他未动恻隐之心,举枪将近在咫尺的藏羚羊打死了,宰杀时发现,羊腹中有一胎儿,这是一个将要生产的母亲,求饶是为了孩子。当你听到这样的事件是否会愤怒?刘海洋用硫酸残害北京动物园的黑熊,张亮用割破眼球等手段虐杀30只小猫,昆明几个人把炸药塞进小狗的嘴里活活炸死。如果您面对此情此景仍然无动于衷,那么我们的文明还未开化,距离和谐社会还有千里之远。不过幸运的是现代人们对动物权利有了更新的认识,在对"您如何看待近些年来网上曝光的虐待动物的现象?"这一问题的回答中,有30%的人选择了"有点看不下去了,太残忍了";有

68%的人选择了"动物有生存权,人不应侵犯它们的权利"。

(四)人与海洋

我们生活在一个蔚蓝色的星球,海洋是地球之母,早在35亿年前第一抹生命的火花点燃于海洋之中。海洋就像一个巨大的宝库,有无比丰富的资源,几千年前就有人预言"谁控制了海洋,谁就控制了一切"。随着全球陆地资源的日渐枯竭,海洋成为人类实现可持续发展的重要空间。然而,日益频繁的人类活动使海洋及沿海地区生态环境和经济生产力都出现了不同程度的下降。主要表现在:第一,近海富营养化加剧,引发严重海洋生态灾害;第二,大规模围填海使海洋生态服务功能受损;第三,渔业开发利用过度,资源种群再生能力下降;第四,海洋油气开采和储运事故引起的生态灾难多发。

在生态和谐社会建设相当长一段时期,日益凸显的重大矛盾问题是粗放型非绿色发展模式产生的资源约束、环境约束,及其所带来的经济发展的不可持续。如果倡导并坚持绿色经济的取向来缓解和克服资源环境的约束,我们才能有更加广阔的发展前景。我国有300万平方公里的蓝色国土,在未来,我们会越来越依赖海洋资源。生态和谐社会离不开人与海洋的和谐相处,生态和谐社会的环境伦理不是让人类宰制海洋,而是实现人类与海洋的共生共存。

第五节 生态和谐社会之城市建设的环境伦理支撑

城市是生态和谐社会的重要载体,作为人类生产生活的重要集聚地和社会经济、政治、文化的重要载体,它凝聚着人类的巨大创造力与智慧,体现了不同时代的社会发展与文明。工业革命以后,世界城市化进程处于加速发展阶段。1800年,世界仅有2%的人口居住在城市,1950年则迅速攀升到了29%,而联合国《世界城市状况报告2008/2009年》的数据统计显示:"目前,全世界有50%以上人口居住在城市地区,而在未来20年内,全世界人口中近60%将是城市居民。"[1]中国社会科学院于2012年8月14日发布的蓝皮书中也显示:"2011年,中国城镇人口达6.91亿,城镇化率达到51.27%,城镇常住人口首次超过农村常住人口。今后20年内,中国将有近5亿农民需要实现市民化。"由此可见,城市化是现代社会工

---

[1] 联合国人居署:《和谐城市——世界城市状况报告2008/2009》,中国建筑工业出版社2008年版,第34页。

业文明浪潮的必然结果,城市作为人类未来的主要聚居地已成为历史的必然。

随着生态和谐社会的推进,城市规模和人口数量的迅速增加,城市和自然之间的矛盾也日益突出。据联合国人居署的报告指出:"虽然世界城市面积只占全世界土地总面积的2%,但却消耗着75%的世界自然资源,产生着占世界总量75%的废弃物。特别是大规模城市化进程,往往以人口大量集中、资源大量消耗、污染物大量排放为主要特征,严重破坏了人与自然的和谐共生,引发了一系列不可低估的环境负面问题。"[①]城市环境恶化问题引起了世界各国政府的高度重视和对现代城市建设的深刻反思。在此基础上,生态城市建设应运而生。

生态城市是生态和谐社会的结晶,是实现人与自然、人与人、人与社会和谐共处的城市发展模式。建设生态和谐社会的生态城市是为了解决当前城市片面发展所面临的生态环境恶化的必由之路。城市生态环境的衰败只是问题的症状而非根源,而环境问题的根源在于人类的价值观念。因此,生态城市建设不能仅仅依靠物质、技术和资源手段,最根本的是对人类的价值观念进行转变,以期成为生态城市建设的主导思路。非人类中心主义的环境伦理学从研究人与自然深层关系出发,通过转变人类对待自然的态度而为城市环境问题提供解决策略,对当前的生态城市建设具有重要意义。如果说环境伦理学是理论基础,生态城市建设则是其引导下的具体实践,在非人类中心主义的环境伦理学视角下建设生态城市,必然会实现人与人、人与自然、人与社会的和谐。

一、传统的城市建设中的环境问题其伦理内因

城市最早起源于农业文明时代。经过不断的发展,城市逐渐成为人口集中、工商业发达、人类物质财富和精神财富的聚集地。在农业文明社会中,城市的发展速度非常缓慢,城市数量少且规模小,城市人口所占比重也十分低,城市化现象并不显著。农业文明社会中的物质条件、技术手段都十分简单,人类依托于自然界而生存和居住,对自然十分敬畏,顺从和适应大自然的安排。在城市建设方面,传统的农业城市建设以自然为本,遵循"自然本体论"的城市发展模式。因此,农业文明时代的城市建设对环境的影响非常小,城市生态系统的恢复能力较强,城市与自然处于原始的小农经济的和谐统一。

---

① 联合国人居署:《和谐城市——世界城市状况报告2008/2009》,中国建筑工业出版社2008年版,第47页。

尽管城市起源于农业文明时代,但人口大规模地向城市迁徙则出现在工业革命以后。科技的发展所带来的机械化的生产方式促使世界人口加速向城市聚集,工业革命以后的城市数量和规模都开始剧增。工业文明社会的现代城市,一方面给人类创造了巨大的物质财富,极大地改善了人类的生活水平;另一方面,快速发展的城市也给城市和人类社会带来了众多问题。正如联合国人居署所指出的:"城市呈现出人类最好或最坏的一面,它们是历史和文化的物质载体,是各种革新、产业、科技、企业精神和创造力的孵化器、城市是人类最崇高的思想、雄心和愿望的物化形态,城市通过创造财富可以推动国家经济增长、促进社会发展并提供就业机会,却也可能成为贫困、社会歧视和环境恶化的温床。"[1]

环境恶化问题已经成为制约工业文明社会现代城市发展的瓶颈。工业文明社会的现代城市将物质财富作为衡量城市是否发展的唯一标准,过分地强调经济建设而忽视环境保护,甚至是肆无忌惮地破坏生态环境,掠夺自然资源,滥杀野生动物,最终造成了城市的空气质量恶化、水污染、垃圾围城等一系列危害人类健康的城市环境问题的爆发。

工业文明社会现代城市环境恶化的深层原因主要是由于人类所持有的人类中心主义的环境伦理观所导致。工业革命的科学技术改变了城市以往的生产模式,减少了人类对自然的依赖性,现代化的机器工具增强了其改造自然的自信心,使人类开始疯狂地向自然进军。由此,人类对大自然的态度由农业社会的敬畏、适应和顺从自然转变到统治、控制和征服自然,人类更加将自己看作自然的主人,将自然看作为人类所利用的工具,向自然界无限制地索取。

建立在人类中心主义思想之上的工业文明城市发展模式最终使得人与自然之间的矛盾逐渐发展到二元对立状态,使地球生态系统开始处于一种岌岌可危的边缘。因此,全球生态环境恶化可誉为第三次世界大战,由于这场大战,使自然不断走向衰亡,其速度之快已经到了不可想象的程度;如果让这种趋势继续发展,自然界将很快失去供养人类的能力。"人类在对工业文明社会的城市环境危机深刻反思的基础上,将未来的取向与焦点放在生态城市的建设模式上。

二、生态城市的产生及其环境伦理蕴含

面对现代城市所面临的严重的生态危机、资源枯竭和物种灭绝等问题,人

---

[1] 联合国人居署:《和谐城市——世界城市状况报告 2008/2009》,中国建筑工业出版社 2008 年版,第 49 页。

们开始寻找取代工业社会现代城市的新模式,探索人类未来可持续发展的新路径。从西方霍德华的"田园城市"到东方庄子的"天人合一"思想,无不体现了人类寻找理想的居住环境、追求人与自然和谐共处的愿景。在20世纪70年代联合国教科文组织的"人与自然圈计划"中,生态城市的概念被首次提出。在此计划的倡导下,作为一个崭新的、未来城市发展模式——生态城市应运而生并且迅速发展。

生态城市是指"在可持续发展思想的影响下,根据生态学的原理和方法,综合运用现代科学技术等手段来指导城市经济、社会、自然环境建设以保持三者的高度和谐,从而达到人与自然、人与人、人与社会协调统一的复生态系统。"①简而言之,生态城市就是在维护生态系统平衡和稳定的前提下,实现城市经济、人口、环境和社会的协调发展的城市模式。

作为一个崭新的城市模式,生态城市具有深刻的内涵。"从生态哲学的角度,生态城市的实质是人与自然、人与人、人与社会和谐的城市。从生态经济学的角度,生态城市要求以生态系统的承载能力和环境容量作为其经济社会的基准。从生态社会学的角度,生态城市不单单是自然生态化,而是人类生态化。从系统论的角度,生态城市是一个结构合理、功能稳定、达到动态状态的社会、经济、自然复合的生态系统。"②作为人类未来居住的理想模式,生态城市具有丰富的特征。它要求城市与社会的和谐发展,具有和谐性;它要求提高资源利用率,扩大物质循环利用,具有高效性;它以可持续发展理论为指导,将经济、环境和社会看作一个整体或系统,具有系统性;它强调经济、环境和社会三者的整体平衡和人的全面发展,具有全面性。

非人类中心主义的环境伦理与生态城市具有一致性,二者都是人类对工业文明反思的必然结果,是解决当前生态危机理论基础与重要路径,都是走可持续发展道路的客观选择。生态城市主要包括以下三点的环境伦理蕴含:

首先,生态城市蕴含着非人类中心主义的环境伦理观。"非人类中心主义的环境哲学所呼唤的生态城市是城市人谋求与地球更友好融洽相处的生态良心发现、生态居住环境及所蕴含的生态生活方式。它已不再是一个敬畏自然的玄之又玄的理想,而是一个因应生态危机的活生生现实。"③与工业社会的现代城市所持

---

① 周振华:《城市发展:愿景与实践》,上海人民出版社2010年版,第61页。
② 中国城市科学研究会:《中国低碳生态城市发展战略》,中国城市出版社2009年版,第378页。
③ 周国文、卢风:《生态城市论——以环境哲学为立足点》,载《社会科学评论》,2010年第2期。

有的人类中心主义思想相比,生态城市将自然界生态系统看作一个整体,将人类看作生态系统中的一员,要求我们尊敬自然、敬爱自然,要求人类平等地对待地球上的一切存在物,尊重其他生命的生存权。生态城市建设要求将人与自然的和谐作为人类生态行为的准则,强调城市的建设和发展必须建立在维护生态系统平衡的基础上。因此,生态城市蕴含着非人类中心主义环境伦理观,它正是寻求人与自然和谐发展的一种新秩序的体现。

其次,生态城市蕴含着可持续发展的环境伦理观。可持续发展是环境伦理学的新观点,它是指我们不仅要考虑当代人的利益,更要考虑子孙后代的利益。可持续发展观要求我们人类的生产和生活方式都应遵循适度、简约和平衡的原则,保持整个生态系统的良性循环。与工业社会城市建设所持有的掠夺和破坏自然相比,生态城市遵循着经济与环境平衡发展的可持续发展观。生态城市建设以自然生态系统的承载能力为道德底线,要求树立生态意识和长远利益的观点,发展循环经济,倡导绿色消费,强调可持续性。因此,生态城市蕴含着可持续发展的环境伦理观,它是实现生态系统可持续发展的根本途径。

最后,生态城市蕴含着生态公正的环境伦理观。生态公正是环境伦理学的重要观念。生态公正是指:"在生态共同体中,人类应当合理地行使自己对待所有成员(包括人类自己)的环境义务,促进人与人、人与自然之间关系的和谐。"[1]生态城市将整个生态系统看作一个有机整体,在这个有机整体中,人与自然相互作用、相互影响和相互制约。生态城市要求人类在合理使用自己的权利的同时,也充分考虑大自然的权利,尊重自然存在物的内在价值。在城市建设时遵循公平原则,公正、公平地对待地球上的一切生物,维护它们的生存权利,并将保护生态环境看作自己应尽的义务。因此,生态城市蕴含着生态公正的环境伦理观,它遵循城市与自然协同发展的基本准则。

三、生态城市建设中环境伦理的理论支撑

城市建设并不追求统一模式,但在城市立足的差异地理条件基础上,生态城市建设的基本伦理却有着一致的要求:在城市蔓延的过程中如何妥当对待自然、人造物及人类活动与自然生长的关系,如何以非人类中心主义的环境伦理学思想指导生态城市构建。"环境伦理学是关于人与自然关系的伦理信念、首先态度和

---

[1] 余谋昌、王耀先:《环境伦理学》,高等教育出版社2004年版,第254页。

行为规范化理论体系,是一门尊重自然的价值和权利的新的伦理学。"[1]环境伦理的本质是要求人类尊重自然、敬爱自然、善待自然,改变工业社会人类对待自然的方式。

生态城市化的发展借鉴环境伦理学的正确思想,也正在理论与实践的磨合中经历着一条循序渐进的长路。"环境伦理学不是抽象的理论探讨,而是有着明确的价值取向。它源于对现实环境问题的思考,它的目的是为环境保护实践活动提供道德的理论支撑。环境伦理学以人类与大自然的高度统一性作为出发点,要求人们认清人在自然界的位置,认清人对自然的信赖性,明确自己对自然的责任和义务,首先把关怀和道义的力量纳入人与自然关系的调整中。"[2]如果说环境伦理是灵魂和理念,生态城市建设则是环境伦理指导下的具体实践,环境伦理价值理念对生态城市建设提供以下三点理论支撑:

首先,环境伦理价值观为生态城市建设提供价值引导,对生态城市建设具有引领方向的作用。生态城市的建设离不开人、自然和社会的协调统一,而环境伦理学正是从伦理道德的角度调节人与自然、人与人、人与社会的关系,使城市达到协调统一、生态和谐的局面。正确的环境伦理观,诸如非人类中心主义思想、可持续发展理念和生态公正等价值观影响着人们对大自然的认知与情感,进而形成稳定的生态意志,引导人们正确的生态行为,努力实现生态城市建设的目标。正确的环境伦理价值观可以对人类的生态价值态度等精神领域进行根本性的变革,使人们逐渐摆脱过去物质至上的价值观,培养适当消费的价值观,为生态城市建设做出重要的铺垫。正确的环境伦理观能够帮助人们全面地、科学地认识人与自然、人与人和人与社会的关系,进而使人类在征服自然的活动中逐渐走向理性,在开发和利用自然时受其道德观念的约束,在改造自然时正确处理好人与自然的关系。由此可见,环境伦理价值观是生态城市建设的理论支撑,是实现生态城市的建设目标的前提条件。

其次,环境伦理道德规范使我们明确对自然的责任和义务,为生态城市建设提供行为准则。环境伦理道德规范主要包括:保护环境、生态正义、尊重生命、善待生命、适度消费等。这些道德规范是处理城市中人与自然、人与人、人与社会道德关系的基本伦理规范和指导原则,它对于生态城市建设的有效性和持续性是必不可少的。要使人类摆脱困境,建立和谐的城市,就必须从道德价值取向的角度

---

[1] 余谋昌、王耀先:《环境伦理学》,高等教育出版社2004年版,第254页。
[2] 余谋昌、王耀先:《环境伦理学》,高等教育出版社2004年版,第254页。

检讨人类对自然的态度,规范人类对自然的行为。环境伦理道德规范正是针对人的活动对自然环境的破坏,从伦理方面给保护自然环境、建设和谐人居城市提供必要的指导原则,是生态城市建设的又一理论支撑。

最后,环境伦理信念唤起我们的生态意识和生态良知,为生态城市建设起到推动作用。环境伦理信念可以唤醒人们的生态良知,使人们从伦理道德的角度检讨自己对大自然的态度,触发人们内心深处的生态情感和生态意志,引起人们的生态行为,使人们自觉主动地保护大自然,建设生态和谐的城市,建设我们美好的家园。从某种程度上说,"城市的运作及城市经济发展目标的实现总是伴随着理性的活动,生态城市建设水平的高低主要取决于人类环境伦理信念水平的高低。因此,城市环境问题的解决不能仅仅依赖法律和经济手段,还必须同时诉诸伦理信念,以唤起人们良知的觉醒。这样才能使环境保护运动从幼稚走向成熟,从强制走向自觉"[①]。

四、生态城市建设中环境伦理的实践支撑

环境伦理学不仅仅是揭示人与自然关系中的理论关系,更重要的是通过对这种关系的阐释建立起一种环境伦理的实践行动,为拯救我们的地球而努力。环境伦理的实践行动为生态城市建设提供了具体措施,是生态城市建设的重要支撑。生态城市建设的环境伦理实践主要包括:

首先,宣传生态伦理文化,塑造城市伦理氛围。生态伦理文化是关于人与自然伦理道德的文化理念。生态伦理文化是以生态道德观和生态价值观为指导的社会意识形态,是人与自然和谐发展价值观念的存在方式。生态伦理文化是生态城市建设的灵魂,对生态城市建设具有重要的促进作用。生态城市建设必须注重培养和发展生态伦理文化。第一,在生态城市建设时需要将伦理关怀扩展到自然界整个生态系统,培养人类崇尚自然、热爱自然、敬畏自然和亲近自然的生态伦理文化。第二,城市伦理氛围的塑造需要一段较长的、潜移默化的形成过程。在生态城市建设中,人们需要树立人与自然共生共融的和谐文化,转变人们过去以物质主导的生活方式,并将这种文化理念渗透到人们的日常生活中,使人们在日常熏陶中不断感受生态伦理氛围,久而久之,人们就会自觉主动地形成这种生态城

---

① 潘玉君、段勇、武友德:《可持续发展下环境伦理与原则》,载《中国人口·资源与环境》,2002年第5期。

市的伦理理念。

其次,加强生态道德教育,塑造理性生态公民。生态道德教育是一种新型的德育活动,它通过各种教育途径来引导人们热爱自然、敬畏自然,提高公民的生态道德认知,增强公民的生态道德情感,使人们自觉养成"爱护自然环境和生态系统的生态保护意识,思想意识觉悟和相应的道德文明习惯"[1]。生态道德教育是生态城市建设的关键环节,可以肯定地讲,没有生态道德教育,生态城市建设如同空中楼阁,很难实现最终的目标。在生态城市建设中加强生态道德教育,第一,可以为塑造理性的、具有良好生态素养的生态公民做准备;第二,通过生态道德教育,提高全社会的生态伦理意识和道德水平,促使每个人都以良好的生态素养和环境道德实践为生态城市建设做出贡献。在生态城市建设中,生态道德教育的主体:学校、家庭和社会应该联合起来,为推动生态道德教育、构建生态城市贡献力量。

再次,发展低碳经济模式,塑造绿色消费理念。低碳经济是指"通过更少的自然资源消耗和更少的环境污染而获得更多的经济产出,是创造更高的生活标准和更好的生活质量的途径和机遇,也为发展、应用和输出先进技术创造了可能,并同时也能创造新的商机和更多的就业机会"[2]。自 2003 年在英国能源白皮书《我们未来的能源——创建低碳经济》中首次提出低碳经济的概念后,低碳经济模式就成为世界各国主要经济发展方式。低碳经济"作为一种新兴的生产方式,有利于建构城市环境的生态良好功能与自然价值的客观性。它承认城市人与生物圈的关系是互惠关系、生态公民与地球生态系统的关系是共生共存的伙伴关系"[3]。绿色消费就是以绿色、和谐、自然为特征的,有利于人类健康和环境友好的现代消费模式。低碳经济与绿色消费既是解决经济发展与环境保护之矛盾的有效出路,也是生态城市建设的根本对策。在生态城市建设时,政府可以采取经济、法律和行政的手段来鼓励企业以尽可能少的自然资源来提高城市的经济增长,将尽可能少的废弃物输入城市生态系统,在满足城市经济发展的同时维护城市生态系统的平衡。此外,发展低碳经济、塑造绿色消费还需要广大市民的共同努力。市民可以通过不断强化自身的绿色消费理念,自觉主动地选择绿色产品,引导企业低碳化生产。

最后,推动环境伦理法制,塑造城市和谐秩序。环境伦理法制就是有限度地

---

[1] 袁振国:《当代教育学》,教育科学出版社 1998 年版,第 92 页。
[2] *UK Energy White Paper*:*Our Energy Future-creating a Low-carbon Economy*,London:TSO(The Stationery Office),2003.
[3] 周国文:《低碳经济:生态公民的绿色尺度》,载《人文杂志》,2011 年第 1 期。

将环境伦理规范和约束法制化,使环境伦理的要求在法律上得以体现。法律是道德的底线,将部分公认的环境伦理法制化可以为生态城市建设提供强大的伦理支撑。在生态城市建设中,通过将一定的环境伦理原则和道德规范转化为法律制度,赋予一些人们普遍接受的环境伦理法律效力,可以增强环境伦理的地位,确保环境伦理的推行。此外,建立环境伦理法制,不仅为生态城市建设提供可靠的环境伦理制度保障,更是塑造城市和谐秩序的保障。城市的和谐秩序需要法律的外在约束更需要伦理的内在约束,然而,相比法律,伦理的约束力较弱,对构建城市和谐秩序的效果不明显。只有将某些公认的环境伦理法制化后,公众才能真正减少其违背环境伦理道德的行为,进而保证城市的和谐秩序,实现生态城市的目标。环境伦理的法制化需要政府和市民共同推动,政府应该根据市民的建议适时出台相关伦理法律制度,防止反生态、弃自然与无环境伦理行为的发生,进而塑造一种城市融入生态和谐社会的基本秩序。

第六章　生态和谐社会的构建框架

生态和谐社会研究的最终目的在于探讨如何建设生态和谐社会,如果缺乏科学的理论方法和框架体系的指导,生态和谐社会建设与发展将失去正确的方向,就会陷入一个无序的迷宫,而完善的理论方法与框架体系将对生态和谐社会的实践路径与具体应用指明方向并且做出重大贡献。目前,有关生态和谐社会的理论方法与框架体系研究却还处于刚刚起步的摸索阶段,需要我们针对生态和谐社会的理论研究成果,以哲学伦理学、系统科学、生态社会学和公共管理学基本原理为指导,通过深入的研究和剖析生态和谐社会的系统结构与协调机制,构建出以"空间结构、生态环境、经济发展、社会生活、文化氛围和管理制度"为系统要素的生态和谐社会框架体系及各个要素的建设目标,明确生态公民、生态政府、生态企业和生态社会组织这四大类生态和谐社会的构建主体及相互关系,并且系统地阐释生态和谐社会的构建原则,即从时间层面上看,生态和谐社会是历史与现实的有机结合;从空间层面上看,生态和谐社会是城市与区域的有机结合;从功能层面上看,生态和谐社会是生产、生活与环境的有机结合。

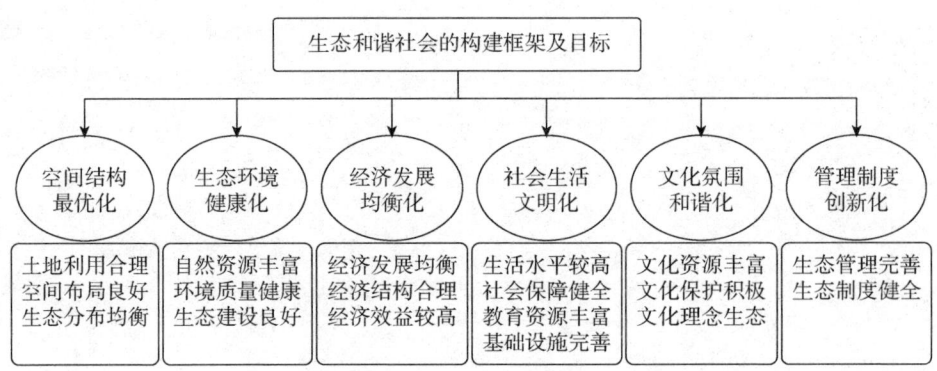

图 4　生态和谐社会的基本框架及构建目标

第一节 空间结构最优化

空间结构是构建生态和谐社会的重要载体。生态和谐社会的空间结构包括系统内部空间结构和系统外部空间结构。系统外部空间结构是从社会规模、大小等社会规律角度来看的整个区域范围的社会空间结构。[①] 系统内部空间结构系统是各种人类社会活动与功能组织在一定区域上的组合状态,主要是由土地规划、生态分布、功能定位等生态系统组成,是人类社会与生态环境的栖息之地和构建生态和谐社会的重要载体。生态和谐社会的空间结构系统应该依据其所在的自然地理环境的承载和调控能力,以及人类社会生产与生活的需求,因地制宜地调整地理空间规划和生态分布,在保证人口、资源与环境合理的承载容量的同时,加强生态环境的保护与建设,满足空间结构系统的良性循环和人类社会对自然环境以及人工环境的需求,使整个空间结构系统内的社会、经济与环境有序发展,相互协同。空间结构最优化的构建目标具体包括:

土地利用合理,即在城市一定时期内经济社会发展目标和土地承载能力的基础上,确定土地利用性质、规模、功能结构和未来发展方向,通过科学合理的土地规划实现城市功能区分和中心城区功能疏散。

空间布局良好,即根据资源条件与生态环境的承载能力确定人口规模,科学合理地制定土地规划和土地利用方案,保持人口、资源与环境在一定范围内达到最佳匹配,促进空间结构结构不断优化,使人口、资源与环境达到最优的利用和最大的发展。

生态分布均衡,即根据当地的自然、地理、水文、气候等自然条件和生态区位,合理规划和布局生态空间,促使森林资源与植被分布相对均衡,不断提高生态功能区的生态价值和生态服务功能,从而形成一体化的生态开放系统。

第二节 生态环境健康化

生态环境是由地质、地貌、水文、气候、动植物、土壤等各种自然因素所构成的

[①] 柴彦威:《城市空间》,科学出版社 2000 年版,第 1—13 页。

总和。人类社会的生产与生活都取决于我们赖以生存的生态系统中的水、空气、土壤、动植物、微生物等之间微妙的平衡关系,生态环境是人类社会生存和发展的前提条件。良好的生态环境为人类社会提供生存和发展的有利条件,恶劣的生态环境不仅会破坏生态系统的平衡与稳定,还会威胁人类社会的生存与健康。传统的工业社会只注重经济系统建设而忽视环境系统建设,结果导致生态环境受到严重破坏,人与自然的关系严重失衡。生态和谐社会的生态环境系统是一种可持续的、公平的、动态的系统,它要求人类社会活动不超过生态环境的承载能力,促使生态系统整体得到有效保护,各种自然资源得到合理和循环利用,最大限度地减少人类活动对自然界造成的污染,避免对自然生态系统造成不可修复的损害,促进人工环境与自然环境的有机结合。① 生态环境健康化的构建目标具体表现为:

自然资源丰富,即促进水、土地、森林等自然资源和能源的节约和合理利用,促进人口、资源与环境的承载能力相适应,促使自然资源的使用符合生态系统综合平衡和持续发展的要求。

环境质量健康,即保障生态环境的健康与安全,对人类社会生产与生活造成影响的空气、水、固体废弃物等污染都能及时有效地防治和处理,建立健全生态净化与恢复系统、资源回收利用系统,使空气质量基本处于优良、水环境达到标准、生活垃圾循环利用,从而为人类社会提供一个健康、清洁、安全的环境质量。

生态建设良好,即积极开展生态建设,使森林、绿地面积都处于较高水平,促使人工环境与自然环境有机结合、相互协调,使空间布局和景观设计更加生态化、人性化、优美化,进而形成一个天之蓝、水之清、地之绿的人与自然和谐共处的社会环境。

第三节 经济发展均衡化

经济发展是由信息、知识、物质生产与服务,以及生产、分配、流通和消费等各个环节所构成。经济发展是社会、文化和环境等一切社会活动的物质基础,若没有良好的经济基础作支撑,生态和谐社会就无法实现。生态和谐社会中的经济发展以追求生物圈中自然与人类共同发展为价值取向,是由传统工业社会单纯追求经济效益向追求经济、社会与生态共同效益的转变。在生产方式上,它要求转变

---

① 宋佳珉:《可持续发展——中国化的现实选择》,载《商业研究》,2004年第3期。

传统工业社会"高生产、高消耗、高污染"的生产方式,建立以生态产业和生态技术为主导的产业体系。在生活方式上,它要求人类从过度型消费转向适度型消费模式,在维护生态系统平衡的基础上满足人类基本的生存和发展需要,从而形成一种生态化的生活方式。经济发展生态化具体包括:

经济发展均衡,一方面,在不超过生态环境承载能力的基础上,创造良好的经济条件和物质基础,为人类社会的进步与发展创造良好的前提条件,以促进社会发展与进步;另一方面,要保证城市与乡村、城市与区域之间经济协调发展,形成城乡、区域之间良好的经济优势互补,从而实现统筹协调、合作共赢、共同发展。

经济结构合理,实现三次产业"三二一"的分布结构,第三产业比例较高,新能源产业和高新技术得到广泛应用,促使资源能源循环和综合利用。

经济效益较高,即实现以高新技术为经济增长和社会发展的主要推动力,大力开发节能技术及清洁能源,如太阳能、风能和生物质能源等,以减少资源能源的消耗,降低污染排放,不断提高经济效益。

第四节 社会生活文明化

社会生活主要是由生活水平、社会保障、教育发展和基础设施等社会子系统构成的总和。构建生态和谐社会的根本目的和落脚点就是为了建立一个人与自然、人与社会、人与人和谐共处、安定有序的人类社会生活环境,因此,社会生活是生态和谐社会的重要组成部分。传统工业社会只注重人类社会的物质财富的增长,而忽视人类社会生活质量的高低,导致人口数量急剧增长,社会无序扩张,自然资源日益枯竭,生态环境日益恶化。而生态和谐社会生活是一个具有平等、自由、文明的社会生活状态[①]。社会生活文明化的具体目标包括:

生活水平较高,即具有较高的生活水平,既能满足人类社会的物质需要,又使人类社会的精神需要得到较大发展。

社会保障健全,即居民拥有相对富裕的物质生活条件和生活水平,能够满足人们的各种合理的生理与心理需求,并且促使居民身心得到较大发展;具有较完善的社会保障与社会服务体系,有较发达的医疗水平和较充分的就业机会,形成一种人人平等、自由、健康、和谐、有序的社会环境。

---

① 董宪军:《生态城市论》,中国社会科学出版社2001年版,第63—69页。

教育资源丰富,即具有相对丰富的教育资源和相对完善的教育体系,教育形式丰富多样,能够满足不同年龄、不同层次人的需求,人均受教育程度相对较高,人才素质普遍较高,人口综合素质与能力大大提高。

基础设施完善,即拥有安全、高效、舒适、便捷的生态交通体系,生态建筑得到广泛应用,城市排水体系更加完善,具有较健全的防灾减灾预警机制,能够防范、降低和化解因基础设施不健全给人们带来的各种危险。

第五节 文化氛围和谐化

文化氛围凝聚着社会发展所需要的动力要素和创新元素,反映着人类社会的精神面貌和价值取向,是社会保持活动和生存进化的精神基础[①]。生态和谐社会的形成不仅取决于其所具备的物质财富,更取决于它所传承的文化伦理和价值观念。传统工业社会以"人类中心主义"的价值观为指导,认为人类主宰自然、统治自然,在社会建设与发展中表现为浪费、挥霍、征服、掠夺、急功近利等"反自然"文化思想,结果造成了严重的生态危机和环境污染。生态和谐社会是从传统工业社会以"人类中心主义"为主的文化理念转变为"人与自然和谐发展"的生态文化理念。生态和谐社会倡导生态哲学,推崇生态价值观和生态伦理观,要求人们自觉遵守生态道德,建立资源节约、环境友好的消费体系,在人们内心深处形成一种崇尚自然、健康节约、人与自然和谐共生的生态文化理念。文化氛围和谐化的具体目标包括文化资源丰富,即具有丰富的历史与现代文化资源,并使之得到较大利用和发展,促进文化产业的繁荣发展。

文化保护积极,即保护和继承历史文化遗产并尊重居民现实的各种文化和生活特征,既吸收和借鉴其他地方文化的精髓,又传承和保持当地文化的特色,展现文化多样性特征。

文化理念生态,即倡导生态哲学,推崇生态价值观和生态伦理观,人们从工业社会物质主义、消费主义价值观转变为生态消费价值观[②],自觉地遵守生态道德,树立资源节约、环境友好的生态消费理念,并将绿色消费理念渗透到社会生活的各个方面,自觉形成节约资源、保护环境的行为,积极主动地宣传和购买绿色产

---

① Joseph S. and Nye Jr. , *Bound to Lead*:*The Changing Nature of American Power*,Basic Books,1991.
② 卢风:《生态文明与绿色消费》,载《深圳大学学报(人文社会科学版)》,2008 年第 1 期。

品,形成一种崇尚自然、健康、环保、节约的生态文化理念。

第六节　管理制度创新化

生态和谐社会的管理制度是指在全社会制定或形成的一切有利于支持、推动和保障生态和谐社会构建的各种引导性、规范性和约束性规定和准则的总和。生态和谐社会是一个系统工程,生态和谐社会的管理制度同生态和谐社会经济发展、社会文化和生态环境系统同等重要,有效的管理制度是生态和谐社会有序运转的根本保障。首先,构建生态和谐社会需要实现资源配置、统筹协调经济、社会与环境的关系等,如果没有政府有效的政策引导和宏观调控,就无法保证生态和谐社会的全面开展。其次,生态和谐社会是由若干系统组成的经济社会活动有序地、协调运作,以达到人与自然和谐的目的,这些都离不开有效的管理。若没有有效的管理,政策制定得再好,也难以实施,环境建设得再好,也难以持久,各个系统之间也将出现混乱、无序和失调。[①] 管理制度创新化的具体构建目标为:

生态管理完善,即建立完善的动态的生态调控管理与决策系统,健全信息公开、政绩考核、区域合作等政府管理机制,建立公众参与、监督和管理生态和谐社会的渠道,培养公众参与积极性。

生态制度健全,即建立健全的生态环境法律制度和政策法规等,包括决策机制、监督机制、考核机制等,做到依法管理,严格执行各项环境管理规章制度,做到有法必依、执法必严、违法必究,实现人治向法治的转变。

第七节　绿色治理新形态

绿色治理是生态和谐社会的根本宗旨,也是新时代五大发展理念在管理模式上的重要创新。绿色治理是绿色发展的题中必然之义。自18世纪中叶,西方国家主导了三次工业革命,经历了"蒸汽时代""电气时代""信息时代",工业文明为人类社会创造巨大物质财富的同时,也加剧了人与自然界的矛盾。全球生态环境持续恶化,异常气候所导致的自然危机日益频繁,资源和能源供给日趋紧张。从

---

① 鞠美庭、王勇、孟伟庆:《生态建设的理论与实践》,化学工业出版社2007年版,第151页。

世界范围来看,较长时期处于社会主义初级阶段的中国是一个经济发展与环境保护构成紧密张力的东方大国。一方面,决战小康社会的脱贫攻坚的任务还很艰巨,经济建设还始终是国家面对的中心工作;另一方面,人均生态财富较低的国家,资源环境问题已经成为中国发展的最大挑战,中国的能源消费和二氧化碳的排放都已经取代美国成为世界第一。面对全球生态环境巨大的负外部性,以及中国社会人均资源紧缺、生态环境脆弱的基本国情,绿色发展已经成为中国社会可持续性发展的战略选择。

一、何谓绿色治理

绿色治理是政府各级机构在生态公共服务产品的提供及管理上的职能承担,是政府行政管理在绿色发展理念层面的落实,是中央与地方政府贯彻生态文明建设指针的重要体现。绿色治理是为了解决在经济和社会发展过程中,无法避免的日益强化的环境与资源约束,以绿色发展理念为导向,在深入剖析各个围绕在公共行政周围的"生态"要素的基础上,由政府以及其他各社会主体共同治理,以期实现环境友好型、资源节约型、可持续发展的治理理念。目标是以解决现实中严重制约着经济与社会发展的环境与资源矛盾为契机,通过建立绿色行政、发展绿色经济、传播绿色文化等手段,最终构建出一套绿色的、可持续的公共治理模式。

"绿色"是生态环境特有的颜色,有无公害和健康的意思,代表生命、节能、环保。与绿色有关的活动不仅有益于人的健康生活与发展,如绿色消费、绿色标志、绿色食品等;也有利于生态环境建设,如绿色贸易、绿色技术、绿色产业等。因此,建设"美丽中国"必然要建设"绿色中国",建设注重生态环境保护的中国。同样,中国的管理和治理也必然是绿色管理和绿色治理。

绿色生态环境治理经历了三个发展阶段和范式变迁。最先在思想意识层面,出现了"绿色政治"思潮,并产生了许多"绿色政党";接着,各国政府机构致力于生态环境问题管理,制定具体的管理措施,并提出要发展"绿色行政"和建立与之相适应的"绿色政府";然后,生态环境问题的复杂性客观上要求社会各组成部分共同参与其中,因此推进"绿色治理",并在此基础上形成一个"绿色社会",用社会共同的力量应对生态环境问题成为必然选择。

詹姆斯·罗西瑙指出:"治理是各种的个体和团体、公共的或者个人的处理其共同事务的总和,它是一系列活动领域里的规则体系,是一种由共同目标支持的活动,它既包括政府机制,也包含非正式、非政府的机制,治理活动的主体未必是政府,也无须依靠国家的强制力量来实现。"①生态环境作为公共产品,是人类生产生活的必需品和消费品,治理它就是处理"公共事务"。从这一意义上来讲,绿色治理是指各社会主体对生态环境问题的共同治理。然而,实践表明,对于一种特殊公共产品,单一的政府和市场的供给和治理都存在"失灵",所以我们需要一种更为多元化主体的治理模式。

绿色治理以生态环境问题为中心,绿色治理的主体除了政府以外,还包括其他各种公共组织、私人组织、民间组织、非营利组织、企业、行业协会、科研学术团体和社会个人等,只要对生态环境问题的解决献计献策的组织和社会个人,均可参与其中,而且他们之间在地位上是平等的。绿色治理的对象不仅仅局限于生态环境问题,只要是与生态环境问题有关的社会问题和经济问题等,均是绿色治理的对象。绿色治理方式弱化国家的常规方法,不同于绿色行政以行政为中心的参与式管理,它强调各种主体在自愿、平等基础上通过合作与协调,构成一个绿色的复合型主体,形成一个绿色的社会系统,最大限度地维护生态安全,保护环境,促进人类与自然的和谐共生。协调环境和经济、社会的发展,需要社会各组织和个人积极献策、共同出力,共同建立生态环境友好型社会。

绿色治理的各个主体构成一个系统,每个主体都是系统的有机组成部分。如何让这些治理主体实现有效协调,实现真正意义上的协同共治,这就需要构建有效的绿色协同治理体系,在这一体系中,政府、企业、社会组织等通过横向和纵向的协同合作将绿色行政、绿色生产、绿色参与等有效结合,形成完整的绿色协同治理体系,促进绿色生态社会,从而产生绿色合力,最终促进生态环境问题的解决。

二、绿色治理的新形态

随着国际社会对全球气候变化的关注,绿色发展逐步成为新的发展共识。从内涵来讲,绿色发展更具有包容性,既包括传统可持续发展中所关注的人口和经济增长与粮食和资源供给之间的矛盾,同时也强调气候变化对人类社会的整体性危机。从某种意义上讲,绿色发展观是第二代的可持续发展观,具有以下几个方面的特征。第一,绿色发展强调经济系统、社会系统与自然系统的共生性和发展目标的多元化,即三大系统的系统性、整体性和协调性,这与中国传统哲学思想中

---

① [美]詹姆斯·N. 罗西瑙:《没有政府的治理》,张胜军、刘小林等译,江西人民出版社2001年版,第113页。

所主张的"天人合一"的自然观非常接近。第二,绿色发展的基础是绿色经济增长模式。这种增长模式的显著特征是绿色经济比重的不断提高,即以绿色科技、绿色能源和绿色资本带动的低能耗、适应人类健康、环境友好的相关产业占 GDP 比重不断提高,增长模式强调低资源消耗、低污染排放,实现经济增长与资源消耗、污染排放脱钩。第三,绿色发展强调全球治理。由于全球气候变化地对人类社会的整体性威胁有可能进一步加剧,应对气候变化的全球治理的重要性和必要性日益凸显。能否实现绿色发展取决于能否实现绿色治理。[①] 从公共政策方面来看,在中国要进行绿色治理应突出以下几个方面。第一,要科学制定绿色规划。以全国发展规划为指导,各省及以下各级政府应当把绿色治理理念纳入地方的发展规划的制定和实施当中,因地制宜地针对本地的绿色发展,推进绿色治理的制度创新,把绿色发展作为地方经济增长的重要前提条件。第二,要强化绿色投入。利用财政和金融手段,严格实施与绿色治理相关的法律法规,各级政府要逐步推广绿色采购,逐步提高绿色采购在政府采购中的比例。第三,要突出绿色政绩考核。强化绿色考核,弱化 GDP 增长的考核,提高绿色治理相关指标在地方政绩考核的比重。

绿色治理的新形态是绿色治理的改革深化,是全球化时代生态文明建设的必由之路。它体现为注重生态公民并着眼于全球环境治理的基本取向。从某种意义上讲,绿色治理的改革不是基于一国的,而是基于全球的。

1987 年,联合国提出了可持续发展的理念,把可持续发展定义为"既满足当代人的需要,又不对后代人满足其需要的能力构成危害的发展"。之后,可持续发展在 1992 年的联合国环境与发展大会上取得世界共识。与传统发展观相比,可持续发展强调人力资本投资、减贫,主张经济发展应当审慎自然资源的承载能力。尽管可持续发展的理念具有进步性,但是可持续发展仍然是人类中心主义的发展观,对传统发展观只是一种被动的调整;此外,虽然可持续发展观获得全球共识,但是在实践上没有形成足以扭转传统发展模式的全球行动。

生态环境的全球目标,既指向同一个地球,也指向同一个世界;或者说,同一个地球是面向生态的,而同一个世界是面向公民的。生态公民,不仅认为没有一个国家能够在与其他国家相隔绝的状态下而求得可持续发展,而且认为没有一个公民能够在与其他公民的生态环境相封闭的状态下而求得健全。生态环境是属

---

① 胡鞍钢、周绍杰:《绿色发展:功能界定、机制分析与发展战略》,载《中国人口·资源与环境》,2014 年第 1 期。

于全球公共领域的空间,它是共同生态系统的公共资源,更是属于不同国家共享的全球公共区域。生态公民身份的提出,实质上是一种明确民间社会的生态政治方向,它表现为捍卫自然权利的生态公民运动。"绝大多数国家、非政府组织和媒体构成了民间社会的重要组成部分,独立于国家政权的自愿团体的网络常充作公众良心,并被普遍认为对于民主的维持至关重要,民间社会的其他部分包括经营单位、教堂和其他宗教团体,也包括体育文化团体、国际层面上相应的团体(从国际哲学联合会到 Medecins Sans Frontieres)可以说组成了全球民间社会,其参与者(不仅仅是那些非政府组织或媒体)可以认为是全球性公民,他们非常关注信仰自由、不歧视、公民自由、政治自由和人权,也关注环境的可持续性。"①

绿色治理没有固定的模式,不同国家有不同的治理模式和内容,由于不同环境资源条件、经济发展水平和历史条件,所制定的可持续发展战略和环境治理模式也有所不同。加拿大主要采取的是"社会主导、政府扶持"的模式,1986 年,加拿大非营利民间组织在全国各大省市成立"圆桌会议",通过召集来自政府、工商界、学术界等各个社会领域代表,共同商议加拿大的环境与经济的可持续发展问题,该组织得到了加拿大政府的大力支持;欧洲一些国家实行"首脑负责、集中管理"模式,由于国土面积、人口、资源集中,易于管理,国家的绿色治理和发展以政府直接控制为主,且一般由政府首脑直接负责此种模式在 1991 年奥地利成立的联合国环境与发展大会奥地利委员会和 1993 年由芬兰政府成立的国家可持续发展委员会中都有所体现,还有德国的"自上而下、多级管理"的模式。除了以上具有代表性的治理模式以外,西方国家学者还构建了绿色政府的思路,通过政府自身绿色文化建设和绿色政府考核体系建设,推动政府自身的绿色化,进而影响和促进全社会的绿色化。绿色治理的新形态是绿色治理的改革深化,各国政府应根据自身的具体情况,因地制宜地不断进行绿色治理改革。

三、绿色治理的新主体:生态公民

绿色治理的各主体构成一个系统,每个主体都是系统的有机组成部分,不能只从形式上说每一个主体都参与到了治理体系,应更加强调主体之间的实际协同关系和职责。如何让这些治理主体实现有效协调,实现真正意义上的协同共治,

---

① Robin Attfield, *Environmental Ethics—An Overview for the Twenty-First Century*, Blackwell Publishing Ltd,2003,p. 166.

需要构建有效的绿色协同治理体系。在这一体系中,政府、企业、社会组织公众、媒体、专家学者等通过横向和纵向的协同合作,形成完整的绿色协同治理体系,促成绿色生态生产,从而产生绿色治理合力,最终促进生态环境问题的解决。

政府与公民的关系,也正是绿色治理中一个非常敏感的环节。生态公民是善待自然的公民,是积极推动政府全面进行绿色治理的公民。在治理复杂的公共问题的过程中,政府应充分利用各种资源,保证每个参与主体各尽其责,并发挥各自优势,做到优势互补,节省治理成本。具体而言,就是要实行绿色行政,这不仅需要相关部门积极推动社会广泛参与机制的建设,鼓励各主体参与相关法律法规的制定,形成切实可行的环保法规,而且需要行政人员提高自己的环境意识和政策水平,以绿色方针、绿色计划、绿色政策和绿色管理为理念,促进一个有利于经济、生态和谐发展的决策机制和运行机制等。

通过在体制内部塑造绿色的行政文化,这种"绿色的"行政理念在环保意识以外,还应涉及政府的服务意识、法制意识和民主意识等。从根本上建立公共服务动机、规范行为准则,促使政府部门积极改进工作方式,本着服务于民的思路切实提高管理水平;并加强党风政风建设、推进依法行政理念的深化,以期全方位实现政府行政管理的科学化、现代化、公开化及民主化,从而真正改善经济发展与环境资源之间日益尖锐的矛盾。

生态公民是生态主义之环境哲学的践行者,生态公民是着眼于创建更加公正合理的生态社会制度的主流人群,是维护人与自然和谐相处的可持续发展模式的有序力量。生态公民的出现,意味着公众对环境危机态度的一种变化。为了使现实的状况摆脱生态危机的威胁,也为了使后代人在生存环境方面有选择的余地,当代人必须努力成为生态公民,我们一致的行动必须从现在开始。"生态治理"既包括通过强制手段迫使人们服从的正式生态制度和生态规则,也包括公民通过各种协商同意或符合其生态利益的非正式的生态制度安排。

生态公民在绿色实践之路上必须予以关注的是履行环境变迁进程中所应负的道德责任,这种道德责任意味着生态公民积极介入气候变化过程中的全球公共生态事务,有效参与国际减排谈判。"工业文明进程引起的气候变化程度在人类历史上是前所未有的,也是一个新的道德问题。在一万五千年文明历史中,人类因为滥砍滥伐、过度开垦、粗劣的灌溉和城市化,改变了地域性气候。但是,他们从未对全球气候变化负过任何责任。同样,相关原因也更多了,而且更深入个人的日常生活中,这比起过去 300 年工业文明发展中的道德困境更甚,包括奴隶制……减缓全球变暖最有力的道德上的案例是,对于那些最无力应付全球变暖而又对其产生原因并不该承担任何责任的人来说,全球变暖已经威胁到他们的生命安全了。"①

生态公民身份并不只是某个区域的生态公民的呈现,而是全球各个区域的生态公民的集合。全球环境治理注重解决人类生存所面临的环境污染问题,它关联着气体排放问题。全球气候变暖的伦理症结在问题的焦点层面指向人类的生活方式,特别在于检讨全球富有国家的过度排放行为与富人奢侈浪费的生活方式的存在。如同"倘若引起全球变暖的是富有国家的过度排放行为,而非穷国为了维持生计而排放气体的行为,那么穷人们理应有权占有大部分财富,这将使得全球变暖的不公平性责任更加不道德。也有证据表明,越有钱的国家消耗的二氧化碳越多。即使是在西方社会里,有钱人和相对贫困的人之间在排放二氧化碳方面也有明显差别。"②

人类要走出生存困境,必须认同绿色地球才是人类安全的家园,绿色的生活才是真正和谐的人类生活。绿色生活的实质是在人口、生态、消费和生活质量之间达到平衡,它要求我们每一个人都要做世界公民、地球公民,树立"胸怀全球,行于当下"的行动理念和生活习惯,摒弃以"豪宅豪车"为代表的追求物质满足的幸福观,崇尚简约舒适的生活方式,注重心灵和精神世界的追求和满足,消除人与自然、人与社会、人与自身紧张和焦虑状态,彻底把人从工业文明的"异化"中解救出来。绿色生活包括绿色产品、绿色消费、绿色饮食等诸多内容,实现绿色生活,重要的是使伸张"绿色正义"成为每个地球公民的义务,并贯彻到日常的生活细节中去。这样一来,就把绿色全球治理化整为零,把全球生态价值观和绿色正义理念散播到全球每一个社区、每一户家庭、每一个人那里,使之不再是与己无关的人类理想或国家宣传口号,而是转化为日常的行为习惯,构成基本的生活方式,存在于公民的每一天每一个细节的行动当中。所以,个人是全球绿色治理的起点和根基,"从我做起""从点滴做起",人人都可以为绿色环境保护做出力所能及的贡献,生态世界的维护需要具体而持久的身边行动,"勿以恶小而为之,勿以善小而不为",细节、习惯和行动是推动绿色生活的关节点,绿色生活方式是污染控制的源头防治,也是生态保护的治本之策,只有把生活方式当作是环保本身,环保才能走进生活,公众参与也有了现实的渠道。

---

① [英]迈克尔·S. 诺斯科特:《气候伦理》,左高山、唐艳枚、龙运杰译,社会科学文献出版社2010年版,第77—78页。

② Malamo Kormetis, Dave Reayand and John Grace, New Direction: Rich in CO_2, *Atmospheric Environment*, June 2006, pp. 3219 – 3220.

一个生态世界的体系正在迅速成形,包括每一个生态公民的生活结构在强烈的互动中呈现出轮廓的全球化。生态公民是追求全球生态平衡的实践者,也是对全球生存空间留有具体期待的人群。作为全球生态保护改革者的生态公民,显而易见的是积极参与全球环境治理的生态公民。那么,生态公民能否成为全球环境治理的参与者与管理者呢?

生态公民的出现促进了公民权利和义务的统一,是人与自然和谐相处、保护生态环境的时代要求,人对自然的权利即生态公民的自然权利,是指人类置身于大自然的怀抱中享有适宜的自然环境,以及合理利用自然资源满足自身需要的权利。人对自然的义务,即生态公民的环境义务,就是保护自然生态环境,促进自然生态良性循环发展的责任和义务。在生活中,有一些人要么片面强调人对自然的奉献、责任,夸大义务性,要么片面强调人对自然的权利和自身的需要,而忽视人对自然的义务和责任。这两种错误倾向是造成生态环境遭受破坏和难以及时保护的重要原因。因此,生态公民认为要实现人与自然的和谐相处,必须首先正确认识人与自然的关系,处理好人的自然权利和环境义务的关系。生态公民的自然权利和环境义务是一对相互区别而又彼此紧密联系的辩证统一体,任何一方均以对方为存在的前提和条件。每一个公民要想享有在良好的生态环境中生存的权利,就必须履行保护和改善生态环境的义务。生态公民强调要确保环境权利和环境义务的统一,一方面要保证生态公民享有环境知情权、参与权、监督权等;另一方面,生态公民也要履行生态宣传、生态保护等环境义务。生态公民的自然权利和环境义务是密不可分的利益共同体,是解决人与自然矛盾冲突的金钥匙。

四、绿色治理的新面向:全球环境治理

绿色治理的新面向,各级政府在重视生态公民的主体权利的同时,在新的时代环境中关键在于树立全球环境治理的新观念。

所谓环境治理"是指通过干预使得与环境相关的奖励措施、知识、机构、制度、决策和行为得以改变"[1]。环境治理并不是一朝一夕就能达成。"全球环境治理是指管理全球环境的组织、政策手段、融资机制、规则、程序和规范的总和,其最终

---

[1] Maria Carmen Lemos and Arun Agrawal, Environmental Governance, *Annual Review of Environment and Resources*, Vol. 31, November, 2006, pp. 297 – 325.

目标是实现内容更为丰富的可持续发展目标。"①

"全球治理是世界历史上最为久远和令人望而却步的挑战之一,自从斯多葛学派哲学家设想出一个由一套共同原则支配的统一世界以来,思想家和实践者们已经构思并把机制引入现实来协调复杂、多样世界中的不同活动,对有些人来说,全球治理意味着建立一个世界政府来制定法律和政策,对另一些人来说,它意味着简单地建立一些得到主权国家支持的促进共同理解和行动的制度。"②就目前的世界政治而言,绿色全球治理还难以建立一个世界政府来制定法律和政策实现权威治理,但生态危机所带来的全球性生存风险已极大唤醒了人类共同体的意识,生态文明社会也会成为全球治理的一个理想的方向;同时全球绿色治理有效地实现不能简单地依靠主权国家和他们支持的制度规则,而是需要国家之下和之上更多行为体参与协商而形成的多层次合作治理体系。

联合国经济及社会理事会(UNESC)在其《确定施政和公共行政基本概念和术语》中采用了 Thakur 与 Weiss 给出的定义,即"全球治理是指为确定、理解或处理国家单独无法解决的世界性问题而集体努力",它可以是指"国家、市场、公民、政府间组织和非政府组织彼此之间的正式和非正式机构、机制、关系和进程的综合体,通过这个体系在全球一级表达集体利益、确定权利和义务及调解分歧"。③联合国正在成为"主权国家世界"和多行为的"多中心世界"之间的桥梁,它把非政府组织引入到主权国家世界,同时把主权国家引入到一个多中心的世界,这在环境领域表现更为显著。从 1972 年第一次人类环境大会至今,联合国在绿色治理行动中发挥了非常活跃甚至是引领者的作用,环境规划署、可持续发展委员会等机构的成立和大量国际环境条约的制定和生效都是具体的说明。20 世纪 50 年代之前,人类环境保护意识还比较薄弱,涉及生态安全的国际公约才 8 个,如今已制订签署了 100 多个,仅从内罗毕会议结束到里约会议的 10 年期间,就制订和签署了《联合国海洋法公约》《保护臭氧层维也纳公约》等 40 多个国际公约,而这些国际环境条约大都是在联合国框架下完成的。完善有序的全球绿色治理体系正在创设形成之中,在层次上,联合国被认为是主要协调或领导国际层次和全球层

---

① Adil Najam, Mihaela Papa and Nadaa Taiyab, *Global Environmental Governance: A Reform Agenda*, International Institute for Sustainable Development (IISD), 2006, p.9.

② Paul Wapner, Politics Beyond the State: Environmental Activism and World Civic Politics, *World Politics*, Vol. 47, April 1995.

③ R. Thakur and T. G. Weiss, *The UN and Global Governance: An Idea and Its Prospects*, University of Indiana Press, 2006.

次的绿色治理,而欧盟、欧盟环境保护署、东盟、北美环境合作委员会等区域性组织则更多地在区域层次上展开生态安全维护。地区层次上的绿色治理近年来成为生态环境维护的一种重要方式,因为地域上的原因,地区层次上的政府间国际组织更能协调和关照到地区内各国的利益,容易形成环境合作,从而有利于生态问题的共同应对和预防,同时增强了地区合作和公共参与力度,促进了绿色治理的有效性。例如,东盟"10+3"的环境合作体现了区域绿色治理不断制度化的走向。东盟"10+3"机制成立不久就把区域绿色治理与合作列为组织的重要议题。目前,各国学者、非政府间组织都对以联合国为核心的政府间国际组织继续在生态环境维护方面发挥更好、更大作用寄予厚望。在他们看来,联合国作为世界最大,最重要的政府间国际组织,无论就组织宗旨还是职能方向而言,都肩负着维护生态安全推动人类持续进步的责任和使命。但是也有人表示现有的国际环境治理难以令人满意,整个国际环境治理体系和联合国内的环境机制处于分散状态,因此改善和改革以联合国为核心的国际环境制度及全球生态安全维护状况是一些国家和非政府间组织竭力推进的目标,也是联合国改革的内容之一。[①]

全球环境治理既是一个综合性的难题,又是一个需要多端发力的系统工程。它在绿色治理的新形态、新主体与新面向中寻求新的突破,力求在多中心治理的格局中完成其对生态和谐世界的建设。全球环境治理的新目标指向新时代的绿色发展观,它是第二代的可持续发展观。全球环境治理的新主体是生态公民,只有积极参与全球环境治理的生态公民才能匹配治理体系的世界性变革。全球环境治理的新面向作为一个生态世界的体系正在迅速成形,因此也只有多层次合作治理体系的有效协商及运转,才能真正推动一个理想的生态文明社会的构建。

诚如世界环境与发展委员会在20世纪90年代发表的《我们共同的未来》一文中所呼吁的:一个世纪以来,人类世界和支持它的地球之间的关系经历了深刻的变化。本世纪开始时,无论人类数量还是技术都没有力量急剧地改变地球上的各个系统。但在本世纪终结时,不仅大量增加的人口及其活动已具有这种力量,而且许多非故意的但是重要的变化正发生在大气、土壤、水体和动植物中,以及它们之间的相互关系中……我们的信念是一致的:安全、福利和地球的生存取决于现在就开始的这种变革。

---

① 李东燕:《联合国与国际环境治理》,上海人民出版社2007年版,第88页。

第七章　生态和谐社会的现实维度

人类文明的发展先后经历了原始文明、农业文明、工业文明和生态文明几个阶段,目前即将走向生态和谐社会时代。生态和谐社会理论是在对传统工业文明进行反思的基础上,探索建立出的一种可持续发展的理论成果,它反映了人、社会、自然和谐共生的生态价值理念。生态和谐社会的现实涉及经济、政治、文化、环境和社会五个维度,每个维度都有着不同的生态化体现。通过转变经济发展方式,倡导生态经济发展模式,树立正确的政绩观,完善生态制度建设,加强生态道德教育,培育生态文化氛围和倡导生态消费模式,构建生态和谐社会可以进一步推进生态文明建设。

从人类发展的过程看,人与自然的关系也在逐步发生着变化。在原始文明阶段,人类敬畏自然,在这一时期,由于生产工具和生产技术的落后,生产力发展极为缓慢,对于自然的破坏很小。进入农业文明之后,随着人类数量的增长和生产工具的改进,生产力水平有了很大提高,人类开始开采和利用自然,这一时期,人与自然的关系总体上还是和谐的,但是已经开始出现了变化。这一时期,人类对于大自然的掠夺和破坏较轻,仅仅在局部地区出现了生态问题,人类对于自然的认识水平较低,加之科技发展较慢,人类开始形成了顺应自然的思想。工业文明时代,人类开始对大自然展开空前规模的征服活动,以掠夺的方式开发利用自然资源,由此带来的资源短缺、环境污染等问题日益严重。在此阶段,反思人类和自然关系的思想开始出现。随着工业化和城市化进程在其他国家的推进,生态环境问题逐步发展成为全球性的危机,给人类社会发展带来严重的问题和巨大的损失。面对世界范围内的自然生态环境问题,越来越多的国家致力于探求一条经济社会与自然生态和谐发展的道路,人类社会逐步进入了生态和谐社会时代。

第一节　生态和谐社会的概念与内涵

生态和谐社会是人们在对传统工业文明进行反思的基础上,探索建立的一种可持续发展的理论及其实践成果,是和谐社会结构的一种新形态。生态和谐社会反映了生态优化的积极价值取向,即追求人、社会、自然的和谐共生。生态和谐社会主要包括以下两点内涵:

首先,生态和谐社会的导向和诉求是对过去以人类中心价值观的修正,其价值核心从人类自身转向人和自然的和谐共生。生态和谐社会是可持续发展的基石所在,它为人类社会未来的发展提供了哲学理念的指引,代表着人类文明发展理念、道路和模式的重大进步。

其次,生态和谐社会也是对工业文明深刻反思的成果。建设生态和谐社会,也是基于生态危机、反思传统工业文明发展模式而做出的理性选择。工业文明的基本理念和价值观导向是人类中心主义,它以人类为核心价值,为了满足人类无止境的享受需求而对自然界大肆掠夺,忽视了人类作为自然界的责任和义务。生态和谐社会是人类对传统文明特别是工业文明进行深刻反思的重要成果,它包括经济、政治、文化、环境和社会五个层面的现实维度,各个层面都蕴含了不同的内涵及实现路径。

第二节　多元化的生态和谐社会现实维度

生态和谐社会既是人类文明进程的有益尝试,又是解决全球生态危机的必然选择。生态和谐社会以环境哲学和生态世界观为导向,是人类社会文明的新阶段。生态和谐社会建设是一个系统工程,它主要涉及生态经济、生态政治、生态文化、生态环境和生态社会五个维度。

一、生态和谐社会的经济维度——生态经济

生态经济是生态和谐社会建设的首要现实维度,它要求人类所有的经济活动都要从人与自然的和谐关系出发,既要考虑当前人类生存和发展的需要,又要保

持生态环境充分的休养生息,以满足子孙后代的生存和发展。自然是有限的,自然的自净能力也是有限的,这些必然会限制经济的发展,使经济不可能无限地增长下去。传统式的经济越是增长,环境问题越是被加深。因此,人类必须抛弃"经济至上主义",走出传统的自然观误区,反思人类社会发展的传统轨迹和模式,走切实可行的生态经济发展模式。只有这样,人类才能摆脱所面临的生态环境危机。

发展生态经济要求在尽可能好的生态效益的基础上追求更多经济效益的绿色生产方式,在生产、流通和消费全过程中充分体现生态优先原则,树立节约型生产和消费观念,尽可能减少产品自身及其使用对资源的消耗和对生态环境的影响,减少产品生产制作过程中的资源和能源消耗,降低产品生产对生态环境的压力。此外,发展生态经济还需要建立生态化的消费模式。生态化的消费模式以维护自然生态环境的平衡为前提,可以引导人们从过度消费模式转向适度消费模式,从环境损害型消费模式转向环境保护型消费模式,从对物质财富的过度享受转向既满足自身需要又不损害自然生态的生活方式。

二、生态和谐社会的政治维度——生态政治

生态政治是生态和谐社会的又一现实维度。生态政治就是把自然生态系统和人类社会看作是一个相互作用和影响的统一整体,将建立可持续的社会、自然、经济作为其思考的中心,根据可持续发展战略的要求,变革政治价值观、政治思维和政治活动,从政治学的基本原则到政策操作层次,如政治民主、政治决策、政党参与等,再到国家权力的结构和分配,直至国家之间的关系,系统地提出自己的见解和主张。它把社会、经济、文化、自然的和谐发展视为己任,反思现有政治体系的欠缺并调整之,使之能够更好地协调人与社会、社会与自然之间的关系,努力实现人与自然相互关系在社会意义上的最优化。

生态政治是对过去政治理念的扬弃,是不同于以往政治的全新的生态政治观。生态型政治发展维度必然促使政治家们把更多的时间和精力用于环境保护,把更大份额的公共财政用于改善人类赖以生存的自然环境。从这个意义上说,不断演进的生态政治就是给予自然以更多关切,以维护生态平衡的政治,将政治发展、经济发展、社会发展与自然发展相协调统一的生态政治,代表着最先进的政治文明的前进方向。

三、生态和谐社会的文化维度——生态文化

在生态和谐社会的现实维度中，影响力量最大的是生态文化因素。实现生态和谐社会建设，不仅需要制度、政策的改变，还需要法律的约束，而更重要、更深入持久的是要运用道德的约束力，依靠扎根于人们心中内在的信念和社会舆论的作用，运用道德规范来调节人们的日常行为，以人类发自于内心的自觉行为来保证人与环境的共同协调发展。生态道德认识到人对自然的依赖，是促进生态和谐社会建设的重要维度。其次，生态道德也是生态文化的重要内容。生态道德是指人们谋求人与自然和谐相处而形成的一系列思想观念，其主要内容包括生态规律意识、能源节约意识、消费简约意识、亲近自然意识、环境优化意识、生态审美意识等，可以促进生态和谐社会的发展。最后，生态科技观也是生态文化的重要内容。传统的人类中心主义科技观认为科技的发展与进步可以解决人类的一切难题，可以给人类带来最大的利益和福利。在这种科技观造成了现代科学的片面发展和科技滥用，进而造成了当前严重的生态危机和环境问题。

美国著名生态学家蕾切尔·卡森曾经就说过，化学药品之战永远不会取胜，而所有的生命在这场强大的交叉火力中都被射中。生态和谐社会的科技观以有机整体的方法推论大科学的产生，改进以经典物理学为基础的缺乏生态自然性、循环性的硬技术体系，深入到自然—科技—经济—社会这个复合系统中去认识和把握可持续发展与科技创新之间相互支撑与协同的关系，从而实现自然环境与经济社会的双赢。

四、生态和谐社会的环境维度——生态环境

良好的生态环境为构建生态和谐社会提供资源保障。没有良好的自然资源，经济发展就无从谈起，生态和谐社会的发展也就失去了动力之源。生态环境是生态和谐社会的又一重要维度。生态和谐社会建设的主要任务是通过节约、保护和科学利用自然资源，维护生态系统的动态平衡。而经济的发展必须有丰富的自然资源做后盾。如果生态环境失去平衡，社会发展和资源的供给矛盾突出，生态和谐社会建设就很难进行。因此，生态和谐社会的环境发展要求我们转变以往的人类中心主义的价值观为人与自然和谐相处的生态价值观。要求人类在处理人与自然的关系时，应认识到人是大地之子，是自然界的一部分，对自然界生态环境持

敬畏之心、感激之心、热爱之心；在对自然界进行开发、利用和改造时，不应把人的主体地位绝对化，不能无限夸大人对自然的超越性，而是遵循自然规律，对自然界进行适度的合理的开发、利用和改造；在利用生态环境满足自身需要的同时，应该把对生态环境的负面影响限制在自然界生态系统的稳定和平衡之内，实现人与自然的和谐共处、协调发展。

五、生态和谐社会的社会维度——生态社会

社会维度涉及社会生活的方方面面，主要涉及全社会的教育、就业、分配、保障、医疗、管理等方面。社会建设的根本任务是发展社会事业、优化社会保障体系、完善社会管理，最终实现民生的改善和社会的安定。生态和谐社会要求逐步树立适度消费、节约资源的生活理念。放眼当今世界，现代化建设正以更快的速度竞相发展，而这种发展无一不是在错综复杂的矛盾中艰难前行，其中经济发展和环境保护的矛盾成为主要矛盾。无论是发达国家还是发展中国家，都希望达到一种比较理想的环境状态，因此，必须依据现有条件切实解决当前已经发生和可能发生的生态问题。这在很大程度上要求我们大力推进生态和谐社会建设，包括重视、加强一切社会事业的建设，推动人们生活方式的革新，倡导文明、健康、科学、和谐的生活方式，创造良好的社会生活环境，优化"人居"生态环境，努力实现人口结构良性优化与消费方式的生态化，最终使人类的生活达到"绿色化"境界。

第三节 多元维度下的生态和谐社会实践路径

工业文明以来，世界经济社会的快速增长虽然给人类带来了巨大的物质财富和经济发展，却也给生态环境带来了巨大压力，对自然资源造成了极大危害。要解决当前日益严重的生态危机，妥善处理好人类与自然的关系，必须从转变经济发展方式、倡导生态经济发展模式、树立正确的政绩观、完善生态制度建设、加强生态道德教育、培育生态文化氛围和全面建设生态和谐社会四个维度来加强生态和谐社会建设。

一、转变经济发展方式,倡导生态经济发展模式

人类走上不可持续的发展道路,最集中的体现是在经济活动上。在人类社会的文明发展史上,由于对自然规律认识得不够深刻或者没有遵循自然生态发展规律,或者仅仅单纯地以经济增长为主要的目标,不考虑社会的公共利益,从而导致生态破坏和环境污染等问题已经让我们付出了沉重的代价。因此,从源头上扫清能源、资源和环境问题等科学发展的障碍制约,转变经济发展方式,倡导生态经济发展模式,探索出一种既有利于人类的发展,又有利于自然环境的优化的经济发展方式是生态和谐社会的重要实践路径。要调整优化产业结构,将环境污染整治纳入产业结构调整优化升级的过程,注重切实加强建设项目的环境准入门槛,大力推行高新技术产业、现代服务业、高效生态农业的发展。要大力发展和推广循环经济,不断地转变经济发展的方式,实现资源的高效和循环使用。推进经济发展模式从高碳经济向低碳经济转变,逐步建立起低能耗、高效能和低碳排放的社会经济生产和消费模式。这应该就是所谓的实现人与自然"双赢"之超高境界和卓越的妙处之显现。由此可见,只有在价值观和思维方式都转变的基础上,彻底地转变传统经济发展的方式,发展生态经济、循环经济和低碳经济,才能创造出生态和谐社会的生产方式,践行和发展生态和谐社会的理论。

二、树立正确的政绩观,完善生态制度建设

对于将生态和谐社会建设各项措施落到实处的地方政府而言,树立正确的政绩观是促进生态和谐社会建设的基础和保证。政绩观与发展观密切相连,因此,把重视生态环境建设与促进经济社会生态和谐发展统一到生态行政的科学决策上来,高度重视生态和谐社会建设的作用,转变以往的"经济增长就是硬道理"的错误观念,建立合理的科学发展理念,推动各地方经济建设与生态环境建设的协调发展。同时要完善地方政府的考核指标,不仅仅只是考察 GDP 指标,要建立起涵盖经济、社会、环境和人民生活等全方位的考察体系。此外,完善生态环境相关的法律法规,推进生态环境保护的法制化,从制度建设角度考虑,把生态和谐社会列入全面建设小康社会的整体部署之中,将资源节约和环境保护融入综合决策和经济社会发展的全局也是实践生态和谐社会的根本保证。完善生态制度建设需要从以下三方面加强:首先,要建立健全的生态法制体系,注重维护群众的环境权益、履行法制体系及上下部署联系的相关职能部门的义务;其次,要加强政府生态职能建设,从源头上转变经济发展管理体制,建立符合生态和谐社会的产业政策,同时完善资源与环境的产权制度建设,提高公众参与的程度;最后,加大环境执法与监管的力度,建立领导干部环保责任制度、考核制度、否决制度、监督制度,强化官员的环境政治责任,开创环境执法与监督的新途径。

三、加强生态道德教育,培育生态文化氛围

虽然生态法制建设在生态和谐社会建设中具有重要的作用,但它毕竟是事后的惩罚与补救,且法律具有滞后性,往往跟不上日新月异的时代变化,而且它大大提高了运行中的社会成本,不可能从根本上改变人们的思维方式和认识。生态文化以生态学为依据,传播生态知识和生态文化,提高人们生态意识及生态素养,塑造生态和谐社会价值观和道德观的教育。它体现于学校教育、社会教育和家庭教育等各个方面与全过程。生态文化可以为每个人提供机会获得保护和促进生态环境的知识、态度和技能,创造个人、群体和整个社会环境行为,它的目标是解决人与自然之间的矛盾,调整人的行为,使人类建立环境伦理规范和环境道德观念,进而可以促进生态和谐社会的价值观和责任感。此外,通过加强生态道德教育,运用环境伦理的强大力量来规范人类的行为,提倡崇高的道德境界,使人们自觉主动地建立起生态化的伦理道德意识,进而推动生态和谐社会的实现。通过树立科学的生态和谐社会观念,可以培育良好的生态文化氛围。比如,在社会进步中宣传尊重自然、善待自然、认识自然、关心自然和爱护自然等生态理念,并以科学的价值观为生态导向,走出人类中心主义的误区,确立自然至上的价值观,进而形成经济社会与自然生态和谐发展的自觉意识,以促进生态和谐社会建设的深入发展。

四、倡导生态消费模式,构建生态和谐社会

人类对自然界的掠夺式开发和不友好的消费方式不仅引起了日益严重的环境问题,而且也在削弱自然界为人类服务的能力。目前,资源短缺、生态灾难正是自然界向人类发出的警示,只有改变人类传统的生态价值观念和消费的模式,才能从根本上去改善人与自然的关系。全面建设生态和谐是实现生态和谐社会的又一维度。首先,要大力倡导生态化的消费模式。工业文明的生产方式和生活的

方式,具有资源的高消耗和环境的高污染性质,自然资源严重透支,导致了人类社会不可持续的严重形势。人类的生态足迹已经远远超越了地球的生态承载力,出现了严重的生态赤字状况。因此创造文明的生活方式,已经到了刻不容缓的时刻。人类必须改变现行的消费方式和生活方式,改变不合理的消费价值观和消费文化,大力提倡简朴的低碳消费,追求素朴的物质生活和丰富的精神生活,鼓励人们绿色消费、适度消费、循环消费和可持续的消费方式。其次,要营造良好的人居生活环境。一个良好的生活居住环境是人类生存和可持续的经济发展和物质基础的基本条件,也是社会文明的重要标志之一。因此,切实改善环境的质量,努力让环境保护成果惠及最广大的人民群众,是生态和谐社会的出发点和落脚点。

总之,人类属于自然的有机部分,是生命共同体中的一员。人类应该尊重自然,与自然和谐相处。生态和谐社会是实现人与自然协调发展的必然价值取向,是对传统道德的补充和升华,是实现人类、社会与环境持续生存与发展的重要前提。从生态和谐社会的现实维度来看,主要包括生态经济、生态政治、生态文化、生态环境和生态生活五个维度。这五个维度相互联系、相互促进。为了解决全球生态危机和生态环境问题,除了不断加强生态经济建设,不断发展科学技术并运用于生态环境的恢复、改善之外,还要完善生态制度建设,呼唤生态和谐社会的伦理精神,呼唤人类的政治感、责任感,树立生态意识和生态道德,树立生态科技观,完善生态和谐社会教育,舍弃高消费的生活方式,倡导绿色消费,并身体力行地将生态和谐社会理念付诸实践,只有这样,生态和谐社会的时代才能真正到来。

第四节　维护环境正义的生态公民之培育

生态公民是生态和谐社会建设的主体。面对当下生态环境问题愈演愈烈的事实,特别是在发展中国家传统工业化程度较深的区域,废水废气废物无序排放、雾霾长期席卷、环境污染加剧,维护环境正义的生态公民必将大有作为。以我国京津冀地区为重点关注地域,生态环境问题越来越受到广大生态公民的关注,毕竟突发性的环境事件甚至还会引发一系列连锁式的社会群体事件。目前的环境问题已到了"牵一发而动全身"的程度,这些生态环境问题主要基于传统工业化快速发展带来的弊端,集中暴露了人口、资源与环境的失衡式矛盾。无论是发达国家还是发展中国家,都在不同的历史进程中及不同的时间节点上走上了"先污染后治理"的老路,因为在经济社会不发达的工业化早期阶段,发展高污染、高排放与高消耗的重工业,全面追逐经济利益,往往成为提高经济实力和国际地位的必要途径。为了创造经济利益与就业岗位而不惜以牺牲环境为代价,无止境地向自然界索取,以及不加控制地向自然界排放污染物,从而对生态环境造成了不可逆的破坏。

在生态全球化日益深入发展的今天,环境问题已不仅是某个国家独自面对的挑战,而成了全人类社会必须共同关注的问题。人类的生存,不仅要考虑自己眼前的需求,更要着眼未来发展的长远环境,以及考虑子孙后代的利益。只有本着尊重自然、善待自然与敬畏自然的基本理念,"生态公民"才可能应运而生,环境问题才可能迎刃而解。由此,绿色增长的可持续发展才能从蓝图变成事实,"生态公民"作为环境正义的维护者才能成为一种必然。"公民之生态观以自然为原点,它既在人作为公民的社会化进程中,也在公民作为自然之子的路途中,生态公民是人类走入自然界的产物。"①

一、生态公民的概念与发展脉络

(一)生态公民的概念

"生态公民"是一个相对较新的概念,是公民类型中面向自然界的一种独特范式。生态公民是"社会生活中与地球自然环境发生紧密联系的存在者,是人造物世界中一个亲近自然的能动主体"①。由此可知,生态公民是秉持自然价值与生态理性的能动主体,不仅能敏锐地感知自然环境的变化,而且还可以根据生态圈及生态系统的变化采取相应的行动来爱护自然与保护环境。生态公民是切切实实的环境行动主义者,也是对自然界非人动植物格外关心的生态整体主义者。

对生态公民的认知,需要在社会生活的实践进程中不断地加以完善,既需要寻求理论观念的确认,又需要把握意识价值的引导。特别是环境正义作为一种指导思想的存在,支撑起生态公民行为世界的存在。生态公民是重构人类社会与自然环境关系的重要桥梁和纽带,如果能够确认生态公民的身份与地位,接下来的问题就是对生态公民的培养与形塑。只有培育出一批具有环境忧患意识并有切实行动的生态公民,才能通过他们影响社会大众中更多具有生态意识的人,将保护生态环境真正由观念转化为行动,并由此达到人类群体对自然环境的良好回应。

---

① 周国文:《公民观的复苏地球生命的伦理思虑》,上海三联书店2016年版,第23页。

生态公民以弱的非人类中心主义作为思想伦理指导,并主动承担起维护自然生态环境可持续发展的责任。而且,这是一种总体的生态公民理论,即"生态公民在生态环境领域为自然代言的角色,阐述生态公民在有效参与生态环境领域的公共事务过程中的持久存在"[①]。

据此,本书认为,生态公民是公民形式和公民身份的延伸,是后工业文明时期社会发展的必然产物,是作为重构人类社会与自然关系从而维护环境正义的重要桥梁,是具有可持续发展理念和代际公平观念的,并具有低碳环保意识的社会新型公民,它同样指的是一种总体性的生态公民理论。生态公民是"社会生活中与地球自然环境发生紧密联系的存在者,是人造物世界中一个亲近自然的能动主体"[①]。生态公民是传统社会公民的延续和发展,是传统关注经济发展、政治发展、文化发展、社会发展的公民的延续和发展,这样的公民具有家国济世的情怀,关注自己的同时还会更多更主动地关注自己居住生存的环境,主动承担起保护环境的责任。可以说,生态公民的培育,对于当下我国生态文明建设具有重要的现实意义。

(二)生态公民理论的发展

生态公民理论的发展经历了一个持续演进的过程,大致表现为三种理论形态的演变,主要包括三种不同身份的生态公民理论:其一是共和主义的生态公民理论;其二是深生态主义的生态公民理论;其三是自由主义的生态公民理论。本书所立足的生态公民理论在此前的概念部分已经提到,是一种在上述三种生态公民理论基础上发展起来的整体性的生态公民理论,是生态公民有效参与生态环境事务的可持续性存在的系统理论。它实际上是立足于共和主义的生态公民理论的进一步发展和延伸。

其中,共和主义的生态公民理论是一个包容性不断增强的概念,从一些维护动物权利运动的开展中便可看出,它秉承着中度的非人类中心主义的伦理观,在全球化的背景下以协同合作的方式来应对生态危机。共和主义的生态公民是在协同治理的理念下采取行动来保护生态环境的,通过区域间的合作,以及区域间的取长补短,实现区域之间生态环境的整体改善,而不仅仅是把环境的治理当作某一区域内部的事情,它应该是不同区域之间的生态公民合作治理的结果,以期达到一个区域间的"环境共和",使区域内乃至全球都能享受到同样一个良好的生态环境空间,减少因生态环境问题而引发的国际冲突和摩擦。

---

① 周国文:《生态公民论》,中国环境科学出版社2016年版,第2页。

深生态主义的生态公民理论是人类直接面对自然并且知道应该对自然所承担的责任,绿党的兴起和环境运动的增多是其典型的表现。深生态主义的生态公民理论解构了人类主义思潮,还原了自然权利,甚至在必要的时候,人类可以牺牲自己的利益来保护自然生态环境。深生态主义的生态公民理论与共和主义的生态公民理论相比,已经在相当程度上弱化了人类中心主义,甚至不强调人对自然的妥协而达到的相对平衡,而是倡导完全的自然权利,以及人必须要维护这种自然权利,否则人本身是无法在恶化的环境中持续发展的,这已将过去"经济人"的角色彻底转变了。人类不再是居高临下地对待自然环境,而是要以一种谦卑的态度去对待自然环境,甚至可以为了自然生态系统的稳定而不惜牺牲自身的经济利益。

自由主义的生态公民理论是生态公民的全球维度,秉承着弱的非人类中心主义的伦理观,是生态公民自主参与环境事务的延伸,也是深生态主义的生态公民理论的进一步发展。深生态主义的解构人类中心主义毕竟过于极端了,人类不可能抛弃掉所有的经济利益而去保护自然环境,这是不现实的。而自由主义的生态公民理论则将人列为较弱的中心,但还是要以人为本,通过自由主义的生态公民的努力来改善生态环境,尽量做到二者的协调,既能维护到人类的基本利益,又能保护生态环境不再继续恶化。

由上可见,匹配自然性与平等性的生态公民理论是不断完善和发展着的环境正义理论,是从一般的论述到极端的侧重,再到理念阐释的相对平衡,即从共和主义生态公民论体现责任的"环境共和"概念,逐步发展为借鉴深生态主义思想来解构人类中心主义的自然至上观念,接着又在自由主义的生态公民论中挖掘公民权利论的实在性,再回归到注重环境权利与生态义务相平衡的,以自然和人类相融合为本的,在持续的生产、生活与生存中协调好环境保护与经济发展之关系的相对全面的生态公民理论。可见,在建设生态文明与构建生态和谐社会的过程中,环境正义既是培育生态公民的核心价值,也对当下全球性环境问题的解决具有重要助益的基本理念。

二、环境正义与生态公民

(一)环境正义的概念与特征

环境正义是生态公民理论的核心要义,生态公民是环境正义理念的外化载体。环境正义是一个源于西方环境伦理学的概念,西方环境伦理学大致可以分为人类中心主义、非人类中心主义、可持续发展伦理观三个流派，其中可持续发展伦理观是对人类中心主义和非人类中心主义的融合和升华。环境正义离不开可持续发展伦理观的支撑，它需要人类与自然之两维的平衡。环境正义是人类对自己所生存之环境及其内涵价值的重视，也是对公民个体平等获得环境应然性时空及其生态对待的描述。环境正义也是在处理人、自然环境与社会经济发展的关系，是西方环境保护运动深入的体现，是发达地区在产业结构升级时不应将低端产业转移到贫困落后地区，从而给落后地区造成污染的一种价值理念。而在目前的学术研究中，立足于环境正义的生态公民理论尚属于一个前沿性的课题，它既关联到人类责任与自然价值的关系，涉及社会和谐与环境健全的关系，也关联到公民责任与国家发展的关系。

环境正义不可或缺，特别是在探讨西方的环境伦理价值观对发展中国家的影响时，需要实现在国际环境事务上的公平价值分配。国内学者曾建平就提到发展中国家的环境伦理观点不可照搬西方环境伦理的模式，要根据自己国内的实际情况来探求适合自身发展的环境理论。这实际上是环境正义的广义概念，即探讨不同国家和地区特别是发达国家和发展中国家之间所要承担的环境责任的问题。

据此，要将环境正义分别从广义和狭义的层面展开概念思辨：从广义上说，环境正义维护了不同经济发展水平的国家之间在污染治理和生态变迁中的相对公平；从狭义上说，环境正义又在维护本国或者本地区内部不同经济发展水平地区的民众同等享有居住在优质环境中的权利。总体而言，环境正义基于人类所生存的环境，是一个关于环境和谐美好稳定与自然生态公平享有的概念。

根据本文的定义，环境正义具有如下特征：一是发展性（特别强调可持续性的发展理念）。随着不同时代经济社会发展状况的不同，每个时代对环境保护的要求和当时人们的环保意识都是不同的，因而不同阶段的环境正义所声张和维护的内容是不同的，但核心都应是"可持续"的发展理念。二是公平性。这既包括环境正义的代内公平，也包括环境正义的代际公平。环境正义保护的是在享受环境权益过程中弱势群体的地位，即要维护落后国家和地区当代人及其后代人的环境权益。三是共同性。环境正义不是某个群体的事情，而是全人类的事情。为了体现共同存在的利益，不分阶级、种族和经济发展水平，所有地区的人都应该参与其中，根据自己的实际能力承担相应的环境责任。

(二) 环境正义的生态公民

环境正义与生态公民的连接，表现为生态公民理论围绕自然价值新的着力点。环境正义在公民视域中体现着自然生态利益，但从环境正义的角度来研究生态公民理论,还需审慎思辨何种形态的环境正义更契合中国情境的生态公民理论。

环境正义强调的是公民的环境权利,培育环境正义的生态公民是为了通过生态公民这一媒介,使社会越来越重视环境保护,从而为更多的社会普通公民争取到享受良好自然环境的权利。生态公民的培育也不仅为维护环境正义,更是为维护生态正义,彰显生态公民的责任与义务。根据英国学者多布森在《绿色政治思想》中的论述,它不同于环境正义,旨在发展一场深刻变革,特别是自然环境的优劣对于经济增长的作用,从而实现可持续增长。

但这里所指的维护环境正义的生态公民之培育,则更加侧重公民的环境权利,即通过培育自觉维护环境的生态公民,增强生态公民本身的环境权利意识,让生态公民去影响更多的普通公民,使普通公民也逐渐具备同样的环境权利意识,为争取良好的生存环境而行动。毕竟环境问题只有当更多的普通人认识到其重要性时,才能成为社会性问题,才能得到更为广泛的关注乃至解决。

前文已提到,环境正义具有共同性,需要尽可能多的人参与其中,这就需要一批具有可持续发展意识的生态公民。所谓环境正义的生态公民,就是在共和主义、深生态主义、自由主义的生态公民理论基础上,更多地关注环境公平的普世价值,致力于维护经济发展水平不同的国家或者地区之间的公民享受平等的优质环境的权利。通过培育生态公民这个媒介,建立一批保护环境的非营利组织,通过民间活动和环境保护运动,影响更多人树立生态可持续的意识,长此以往,或可重构人类社会与自然的关系,达到共同繁荣的和谐局面。

因此,环境正义的生态公民将具有两个明显的特征:其一,公民环境权利意识强烈。环境正义的生态公民的环境权利意识,将"生活在一个优质的自然环境中"列为生活必需,并为达到这个目标而行动,不仅自己行动,还号召周围人一起保护环境,并对破坏环境的行为予以纠正。其二,公民的环境知识积淀深厚。环境正义的生态公民为了更好地为自己争取到环境权利,会主动了解相关的环境知识,并逐步提高自身的环境素养。

环境正义的生态公民也是契合中国国情的,因为当下不少国民的环境意识还较为淡薄,对于环境破坏、生态恶化更多地表现为束手无策。通过培育维护环境正义的生态公民,增强国民的环境权利意识,正符合当下我国生态文明建设的要求。只有普通公民具备了良好的环境权利意识,未来生态环境绿色治理的阻力才会减少,社会中自觉保护环境的群体才会增加,我国的生态环境保护才会日见成效。

（三）培育生态公民对维护环境正义的重要性

在这里，本书认为生态公民是维护环境正义的积极行为者，也是符合我国当下生态文明建设要求的、具有环境保护意识和能力的高素质公民。它与环境正义的关系十分密切。

首先，从环境正义的代际公平来看，生态公民是一种倡导代际公平正义的公民。他们不仅看到眼前的短期利益，还会考虑到未来的长远利益。他们坚信，自己当下维护生态环境的稳定，是在为自己的子孙后代谋福利，而不是把一个被前人破坏的支离破碎的地球留给后人。所以，生态公民主动参与到生态环境事务的行为本身，即是一种维持环境正义的举动。当然，根据柏拉图在其《理想国》中提到的有关"正义"和"善"的概念，正义是一种相对的正义，是在满足自身需求的基础上才会考虑维护他人利益的正义；而有一种"善"是既要后果又要其本身的善。所以，这里所提到的生态公民对环境正义的维护，也是生态公民本身在政治、经济、文化、社会层面上的利益得到满足后，才会考虑维护环境正义，这种生态公民具有的善，是一种既要后果又要其本身的善，他们这种维护环境正义的行为，实际也可以为他们的未来生存和发展带来现实益处的，是一种"双赢"行为。

其次，从环境正义的包容性来看，生态公民倡导的也是一种包容性的概念，即对环境正义的维护是一种相互包容的行为。具体而言，就是人类社会和自然环境相互包容的过程，人类不再以征服者的姿态面对自然，自然也得到了人类应有的保护，从而为人类未来的持续发展提供一个更适宜的外部环境。生态公民对环境正义的维护是一种相互包容的过程，从而让全球化进程更具包容性、更健康、更持续。

最后，从环境正义的可持续来看，生态公民对环境正义的维护也是一种可持续的协调发展观，它倡导一种全球化的环境治理模式，遵循自然界发展的客观规律，不再像工业文明初期那样无止境无节制地向自然环境索取资源，而是会考虑到一种未来持续性的发展，使未来的环境还可以在其环境承载力的范围内满足人类未来社会进一步发展和延续的需求。

由此可见，生态公民与环境正义的维护紧密相关，二者相辅相成、融会贯通。生态公民的培育是维护环境正义的重要手段，同时，环境正义的核心思想又为生态公民的培育和发展提供了价值观方面的引导。

三、培育环境正义的生态公民及重构人与自然的关系

上文已经提到培育生态公民对于维护环境正义的重要性,通过培育维护环境正义的生态公民,可以使他们的行动转化为自觉保护自然环境的低碳行为,还可以经由他们来影响更多人自觉成为生态公民,这样便会充分发挥人的主观能动性,尊重自然、顺应自然、保护自然,进而重构人与自然的关系。

而重构人与自然的关系,就是要使人自觉地尊重自然、保护自然,并顺应自然发展的关系,而不再像过去那样不计后果、不加保护地无度索取。在经济学中,人是经济人,追逐利益是其作为经济人而表现出来的。我们国家现在出现的雾霾等环境问题的影响加重,很大一部分原因是经济人属性驱动下的结果。

对于一些企业来说,盈利是其本质属性,节能减排无疑会降低企业的经济效益,在这种利益权衡下,牺牲环境似乎成为唯一保持经济利润的方式。而部分对企业负有监管权的有关部门,在传统压力型政治体制的影响下,地方 GDP 增长成为检验当届政府政绩的显著指标之一,因而又不可避免地对排污量较大的企业监督和行政处罚不到位,甚至"无法到位"。从根本上来说,这些企业和政府人员尚不具备生态公民的素质,无法从过去片面追求经济利益的发展道路中完全转变过来,也没有及时满足经济发展形势转为新常态时的要求。可见,通过培育环境正义的生态公民来重构人与自然关系是必要的,需要以转变上述企业和政府人员的观念为出发点,通过发挥人类的主观能动性来重构人与自然的关系,进而维护环境正义。对于当下将有些治污企业搬迁到偏远山区或经济发展落后地区的异地搬迁形式,实际上违背了环境正义。在污染本身并未减轻的基础上,对那些偏远落后地区的人们的生存安全也造成了威胁,有悖于环境公平正义。毕竟,生活在一个区域的公民应当具有同等的享受优质自然环境质量的权利。

为此,本书认为,主要可通过"意识""行动""法治"三个层面,来培养环境正义的生态公民,即先通过一系列措施培养出一批具有极高环境保护意识的生态公民,再通过这些人自觉自发地产生一系列有益于环境的行动,进而通过这些人去影响社会上更多的人。这里的影响可以在"社会网络理论"的指导下,先培育出一部分生态公民,之后"滚雪球"似的加速发展,在社会网络的影响下促使更多的人主动成为生态公民。

(一)从意识层面培育环境正义的生态公民

一是增强环境意识。随着现在极端恶劣天气的逐步增多,特别是雾霾已经确

实影响到了日常生活，人们对于恶化的生态环境已经有了防护意识。但是仅仅有防护意识还是不够的，因为许多人尚不清楚雾霾对身体真正的危害有多大，甚至还会在社交媒体上发表自嘲言论，这着实令人担忧。要在平时的新闻、杂志、广播、网络、报纸等媒介以及地铁公交的广告牌上投放大量有关环境保护的公益广告，使更多的人意识到当下生态环境恶化十分严重，意识到保护生态环境已刻不容缓，特别是对于恶性环境事件的危害（譬如雾霾）要如实向公众说明其成因以及危害，提醒公众做好防护措施，充分引起公众重视。

政府应该借助媒体平台，多宣传选择公共交通出行对改善环境质量的作用，同时也可以节省交通拥堵带来的时间成本。目前在社会上流通的共享单车就是一个很好的公共交通出行方式，也有许多人愿意通过这种方式出行，只不过目前由于监管还有其他的市场机制不完善，共享单车的推广和维护仍然存在一些问题，这需要投资的企业和政府合作，开发出更为完备的共享取用系统，防止一些人利用公共设施谋取私利。

由此，通过长期潜移默化的影响，可以使原来认为"环境与我无关"的人群大大减少，使更多的人开始具备"环境保护是关切到自身切实利益"的意识，并且开始主动采取一些行动来保护环境。因而，生态公民也会在这样一种宣传教育所营造的潜移默化的氛围中逐渐形成。只要多数公民受到影响而自觉成为生态公民，就会对重构人类社会与自然的关系提供必要的群体基础。

二是加大生态公民的校园培养力度。校园是培育生态公民的重要场所，尚在学校接受教育的青少年是一个国家和社会未来的希望。倘若能在学校日常教育中融入生态环境保护的理念，并且成立专门的生态公民培育基地，势必可以培养出大批具有生态环境保护意识的生态公民。这些群体离开学校后，会将其在学校中受到的生态教育带到社会上，让社会上更多的人接受生态理念。

因此，在校园中设立生态公民培育基地也是十分必要的，它可以通过丰富多彩的活动形式吸引学生参与其中，使学生从年幼起就具备环保意识，从而养成一个良好的习惯，这对重构人类社会与自然的关系具有至关重要的意义。通过学校教育可以改变一代甚至几代人的观念，观念的改变是重构关系的思想基础，也是实现重构关系行为的向导。

（二）从行为层面培育环境正义的生态公民

其一，增强公民在政府环境决策的参与度。倘若要重构人与自然的关系，不仅需要社会上普通的生态公民的努力，还需政府官员也成为生态公民中的一员，这样政府官员在做出涉及环境安全的决策时，就会更多地考虑社会公众的利益。

因此,增强普通公民在政府环境决策中的社会参与度,也是培育生态公民的又一大措施,这不仅是针对社会普通公民,也是针对政府官员,使普通公民和政府在相互交流互动的过程中共同想出应对环境问题的解决之策,这样一种社会积极参与的良性循环也是培育环境正义的生态公民所必需的,是激发普通公民参与到环境决策中来的积极意识的重要手段。

其二,加强公民对政府和企业环境行为的监督。这与前文提到的措施有相似之处。培育环境正义的生态公民,关键是要扭转普通公民的意识,因此强化他们对政府和企业有关环境影响行为的监督,是减少破坏环境行为发生的重要环节。由于政府监管部门难免会有疏漏,因此依靠公民的力量来对其监督,可使政府行为更有效率,也可使不法企业破坏环境的行为减少。对此,可借鉴西方"碳排放交易权"的经验,对污染企业征收合适比例的排污税,而对及时处理的企业可采取价格补贴的形式予以补偿,努力从源头上减少负外部性,并在这样的过程中及时向社会公开环境质量监测数据。

只有让公民感受到自己的监督对改善环境质量起到了切实的作用,他们的行为才会变得更加积极,长此以往,生态公民或可逐渐形成,人类对于环境的保护才能更科学有效。

其三,强化不同区域之间的环境交流与合作。环境正义的生态公民的培育还应当借鉴不同区域之间环境治理的经验,以及不同区域之间生态公民培育的经验,相互之间取长补短,这样才能发现当下生态公民培育的优势和不足,抓住其中的关键部分进行改进。毕竟环境是一个全球性的概念,大气、海洋都是流动着的,在生态环境愈发恶化的今天,任何一个国家和地区都无法独善其身,都必须加入到全球治理的行动中来,共同遵守全球性的环境公约。例如,日本的垃圾分类回收便是可以借鉴的,日本的公众将日常的生活垃圾按照星期、日期和不同的类别进行处理,我们也应该在平时的媒体公益广告中推广日本垃圾分类的经验做法,这样可以帮助民众逐步了解垃圾分类的知识,潜移默化地培养公众的责任意识,进而向生态公民转化。

所以,培育出具备全球化意识的维护环境正义的生态公民是有必要的,要主动与其他地区的生态公民交流,并推进区域间的环境事务交流与合作。只有把生态公民的培育和环境治理看作一个整体性的治理,才能从根本上重构人与自然的关系,使更多的人参与其中。

(三)从法治层面培育环境正义的生态公民

一是健全保护生态的环境型法律。这对重构人与自然关系意义非凡,是在源头上用法律的强制力,来保证个体的环境行为不触碰法律红线,让个体有意识地自觉保护环境。而保护生态的环境型法律以保护生态环境为宗旨,对涉及环境的企业或者个人行为进行约束和限制,这是保护生态环境的最高政策保障。法律制度是政策的最高表现形式,也是相对稳定的政策。只有相对稳定,才会在整个社会风气中起到约束作用;只有被约束,在涉及环境行为时行为主体才会顾忌到环境质量,而这种本能上的行为约束在潜移默化中也有利于生态公民的培养。换言之,环境法治的健全可以培养生态公民之自觉,是从本原上约束公民行为的合法化和合理化。

二是弘扬法治精神。环境法治不仅要确立,还要通过普及的形式来弘扬。弘扬环境法治,是通过法治这一具备明显约束力的形式来重构人与自然关系,普及环境法的同时也是告诫公众要摒弃旧时的有害于环境的行为,自觉保护环境,不要触碰环境法律的红线。在普法、弘扬法治精神的过程中,自觉维护环境的极具正义感的生态公民也将逐渐成形,并通过这些具备环境法律意识的群体去影响更多的公众,将其由小众化的行为转变为大众化的行为。

总之,党的十九大以来已经将生态文明建设与经济建设、政治建设、文化建设和社会建设置于同等地位,形成五位一体的社会治理模式,并且要把生态文明建设融入经济建设、政治建设、文化建设和社会建设的过程中去。因而,生态公民的培育对于提高我国生态文明建设的水平,有重要的现实意义。通过生态公民更积极主动地参与到生态环境领域的事务中来维护环境正义,从而重新构建人类社会与自然环境的关系。将生态公民作为一个重要的桥梁,让更多的公民成长为生态公民,自觉将绿色低碳、可持续的行动融入日常生活中去,并通过自身的行为产生更大的社会影响力,并带动他人的参与,使得在普通公民、政府与企业中都有一大批具有环境正义感的生态公民,这样在社会、政府、企业的合作治理模式下,我们的生态环境治理才能更有效,其中的环境治理政策在推行时才能有更大的助力。

第五节 公民伦理的承认及稳步实践

公民伦理的可能性出场,紧密关联着公民伦理与当代中国社会的生成式关系。这种道德规范的承认既是一种行为标准的确定,又是可接受的公众共识的凸显。对公民伦理的自主式承认作为现代社会构成性的有效要求,创造了一种新的文化认同。厘清公民伦理的边界与范围,才能知晓公民伦理的应用价值,才能真正达到自主式承认公民伦理以促进社会正义的效果。对于公民伦理有效道德体系的建构,在东方中国哲学本土化的境遇中辩证地审视儒家伦理的思想,立足于寻求本根性的思想资源,进行有效的实践、创造与形塑。因此它是一种可信赖的道德哲学,在公共理性层面成就自洽式存在。中国社会自生的公民伦理如果能够得到自主式的承认,它是生成于市场经济的土壤,并以其自身规律伴随市场经济得以形塑。公民伦理是与市场经济生活相适应的道德规范,而市场经济是与公民伦理相匹配的经济形态。一个具备健全进步体制的法治社会,以公民伦理的承认与实践为基本路径,既能有效地创造一种保持公民伦理之道德价值的刚性空间,又能使这种道德规范保持开放态势,形成公民伦理的道德权威对个体交往的规范作用。

　　随着当代中国经济社会化程度愈来愈深,社会分化的多元化趋势使阶层集团利益矛盾剧烈化,依法治国与以德治国的融合成为一个国家现代化治理体系的必然选择。而从意识习惯、道德伦理再到法律体系,在一种平等理念的构造上需要植入在尊重多元化历程中保护自由公平的观念。"如果有着不同信仰和忠诚、有着不同真理和幸福概念的人民同样受到法律的保护,或者在他们违反法律时受到同样的惩处,那么,这样一个现代国家就是合法化了的。"[①]若作为群体的人民自主地选择了自己刚性制衡的法律,那么在相当程度上作为个体的公民就能自觉信守软性约束的伦理。与此相关,一种生长于当下中国社会界域的公民伦理从政治意识形态相对温和的社会状态中生成出来,表明治理理念相对进步、治理能力相对成熟、治理局面相对开明的状态,它一方面使私人领域已越来越多地从原本不属于它的公共领域中析分出来;而另一方面又表现出它与公共领域相互渗透的趋势,新出现的一些社会关系已不再可能由泾渭分明的私人道德与公共道德分别加以调整。而立足于公领域与私领域的融合,对基于中国情境的公民伦理的自主式承认,则包含了私人道德与公共道德在处理公民与陌生他者之间相互关系部分的探析,表明了公民融入社会生活规范的明确及叠加。在社会共同体的集体承认之下,公民伦理稳步实践的立足点既不是公共权力,也不是简单的个体权利,而是兼顾群己利益的所在,或者说是以倡导公民自由权利的自律性为基础促进社会公正达成的秩序性,最终落实尊重相互对立的公权关系和私权关系的一种协调和统一。

---

① [匈]阿格尼丝·赫勒:《现代性理论》,李瑞华译,商务印书馆2005年版,第278页。

一、公民伦理与当代中国社会

公民伦理的可能性出场,紧密关联着公民伦理与当代中国生态和谐社会的生成式关系,它是一种自洽式吻合,还是悖论式存在呢?这是一个需要审慎分析并深入论证的问题。

我们相信公民基于公共交往生活规范的需要,是公民伦理存在的前提条件;对健全生活与完善德性的推崇,是公民伦理存在的情感基础。着眼于公共领域美德的培养,何谓公民伦理,这是一个仁智交锋的问题。"是否可以说,公民伦理是人们在公共生活或公共交往中可以相互地提出的那些有效性要求,即诉诸对于他人的恰当的尊重的态度和出于这种态度的恰当的行为习惯?"①那么立足于公民理性的存在与社会交往正义的塑造,公民伦理是每一个公民作为共同体社会的成员,在相互交往的公共生活中对待一般他者的生活规范。公民伦理所体现出的恰当的态度和行为习惯,只有在公民以平等的政治地位在共同体生活中有效地参与公共事务时才能形成。

可见,公民伦理是一种表现公民德性品质与民主社会理念的道德共识。"道德共识,是对某一确定范围内道德'公度'(common measure)的共同认可。因此它意味着存在某一种可普遍化的和可公度的道德。"②在诉诸公共生活中恰当对待他人的态度与行为上,公民伦理是归根于人类社会基本道德生活的共识,是基于公民之间平等商谈与民主对话的道德共识,是公民在社会实践的交往层次所形成的普遍的道德共识。

若承认公民伦理在当代中国社会的出场是一种可能,这首先基于肯定伦理的客观性。当代中国社会需要一个合理性的道德规范,并且能够体现出对这种道德规范的承认。这种道德规范的承认既是一种行为标准的确定,又是可接受公众共识的凸显,而且立足于对每个公民自主人格与道德自主性的尊重,公民伦理是一种自愿认同的产物。它不仅来自公民个人的承认,更需要社会共同体的纳入与接受。

这里需要思辨并跨越一个悖论式的存在,儒家伦理是否构成了中国社会公民伦理的障碍?有一种观点认为,缘于精神资源的匮乏、历史语境的尴尬、文化类型

---

① 廖申白:《交往生活的公共性转变》,北京师范大学出版社2007年版,第238页。
② 万俊人:《寻求普世伦理》,商务印书馆2001年版,第30页。

的矛盾、社会形态的不良,希图从中国传统社会的儒家伦理中过渡转化出现代社会的公民伦理显得困难重重。尽管儒家人伦思想中有一些可资借鉴的并有利于社群秩序、公民生活的伦理资源,但在内涵功用与价值理性上,却殊少看到它与公民伦理的自由、平等、公正之德性与透明之特质相接洽的可能。中国传统的乡土社会还是与开放畅通的公民社会模式显得有隔阂。因此在一个臣民文化浓厚、等级壁垒森严的国度去构建当代中国社会的公民伦理既显得迫切,又显得艰难。

从精神内涵分析的层面来看中国传统社会的儒家伦理,它强调君臣父子的儒学之名,它是一种规范、义务与行为要求;而儒家的修齐治平之道则是个人修身与国家治理的结合。但它与现代社会的民主科学之道则相差甚远。外王的治国平天下在道德理性与制度规范上推不出的民主的实践。这也可称之为制度的自我坎陷。

从常识与习惯的意义上,公民伦理作为民主政治和公民国家的道德情感基础,也是中国这个东方民族国家可以借鉴和吸收的。它自然与血缘纽带、宗族关系、地域属性相分离,与家庭伦理相分离,但从对普遍正义的遵守上,它也是属于自然法形成的联合。

更关键的是,对公民伦理的自主式承认作为现代社会构成性的有效要求,创造了一种新的文化认同,一种与族群意识、族籍身份相分离的政治价值认同。但这是在一个区别于家庭或朋友圈之外处理社群交往与人际行为如何规范性的准则。也可以说是在传统中国五种人际关系:君臣、父子、夫妇、长幼、朋友之外的第六伦关系,它是处理陌生社会公民相互之间关系应该如何的规范。第六伦是一个新的社会公共生活的维度,也是这个世界上正常国家社会生活交往的基本范畴。在一个相对单一的社会生活体系中,传统的五伦已足于概括;而在一个杂多的现代社会关系范畴中,传统的五伦已难以全面把握一个扩展的公共领域。

厘清公民伦理的边界与范围,才能知晓公民伦理的应用价值,才能真正达到自主式承认公民伦理以促进社会正义的效果。在一个充斥着陌生人的现代社会,必须依据正确的公共理性,需要稳定的社会秩序配合,创造新的意义系统。可以说公民伦理是一种匹配这种意义系统及公共政治参与的获得性品质。在此,公民伦理不仅仅是一种角色道德,而且也是系统化的社会正义精神的折射。公民伦理不是抽象的道德理性凝聚,也不是形而上的意识形态,它存在于持续的历史演进之中。可见一个充满仁爱与理性内涵的公民伦理也必将支撑出这样一种社会:社群成员之间出于爱心、感激、友谊和尊敬,相互间提供必要的协助,勇于呈现勇敢、节制、智慧与公正四大传统德性,社会所有不同成员都彼此尊重并相互宽容,平等和睦地被一个善的共同体所吸引。

对于公民伦理有效道德体系的建构,在东方中国哲学本土化的境遇中辩证地思考儒家哲学的思想,立足于寻求本根性的思想资源,在思路的借鉴上可审视美国伦理学家蒂洛的基本设想:"(1)应当以理性为基础,而又不缺乏感情……(2)应当具有尽可能多的逻辑的一贯性,但又不是僵硬不变的……(3)必须具有普遍性,能普遍地适用于全人类,又能应用于特殊的个人和情况……(4)应能向别人讲授和宣传……(5)必须能够解决人与人之间、各项道德责任和义务之间的冲突。"①因此,当代中国社会的公民伦理是需要以普遍的道德理性为基础,在呈现扩展式的公共交往活动中,形成公民相互之间的交往理性。

因此,当代中国社会的公民伦理是现代视域下的公民伦理,是一种可信赖的道德哲学,它可在公共理性层面成就自洽式存在。它也将是华夏文明世界整体现代化进程一个不可或缺的组分部分。它的目标是创造一套理性的道德体系,将"好的生活观"、正确的人际交往规则与合理的公共生活规范结合在一起,在承认的伦理框架中超越的悖论式存在,自主完善人类作为公民个体交际行事的行为模式。

二、公民伦理与市场经济

对公民伦理的承认是一个由公民所组成的充满活力的人民群体存在的实然,是一个正义国家的政治合法性的必然,也是一个从侧重情境式相对主义模式的道德观念体系走向适度之绝对主义模式的道德观念体系的应然。

中国社会自生的公民伦理如果能够得到自主式的承认,它是生成于市场经济的土壤,并以其自身规律伴随市场经济得以形塑。它与市场经济的关系,既体现在水乳交融的彼此融合,又体现在彼此分殊的相互差别;这种差别是一种内在属性上的分殊,二者的相互区别体现为:首先,公民伦理的主体是公民,而市场经济的主体是厂商和顾客;其次,公民伦理讲究利他原则,市场经济讲究自利原则;再者,公民伦理是以公共交往中的道德调节机制作为其运行机制,市场经济则是以等价交换的价值原则作为其运行机制;还有,公民伦理的领域是涉及社会公共交往生活中的公民与公民、公民与社会、公民与国家的关系,市场经济则是关联商品的生产、交换、分配及流通的经济配置的领域;最后,公民伦理的目的体现为公民

---

① [美]蒂洛:《伦理学理论与实践》,孟庆时等译,北京大学出版社1985年版,第136页。

自由与社会秩序的平衡,市场经济的目的体现为社会资源的优化利用与社会利益的最大化。所以二者其实质的分殊体现为:公民伦理所强调的是道德人,市场经济所凸显的是经济人。

公民伦理与市场经济的关系,还体现在紧密关联的相互作用上。若将社会生活的伦理方面和经济方面分离开来,不仅将造成道德机制的缺位,而且将带来经济生活的无序化。市场及市场经济的关系是人类社会生活中的一个重要方面。它与公民的伦理生活及社会关系领域发生密切的联系。二者的紧密性可以体现为两者之间存在着一种互惠互动的关系,公民伦理是与市场经济生活相适应的道德规范;而市场经济则是与公民伦理相匹配的经济形态。

人在追求自身利益最大化的过程中,需要付出必要的道德节制,否则,欲望的膨胀在无度的利益攫取面前只能埋葬个人的身名。毕竟人的经济需求与道德节制在此需要达到一种有效的平衡。在此,公民在社会公共生活中所表现出的克己利群的道德理性,远甚于在市场经济领域内"以最小的成本换取最大的收益"的经济理性。

中国社会的公民伦理,不仅有助于公民个体以公共理性为宗旨,从一个经济领域中"自利者"自觉地向道德领域的"利他者"转变,而且它以道德的规范性保证每个人在市场经济生活中获得平等的经济主体地位,从而在公平竞争的市场经济氛围中获得其应有的地位;而商业自由在道德自由得到保护的宪政制度中自然也会得到保护。

当然,经济原则也影响伦理原则的建立,诚如管子所云:"国多财则远者来,地辟举则民留处,仓廪实而知礼节,衣食足而知荣辱,上服度则六亲固,四维张则君令行。"[①]一方面,有什么样的经济基础及生产力发展水平,就有什么样的伦理规范及社会意识形态,中国社会的公民伦理作为当代中国社会的公共生活规范,是有其经济根源的,它是由当代中国社会的生产力发展水平所决定的;另一方面,伦理规范对于经济具有相对的独立性,它也不同程度地影响或制约着经济的发展。这种反作用表现为或推动、或阻碍、或改变经济发展既定方向的三种情况。

市场经济因素是形成公民伦理的基础与推动力。市场经济有助于一切有关社会生活的资讯能力和才智的发展,有助于公民了解与把握相关信息。市场经济主张企业、经济和社会作为一个整体能够去协调一致地运作,并会对社会舆论、道德习俗与内心信念产生极大的影响。在公民的现实物质生活条件下,公民的经济

---

① 《管子·牧民·国颂》。

社会活动都是在市场经济领域内发生的。我们注意到冷酷的商品关系已在市场的推动下普遍化,甚至衍射在人与人之间的相互关系上。市场的能量与作用越来越大,市场经济化也带来了一系列的社会问题。在体现价值规律的市场竞争中,人成为营利的工具。一切不具备能力、不符合竞争需要的个人都可能被市场无情地抛弃。而公民伦理的情感态度则能够对此提出纠偏的可能。为了有效调节这种利益关联,公民伦理就是公民在这样一个陌生社会用来调节与陌生他者相互关系的行为规范。

市场经济生活培育了市民社会的结构,或者说市场经济是生成市民社会的基础;它也使之形成政治国家与市民社会之间的良性互动关系。现代政府的权力是有效的并且也应是有限的。有限制的政府提供了保障个人权利和促进社会大众福祉的基础,政府并不是万能的。政府行为必须合法,不得越过权力的边界。有限政府还表明政府的行为有自己严格的活动空间,不是任何领域都可以进入和干预。政府必须将它所具有的能力集中于它能够而且应该完成的任务。市场经济生活中的政府作为守夜人,是我们这个大家庭的护卫者,也是保护人民财产和权利的工具。我们所乐见的政府是有限责任政府,而不是无限责任政府。有限责任政府是精干而有力的,无限责任政府则往往是庞大而软弱的。如果不对政府的权力加以限制,如果政府的权力行使缺乏标准,那么对社会发展以及人民的权益必将造成损害。可见,经济结构决定伦理结构,市场经济塑造了公民伦理的灵魂。

公民伦理在道德形态上实现了哈贝马斯所谓的哲学范式的转换。从一种标榜自我向度的"主体哲学",向一种标榜交互向度的"主体间哲学"的转换。在市场经济汹涌澎湃的呈现普遍式交往的经济活动中,公民所面对的复式交往关系需要基于公共生活的公民伦理来调节。在市场经济复杂的利益关系中,中国社会的公民伦理是一种非强迫性的道德共识,公民之间通过自由、平等的对话和商谈,在"主体间性"中以一种道德规范的杠杆创造"理想的交往情境"。

三、公民伦理与法治社会

公民伦理的承认,若有一个重要前提在于市场经济的土壤,那么其实践的发展则离不开法治社会的存在。在论及公民伦理与法治社会之关系时,实际上也触及公民与国家的关系。公民是诞生在法治社会的状态之内。因为在一种处于良性统治的国家状态,法治的宪政创造了公民在法律意义上的可能。卢梭认为,建立在社会契约上的国家,其主权即最高权力属于全体人民。在民主主权的国家里,每个人都具有双重身份,对个人来说他是主权者的一员,而对主权者来说他是国家的一员,因而统治与被统治只有相对意义。① 公民处于其自身力量所支配的自主性之间,也就是处于其自身的权利之内。

从个人的自主性到作为国家之公民的自主性,在宪政的法治状态保证社会秩序的前提下,公民伦理不仅是必要的,而且是可能的。社会共同体成员按其意志组成国家,国家以公共理性为根据制定社会成员共同遵守的法律。

可能在自然状态的条件下,人皆按其本性法则生活与行事;而在法治社会状态下的公民伦理,则不仅仅着眼于公民自身的利益,而且着重强调他人的利益与公共社会的利益所在。一个完备的法治社会形态,不仅需要有健全的宪政法治来管治,而且也需要充分的伦理规范来配合。法治的基本精神是社会依据广为大家所了解与接受的规则进行管制,法律是社会运行的基础与保证。不仅广大公民必须遵守这些规则,而且享有权威的人也应该遵守。管子说"不法法则事无常",而希图政治进步与安定,则必须恪守制度,厉行法治。人人遵守法律,法律保护人人。国家活动的范围以及人民自由活动的范围,均依照法律的规定为限制。

因此依靠公民伦理作为道德基础的法治社会,不仅可以保障公民的权利和平等,而且也是公民自由的基石,因为人们唯有服从自己制定的法律才是自由的。自由是有边界的,其界限就在于法律的规定。任何人都不能凌驾于法律之上,所以只有在法治社会下,公民才能拥有其存在的责任土壤及与其身份相应的权利义务。而且在此状态下,每个公民所享有的自然权利并没有消失,相反,它得到宪政法律更充分地保护。每个公民的自主意志不仅受到尊重,而且每个公民也遵守出于集体意愿表达的国家意志。国家的意志被等同于全体公民的意志。

法治社会的建立在一个健全国家的意义上,也是一个道德自觉和集体共治的共同体。国家若是人民自由结合的产物,是社会共同体力量相结合的一种形式,国家的法律等同于公民内在理性的指令。凭借公民伦理支持的社会共同体,是为了克服共同的恐惧,保护公民的自由、财产和人身的安全,创造一个有秩序的公共生活环境而集合在一起。为了更便于健全地生活,其条件是人人无例外地遵守社会契约。

中国社会公民伦理的形成,则是对公民守法的道德承担加持其道德理性之意志力的贯注。社会共同体成员必须寻找一种生活规范的形式,使它能够以道德的力量来保证个人的人身和财富安全,又能够使每个结合者不丧失自由和平等。中

---

① [法]卢梭:《社会契约论》,何兆武译,商务印书馆1982年版,第35页。

国社会的公民伦理就是这样一种形式的道德机制。公民伦理与法律一样,必须是一种"公意"的反映,它实则起到了一种道德契约的作用。"公意"是国家的灵魂,它以公共利益为依归,以广大公民的利益为立足点。

中国社会公民伦理的法律维度要求公民基于相互性的立场来感同身受地遵守法律,以交往的基本准则维护社会秩序。如果说公民个人在私领域行使其本人意向生活的权利是合理的,那么公民个人在公领域按照其本人意向生活的权利则就不尽然是合理的。在一种相互性的有效要求中对公民伦理的建构能使个人摆脱局部性、领域性的道德的局限;而在一个完备的宪政秩序之中,公民不再仅仅从个体"私人性"的立场出发,而是从共同体的良知决断出发,是与法治社会相配合的"道德共识"。

总之,一个具备健全进步体制的法治社会,以公民伦理的承认与实践为基本路径,既能有效地创造一种保持公民伦理之道德价值的刚性空间,又能使这种道德规范保持开放态势,进而形成公民伦理的道德权威对个体交往的规范作用。

第八章　生态和谐社会的建设困境

第一节　工业社会的环境风险

由于传统工业文明单向度的发展,产生了越来越多的环境问题,环境风险这一概念随之被提出。环境风险的概念首先起源于工业化程度较高的国家,对于环境风险的认识与规避可以有效避免现代社会旧工业发展给环境带来的危害。环境一词在英文中是"environment",由动词"environ"延伸而来;英文中的"environ"源于法语中的"environner"和"environ",法语中的这两个词又源于拉丁语中的"in (en)"加"circle(viron)"。这些词的含义都是包围、环绕的意思。《袖珍牛津英语词典》对"环境"一词的解释是"环绕任何事物的物体或区域"。《韦氏新大学词典》(第9版)中"环境"一词的含义是"环绕的情况、物体和条件"。可见,"环境"一般是指围绕某个中心事物的外围世界。而风险就是"人们在建设和日常生活中遭遇能导致人体伤亡、财产受损失及其他经济损失的自然灾害、意外事故和其他不可预测事件的可能性"。环境风险有广义和狭义之分。广义的环境风险是指在自然环境中产生的,或者是由人类的工业建设、农业建设等活动引起的,通过对环境的影响,使环境产生一些问题;而狭义的环境风险一般是指人为造成的,或者是人为的作用造成某一方面的改变,通过环境的放大以及关联作用反映出来。

工业社会的来临是人类文明史上的一大进步,但工业社会所造成的对环境的破坏同样也是前所未有的。工业革命将人类的生活带入了一个新领域,人们的生活水平在逐年提高的同时,大气中的污染指数也在逐年增加。据资料显示,自工业革命以来,由于人类大量使用石油、煤炭等矿物燃料和农用化肥等,导致大气中的"二氧化碳浓度增加30%,甲烷增加145%,一氧化二氮增加15%,气温也因此升高了 0.6℃"[①]。从下图的统计结果可以看出,随着工业化进程的加速,各种环境问题接踵而来,其中车辆尾气已成当下城市环境问题的主要诱因。

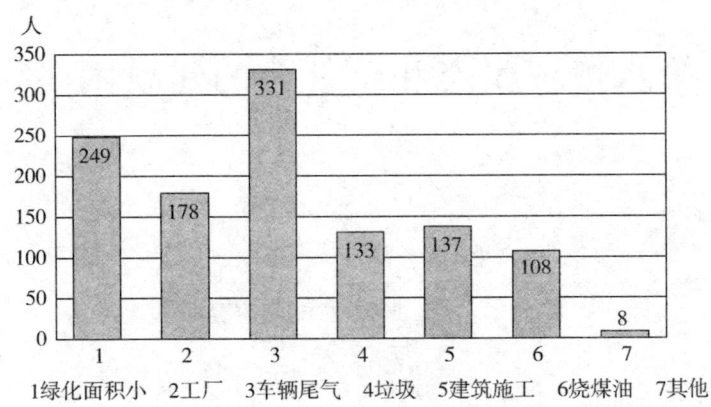

图5 对生存环境造成不良影响最为严重的因素

总之,在普遍的工业社会中,环境问题没能引起人们足够的重视和注意,可持续发展问题在工业社会是很少被提及的,环保问题不可能上升至全球高度,从而大大提高了工业社会的环境风险。

第二节 气候变化的全球危机

毋庸置疑,全球气候变化已经成为人类目前面临的最大问题。化石燃料的大量燃烧,温室气体的无节制排放,森林的过度砍伐,使全球气温急剧上升,导致了许多灾难性的后果。气候变化是指一个特定地点、区域或全球的长时间的气候变动。气候变化的原因可能是自然的内部进程,或是外部强迫,或者是人为地持续对大气组成成分和土地利用的改变。在地质历史上,地球的气候发生过显著的变化。影响气候变化的因素有很多,其中人类活动极大地改变了大气中的碳循环状态,特别是工业革命以来,大量森林植被被滥砍滥伐,化石燃料的使用量也以惊人的速度增长,人为的温室气体排放量不断增加,这些都导致了气候明显变化。

现如今,低碳消费运动正在世界各国蓬勃兴起,全球正日渐形成一种"保护环

---

① 佘谋昌、王兴成:《全球研究及其哲学思考——"地球村"工程》,中共中央党校出版社1995年版,第177页。

境,崇尚自然"的生活风尚。"回归自然""与自然和睦相处"是当今一个深入人心的口号,并形成了一种回归自然的潮流。当然,这种回归并不是简单地回到原始状态,而是各种崇尚自然、与自然和谐相处、协调发展意义上的回归,是人们采取有利于环境保护,顺应自然的生存方式。在对社会发放的409份问卷中,针对市民使用塑料袋和一次性餐具两项做了统计,结果如下:

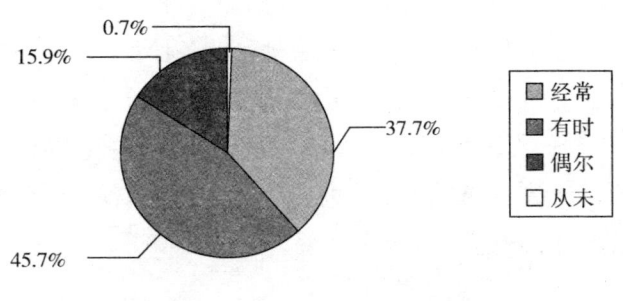

图6 公民使用塑料袋情况

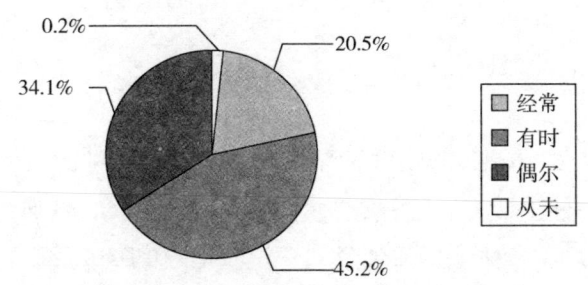

图7 公民使用一次性餐具情况

由此可见,我国公民的低碳意识还有待加强,对于塑料制品和一次性用品的使用数量仍占据较大规模,行为方式尚需一定的规范。低碳的消费方式可以节约各种资源,例如节约水电、垃圾分类、环保家电、限塑、使用无磷洗衣粉等绿色低碳的生活方式对于缓解全球气候变化的压力有着重要意义。

第三节 离弃自然的生态灾难

生态破坏成了现代社会发展的沉痛代价,工业革命之前,人类的生产力水平低下,对自然的影响程度比较小,人类社会实践仅仅被看作是自然的延伸。在现代社会中,人类与自然的关系演变成了占有与控制的对立关系,近 50 年来人类对自然界的破坏甚至超过了人类有史以来 20 万年的总和。我们这个时代所遭遇的现代化困境,迫使我们不得不思考如何才能摆脱现代性的困扰。现代性理论将人类生产实践过程对自然的破坏当作微不足道的外部性效果来看待,视生活环境的污染为合理。摆脱现代性困扰的实质就是要摆脱现代性人类中心主义的歪曲,将人类连接到自然的基础上,视自然为一切人类行为的母体,修复现代性的碎片。

近几年来,生态灾难频发,世人一直在遭受着各种各样的生态灾难威胁,如干旱、洪涝、暴雪、地震等,地球和人类社会都面临着严重的生态危机。这些现象产生的背后大都与人们滥砍滥伐、肆意污染、盲目开采等离弃自然的行为密切相关,人们的强行介入与所处生态系统不适宜的资源利用方式酿成了诸如湿地锐减、水质污染以及森林退化等诸多生态灾变。

第四节 唯物质主义的增长警示

对于唯物质主义概念的定义,学者们的侧重点各有不同,《牛津英语词典》上将唯物质主义定义为"热衷于物质的需求和欲望,忽视精神的东西,是完全以物质兴趣为基础的一种生活方式、观点或倾向"[1]。此外,Belk 将唯物质主义定义为"消费者对世俗财物所赋予的重要性"。[2] Richins 和 Dawson 认为唯物质主义是"一种强调拥有物质财富重要性的个人价值观"[3]。唯物质主义通过支持"大量生产、大量消费、大量废弃"的现代生活方式导致了全球性生态危机。因为大量生产和大量消费的行为方式所诱导的人类欲望将超越地球生态圈的承受限度,而大量废弃物所形成的垃圾将超越生态系统的自我修复和转化限度,结果必然造成自然环境的破坏和生态环境的污染。

在唯物质主义思想的影响下,整个生态系统承受着巨大的压力并持续遭到破坏,人们的健康生活受到影响,深陷在生态危机之中。从生态学的角度来看,这种

---

[1] James Roberts and Aimee Clement, Materialism and Satisfaction with Overall Quality of Life and Eight Life Domains, *Social Indicators Research*, Vol. 82, No. 1, May 2007, p. 27.

[2] Aaron C. Ahuvia and Nancy Y. Wong, Personality and Values Based Materialism: Their Relationship and Origins, *Journal of Consumer Psychology*, 2002, p. 389.

[3] Richins M. L. and Dawson S., A Consumer Values Orientation for Materialism and Its Measurement: Scale Development and Validation, *Journal of Consumer Research*, 1992, pp. 303–316.

唯物质主义发展模式所带来的经济进步是片面的,而对生态环境的恶劣影响却是持续的。环境污染和生态破坏也随之加剧,人类的健康日益受到威胁,自然界其他物种数量锐减,有的生物甚至已经灭绝。在人类生态环境日益恶化、资源日益短缺的今天,只有将"大量生产、大量消耗、大量废弃"的传统经济发展模式做出根本性变革,以资源的高效利用和循环利用为核心,以"减量化、在利用、资源化"为原则,以低消耗、低排放、高效率为基本特征,才符合可持续发展理念,从而实现环境与经济的双赢。

第五节　单向度发展模式的问题

全球环境问题已经成为众多政治问题的一个重要方面,因此,要想从根本上解决生态问题,就需要讨论其内在的模式问题。"向度"(dimension)一词可译作"方面""维度"。"单向度"是指一种丧失否定、批判和超越能力的发展状态。20世纪60年代以来,随着绿色运动的兴起,环保理念逐渐深入人心,人们的生态意识得到进一步增强。其所蕴含的价值观正在悄然地重塑人的心灵,并催生出一种新的公民身份类型的出现。同时,由于农耕文明的"依附型"不断被摒弃,工业文明的单向度发展模式不断被反思,在当今全球生态危机背景下,人们对生态价值的重视和对生态精神的渴望正在持续发酵。在当今时代,发达国家中的一些思想家已经注意到"科技理性过度膨胀"这一社会问题。马尔库塞在《单向度的人》一书中尖锐地指出,在当代发达工业社会里,由于科学技术的高度发展和生活水平的提高,人在技术控制和物欲的操纵下,只是"作为工具,作为物而存在",变成了只有物质追求而没有精神追求的单向度的人。过去,人们往往以为只要充分利用科学技术,发展就可以无限制,自然界似乎是难以穷尽的百宝库。现在猛然发现事实并非如此,自然界也是相当脆弱的。若无休止地发展下去,人类欲求的无限性必然与自然供给人类欲求的稀缺性产生极大的矛盾。这些矛盾最终必然打破发展与生态、科技与生态、消费与生态、人口与生态之间的平衡。人类与其他社会领域的平衡发展,特别是与自然的和谐发展几乎关系到生态安全与人类本身的存亡。社会发展与生态发展其实一样,发展不只是单向度的平面发展,而是多向度的立体发展,必须是统筹城乡、统筹区域、统筹经济社会、统筹人与自然、统筹国内和国外等综合性的发展,目的在于促进经济、政治、文化和社会各个层面、各个环节协调和谐发展,推进生产力和生产关系、经济基础和上层建筑全面进步,使发展的目的性与规律性有机地融为一体。而科学发展观的核心是以人为本,除了强调社会意义上的以人为本,还蕴含了以自然为本、以生态为本和以环境为本的内容,加强生态道德教育,最终有利于人与自然的和谐发展,也是科学发展观的内在要求。

第六节　生态和谐社会的主体人群

何谓生态公民,必须从对生态人的追问开始。人是生态公民形成的基体。人能够进行理性的自我治理,是公民之概念成立的基础。没有人,不可能有公民;没有生态人,当然也就更没有生态公民。而生态公民之概念的出现,打破了启蒙运动以来,只有人——而非生态群落才是公民权益与义务之可能对象的狭隘认识。生态公民之概念的提出,有利于人自身形塑生态观念完备的地球公民。这是一种生态观念承认的需要,赋予个体以公民身份所内含的自主性与生态政治能动性。为了进一步了解生态公民概念的普及性,我们在面向社会发放的409份调查问卷中设计了生态公民概念在社会公众中的认知度一项,反馈结果如下:

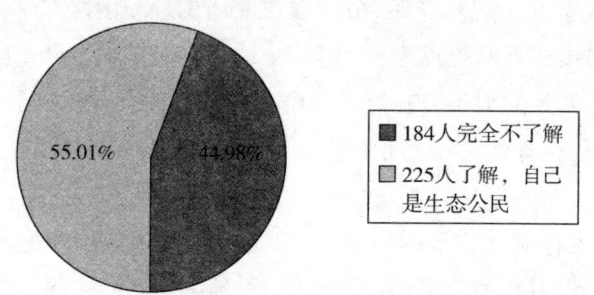

图8　公众对生态公民概念的了解

由此可见,生态公民数量已经超过半数,生态公民身份的普及让人们对于生态公民这一群体有了更为深刻的了解。公民与我们通常所说的老百姓不同,公民是独立的、参与的和行动的。作为生态公民,不仅享有法律所赋予的环境权利,更需要用自己的独立人格去参与和践行与这些权利相对应的环境责任。从"公民"的缺失,到公民概念的确立和普遍使用,再到"生态公民"理念的提出,无不体现着人类社会发展中公民文化的渗透。公民概念的提出是建立在民主政治基础之上的,它标志着人由自在自发的自然状态走向自由自觉的主体存在状态,它的特点是主张自由选择、自主创造和自我负责,力求以理性自律取代外在强制。以公民概念为基础,以社会问题为背景,人们将公民与人相区分,将生态与公民相融合,提出了"生态公民"一词,以高度的角色意识表达了公民的社会责任感和公共精神。

生态公民是没有国界之分的,这是因为生态环境问题已经成为全球性的问题,与一国的经济实力强大与否无关。发达国家采取的一些经济贸易政策,亦会造成发展中国家生态的失衡。从根本上来说,要建构生态和谐社会,首要任务就是培育拥有主体性人格的生态公民。从此次面向学生的调查问卷反馈情况可以看出,大多数公民是仍然认可"天人合一"思想对于生态公民主体性以及生态和谐社会建设的指导意义的。

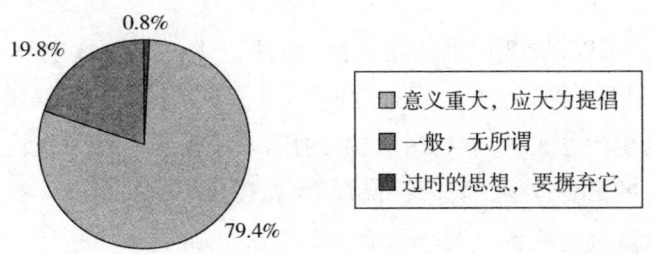

图9 "天人合一"的思想对于我们生态和谐社会的建设意义

除了儒家"天人合一"的思想外,道家"道法自然"的哲学命题亦是生态文化体系的重要组成部分。在"山水之乐"中实现人与自然的和谐,与自然万物融为一体,和谐统一。老子说:"人法地,地法天,天法道,道法自然。"在对待自然万物的态度上,应该能够顺应自然之性,适时节度,是谓"与天和者,谓之天乐"。老子认为维持生态系统平衡,保持天长地久,就要效法天地万物厚德载物的"无私"之心,发扬"圣人后其身"的无私美德,至此便可以既保全天地之长久又能保全自身利益。

在生态社会中,人与自然的和谐协同守护着人与自然关系的和谐,维护着生态的平衡,使人类社会与自然界完成了本质的统一,形成了不可或缺的生态系统。因此,生态社会在为生态和谐提供环境依托的同时也对人与自然和谐关系提供了担保,只有生态社会才能实现人类社会与自然世界的协同进化。从此次社会调查结果来看,我国公民生态意识相对淡薄,对于环保活动兴趣不够浓厚,主要存在四点原因,即缺乏足够的环保意识,对环保认识不足;有"搭便车"心理,希望别人多出力;犹豫不决,忌惮会影响切身利益;认为是政府和企业的事情,与自己没有关系。其中,缺乏足够的环保意识已成为大多数公民在环保问题前停滞不前的主要阻碍因素:

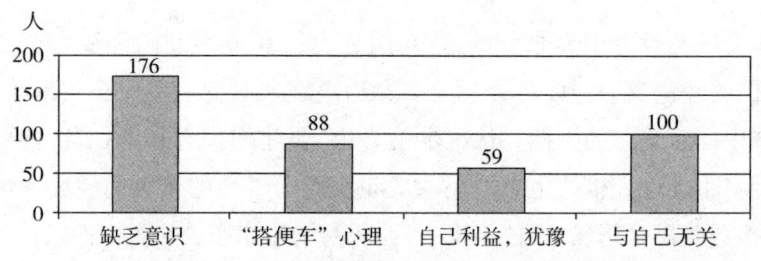

图 10　公民在参与环保上存在的主要问题

其实,人们可以以各种不同的方式参与到保护环境的事业中来。就范围更广的公众来说,如果能够确立生态保护意识,从日常生活的一点一滴做起,贯彻有利于生态保护的生活方式,如节约用水、节约用电、不使或少使一次性用品,这些都是对生态保护的重要贡献,同样是可敬的生态公民。通过走访调查,我们总结了四种最为公众所接受的参与生态环保事业的方式,即开展主题活动,加深环保意识;结合家庭社区强化环保意识;通过立法予以保护以及加大宣传力度,让大家了解生态环境保护的积极意义,普及科学知识,改变社会观念。保护生态是一种利人利己的行为,是一种社会责任的体现,仅仅依靠政府而没有公众的普遍参与是不可能真正解决生态问题的。

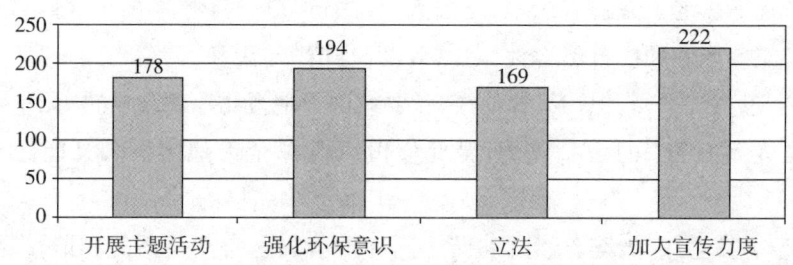

图 11　鼓励市民积极参与生态环保事业的措施

总而言之,生态公民作为生态文明建设的主体,已经成为全球维度的群体,不论是社会发展程度较高的国家,还是正在建设中的发展中国家,都在呼唤生态公民的到来。生态公民可以将人类社会带入文明的更高层次,作为生态结构的调控者,生态公民对自然能够负起天然的道德责任,创建人与生态环境共赢的生态文化价值体系,进而实现人的全面而自由的发展。然而,只有当公民的环保行动得到好好呵护时,他们才能成为理性和积极的生态公民。生态和谐社会需要处理生态公民和天、地、事、物之间的关系,要协调、整合好自然和社会、有形和无形、物态和生态间的系统关系。生态文明则是生态公民对待和处理自然生态和人文生态关系的精神境界。

第九章　生态和谐社会的目标取向

生态和谐社会伦理范式的构建是涉及自然、社会和人的艰巨复杂的系统工程,生态和谐社会的构建不单是指人对自然态度的转变,而且也是指在这种发展模式中人与人、人与社会之间的和谐与文明,是一种多向度的和谐共生。生态和谐社会的目标取向就是要构建一种包括文明社会、现代社会、公民社会、和谐社会以及生态社会的多维度价值取向的社会。只有这样,我们生态和谐社会的构建才是全面的、健全的与可持续的。

第一节　自然系统健全的文明社会

一、自然系统的基本概念

"生态系统"概念是英国生态学家亚瑟·乔治·坦斯利首先提出的。生态系统是由各类无机物与有机物共同组成的生物系统与环境系统,它是具有一定结构和功能的不断更新变化的开放系统。具体而言,生态系统是由"人—社会—自然"所共同构成的复合系统。在这里,人是主体,生命和自然界也是主体,人、生命和自然界之间是一种共生共存的有机体组合。自然系统有广义和狭义之分,广义的自然系统是指物质世界的一切系统;而狭义的自然系统是指由自然力而非人力形成的系统。我们所研究的生态和谐社会,是在广义自然系统中的生态系统的构建。但由于社会生态子系统的存在,加之人类对自然界的改造,便出现了"人化自然",在社会的发展中,单方面顾及了社会生态系统的发展,却对自然生态系统造成了难以修复的危害,这是与构建生态和谐社会的宗旨相背离的。

二、文明社会的提出

文明是与野蛮相对的。《全球通史》的作者斯塔夫里阿诺斯说:"文明的特征包括:城市中心、国家政治权利、纳贡或税收、文字、社会分化为阶级或等级、巨大的建筑物、各种专门的艺术和科学,等等。"①但并非所有的文明都具备以上特征。自地球上有了人类,便出现了原始文明,虽然那时还称不上文明,但是文字的发明以及国家的形成,促使人类进入了文明时代。我们党的十八大把生态文明建设纳入与经济建设、政治建设、文化建设、社会建设并列的"五位一体"建设目标中。生态文明遂成为当今社会的主导文明,生态文明建设与经济建设、政治建设、文化建设和社会建设相互融合、互相支撑,正是当前文明社会构建所需要的。

三、构建自然生态系统健全的文明社会

生态和谐社会的目标取向之一就是要建立一个自然系统健全的文明社会。世界工业化的发展使征服自然的文化达到极致。如果说农业文明是"黄色文明",工业文明是"黑色文明",那我们现在需要建立一种"绿色文明"——生态文明。现代文明社会的建设是以生态文明的建设为基本导向,这也是当今社会的必然选择。在文明社会里,人与自然和谐相处,人类不再以人类中心的理论作指导,而是以一种新的和谐共融的观点重新定义人与自然的关系。因此,建立一个自然系统健全的文明社会是我们重要的目标取向。自然系统健全,可以为人类发展提供必要的物质基础,同时,一个完整、健全的自然系统,有着强烈的自身修复能力,可以应对人类一些不恰当的行为所带来的损坏。

第二节 生存环境美好的现代社会

一、生存环境的基本概念

人类的生存离不开环境,人类无时无刻不在接受大自然的馈赠。生存环境是

---

① [美]斯塔夫里阿诺斯:《全球通史》,吴象婴、梁赤民译,上海社会科学院出版社1999年版,第124页。

指一切自然、社会、人类的客观存在,包括自然环境和人文环境。自然环境与人文环境两者缺一不可,正如人类与自然有着重要的联系:人类本身就是自然界的产物,人类的一切生产和生活都离不开自然界;同时,人类的活动又受到自然环境的制约。

二、现代社会所面临的问题

在我们的现代生活中,自然环境与人文环境遭到了一定程度的破坏,包括大气污染、水污染、土壤污染等,据我们所做的生态和谐社会调查的409份问卷,人们对于现在所面临的污染问题及其成因有以下一些认识。

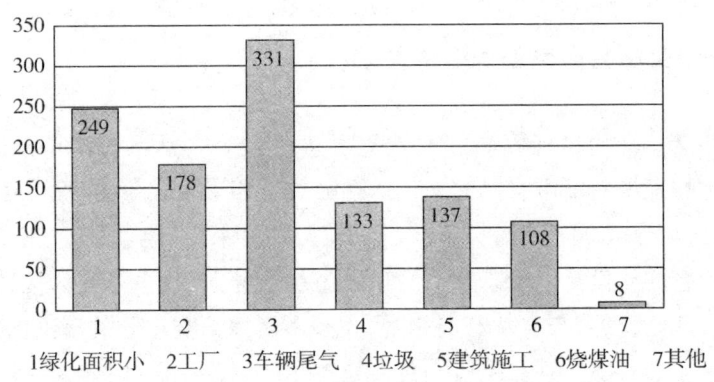

图12　对环境造成不良影响的因素

这一结果说明,我们的生存环境遭受了一定的污染和破坏,已经给人们的生活造成了不良影响,其中车辆尾气高居榜首。不仅如此,我们的城市、农村及人文历史景观也在不同程度上受到了人为因素的影响。人对自然的影响正在不断加深,人类所生存的环境遭到了破坏,产生了全球性生态危机,严重影响了原本美好的地球环境。

三、构建生存环境美好的现代社会

鉴于上述问题的出现,建立一个环境友好型现代社会是我们人类的首要任务。环境友好型社会是自然生态和谐的现代社会。"环境友好型社会是自然、人、社会协调发展,共生共荣共赢的社会,建设环境友好型社会,不仅仅是促成生态和谐,有利于自然界发展,而且是造就自然界的发展、人的发展和社会的发展有机统一相互促进的社会。"①由此可见,人与自然的关系应该是共生共赢的关系,而不是零和博弈的关系。人类在面对自然的时候,必须从无视自然价值和权力的旧文明转向人与自然和谐相处的现代生态文明,实现人与自然的全面协调和谐发展。这是构建生态和谐社会的必由之路。

第三节 人类身心健康的现代社会

在我们强调人类身心健康时,其应涵括如下两个方面。首先,人与人之间的关系应该是和谐健康的,这是人类取得身心健康的基础;其次,我们也应该重视人与社会的自然和谐。人本身就是社会关系的总和,人与社会的协调是人身心健康的重要组成部分。人与自然的和谐共融,是人类取得身心健康的基本前提。生态和谐社会的建设主体是人,而公民成了生态和谐社会建设的主体。现代社会的建设取决于公民道德素养的高低,公民道德素质高低直接关乎社会建设的水平和进度。在调查中,被调查者对于"当发现有损于生态环境保护现象时,您的态度是什么"一题的回答,结果如图13所示:

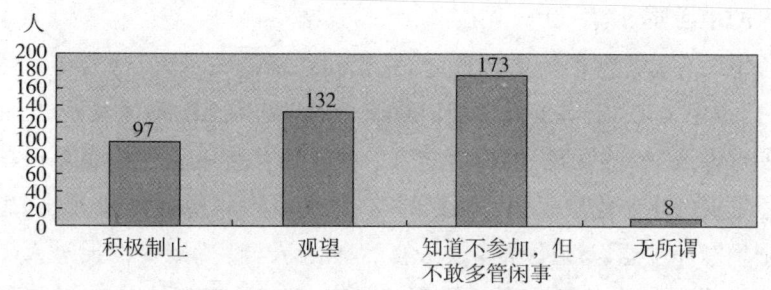

图 13 公民在发现有损于生态环境现象时的态度

该结果说明,公民对于环境保护意识的道德修养还有所欠缺。生态和谐社会的伦理范式构建就是要塑造和培养公民的环境保护意识,让社会中的每一位公民都成为一名有环境道德修养的生态公民。

构建人类身心健康的现代社会,应通过教育提升公民的道德素养。公民道德

---

① 张丽红等:《建设环境友好型社会》,载《内蒙古民族大学学报(社会科学版)》,2009年第6期。

素养的高低直接关乎公民社会的建设。要重视政府的主导作用,发挥制度的优势,要坚持运用科学的原则改造和利用自然。人与其他自然存在物不同,人是有意识、能动的自然存在,人并不是消极的依赖自然,而是根据自身的需要改造着自然。人类总是在改造自然的活动中不断发展自己,因此,促进人与自然的和谐,是有效构建社会的外在特征。

第四节 绿色发展的和谐社会

一、绿色发展的提出

工业文明的确给人类带来了便利、进步和繁荣,但工业文明毕竟是一种"灰色文明",它在创造繁荣的同时,也制造出了环境污染和生态破坏这个副产品,并且影响到了人们的生存环境。于是,各领域学者、各国政府纷纷提出自己的观点和举措,以解决全球生态危机,一股"绿色浪潮"随之兴起。"绿色发展要重点考虑经济增长与生态环境的协调性和可持续性,必须把经济规模控制在资源再生和环境可承受的界限之内,既要考虑当代的可开发利用,又要考虑后代的可持续利用,全面提高人的生活质量。"[①]

绿色发展有着深厚的历史渊源,马克思和恩格斯关于人、社会与自然一体性的论断为"绿色发展"提供了哲学理论基础。在此基础上的整体发展、全面发展和协调发展理论是"绿色发展"的应有之义。我国古代传统文化中也早已蕴涵着丰富的绿色发展的生态伦理思想。儒家的"仁民而爱物""德者泽及万物"思想倡导树立保护生态环境意识;道家的"道法自然""天人合一"则提倡促进人类生产方式的转变[②],其反映出的绿色发展蕴义,对于当今环境问题具有极大的导向意义,是我国绿色发展思想形成的传统文化基础。在当今世界,绿色发展已成为一个重要发展趋势。

---

① 马洪波:《绿色发展的基本内涵及重大意义》,载《攀登》,2011 年第 2 期。
② 白瑞:《论我国绿色发展思想的形成》,载《理论月刊》,2012 年第 7 期。

二、和谐社会的构建

所谓和谐社会,是指一个公平、稳定的社会,同时也是一个利益协调的社会。生态和谐社会主要是指人与自然的和谐,同时也包括利益层面的和谐和价值层面的和谐。构建和谐社会,实际上是人们不断追求和递进实现人与自然、人与人、人与社会的和谐协调发展,实现人、社会、自然有机整体的和谐协调发展。社会主义和谐社会是一个自然生态和社会经济有机整体可持续发展的社会,生态和谐是构建社会主义和谐社会的生态基础,社会主义和谐社会是一个生态经济可持续发展的社会。

三、构建绿色发展的和谐社会

绿色经济正在朝着人类社会继农业经济、工业经济与知识经济之后的崭新经济形态方向发展,并且已成为建设生态文明、构建和谐社会的重要经济发展模式。为了更好地发展绿色经济,我们需要从如下几个方面努力:一是加强生态文明教育,普及生态科学知识,树立绿色发展的根本理念,充分运用社会舆论和公众的力量。二是健全生态经济建设法制体系,完善生态环境标准,颁布相关的生态方面的法律。三是发展生态科技,提高绿色发展的创新能力。"突破能源资源对经济发展的瓶颈制约,改善生态环境,缓解经济社会发展与人口资源环境的矛盾,必须依靠科技进步和创新。"[1]四是建立生态补偿机制,绿色发展在本质上是要解决经济发展和环境保护之间的矛盾,经济发展与生态发展和谐共赢,就必须建立生态补偿机制(payment for ecosystem service,PES)。[2]

第五节 物质丰裕的生态社会

一、物质丰裕概念的界定

马克思认为,共产主义的前提是生产力的普遍发展,也就是要实现物质产品

---

[1] 中共中央文献研究室:《十六大以来重要文献选编》(中),中央文献出版社2006年版,第98页。
[2] Pagiola S., Arcenas A. and Platais G., Can Payments for Environmental Srvices Help Reduce Poverty? An Exploration of Theissues and The Evidence to Date from Latin America, *World Development*, 2005.

的极大丰富。可见,物质丰裕是社会主义和共产主义的本质要求,邓小平深刻地领会了这一点,他指出:"社会主义的本质,是解放生产力,发展生产力,消灭剥削,消除两极分化,最终达到共同富裕。"①在"西方马克思主义"者中,马尔库塞提出了"物质丰裕、精神痛苦"论,他认为,科学技术的高度发展和生产力的大幅度提高的确给当代发达的资本主义社会带来了物质方面的繁荣,满足了人们在物质方面的需要,但是这种需要是一种"虚假的满足",是"痛苦中的安乐"。由此,他认为当代西方发达的资本主义社会既是"富裕社会"又是"病态社会",人们过的是一种被异化了的人的社会。②

二、生态文明社会的消费观

传统社会的消费者是没有生态道德约束的,消费者对于自己所购买、控制的商品进行使用、消费、处置,仅受一般社会道德的约束,而消费水平、消费偏好和消费行为的选择不受生态价值的限制和抑制。③ 生态文明社会下的消费者则被赋予生态道德层面的义务。生态文明观指导下的生态消费应被限制在生态环境的承载范围内,抵制消费"环境不友好型"的一次性产品和"环境不友好型"行为,成了人们的自觉行动。针对"哪些是你最习惯的绿色消费行为",我们做了 409 份调查,其结果如图 14 所示:

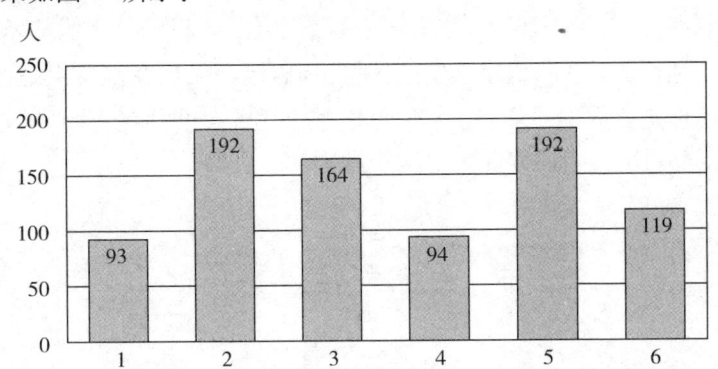

图 14 公民最习惯的绿色消费行为

---

① 《邓小平文选》第 3 卷,人民出版社 1993 年版,第 373 页。
② [美]马尔库塞:《单向度的人》,刘继译,上海译文出版社 2006 年版,第 8 页。
③ 崔金星:《生态文明语境下的消费者责任》,2009 年全国环境资源法学研讨会,2009 年 5 月。

在图中我们可以清楚看出,人们的绿色环保消费在很大程度上仍有欠缺。不少人意识淡薄,并未树立起生态文明的消费观。人类的消费行为具有社会和生态的双重属性。在工业文明消费主义观念下,消费是生态系统能流、物流和信息流的组成部分。而生态文明社会视野下的消费者,应是在充分考虑自然物、生物和其他存在物内在价值和存在价值的基础上,满足其基本需求,并且具有全球伦理观,承认生物物种的生存权利,爱护、尊重自然和生命,建立人与自然协调发展的"伙伴"关系,不伤害生命和自然界,反对掠夺性开发资源等特点。我们针对"您如何看待近些年来网上虐待动物的现象"做了调查,调查结果说明当今社会人们的生态价值观还是值得肯定的。

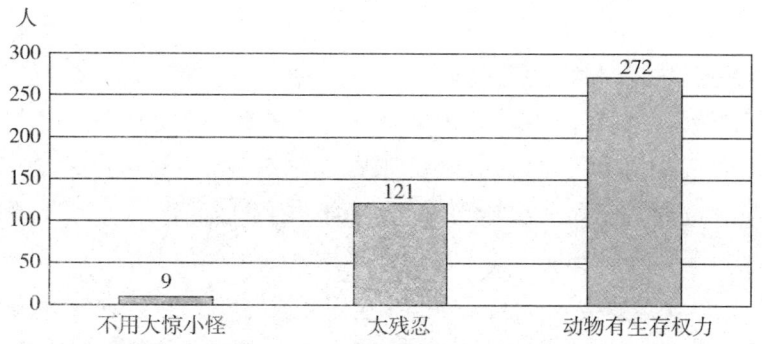

图15　公民对虐待动物现象的态度

三、理性的消费与生态和谐社会的构建

生态和谐就是反对人们无限制地追求高消费,和把消费同满足或幸福等同起来的传统观念。我们所追求的理性消费,是要求人们在劳动中寻找快乐与满足,不仅要有物质生活,而且要注重精神生活,学会从创造性劳动中获得幸福,从而保证生态合理性与经济合理性的内在统一。生态和谐社会就是要把物质主义和理性消费统一起来,可以从以下几方面努力:首先,应当摒弃畸形的社会价值观。人们应当从一个更广阔的视野中去审视自我的价值,应当从人与人的关系和人与自然的关系的和谐角度来谋求人类的发展。其次,必须进行利益整合。任何一个社会都会存在利益不均匀的分配,贫富不均是生态和谐社会的破坏者。如果不能理性地处理贫富悬殊与利益整合的矛盾,就不能建设好生态和谐社会。最后,要正确理解理性消费的内涵实质。理性消费促进人的全面发展,而生态和谐不

仅是为了保护环境,同时也是为了人的生存与发展。保护环境不能妨碍人的生存与发展,在人的生存与发展问题上必须坚持人人平等的原则,区别对待是违背普遍人道原则的。

第六节　生态和谐的蕴义与愿景:政府、公民与社会的环境目标

一、生态和谐的内涵与蕴义

中国社会自古便崇尚生态和谐,将其看成是自然界与人类社会最完美的状态。生态和谐是一种普世的价值观。其中,"生"的本义作为动词是指草木从土里生长出来,进一步指生长化育,如徐光启在《甘薯疏序》中写道:"种之,生且蕃。"《诗·小雅·正月》也说:"父母生我。"随着词性的发展变化,"生"又可作生命、生世、生物讲。无论何种释义,"生"与自然都是息息相关的,体现了顺其自然的状态。"态"的本义是指姿态、状态,与"生"连用而成"生态"可以理解为人们赖以生存的环境状态,是一种生动的意态。现代生态一词源于古希腊,意思是指家或者我们的环境。生态这个概念在本然的意义上是指一切生物在一定的自然环境下生存与发展的状态,它表达了对健康、美好与和谐事物的蕴含;而后在其内涵发展过程中,又包含了生物之间以及其与环境之间息息相关的关系,更体现了一种人与外部生存环境及生存条件紧密关联的内涵。自然生态是人类外在的生存整体环境,是非人类动植物与地球的三大系统——空气、水和土壤环境的相互作用及融合;社会生态即人类自身不同个体与不同群体之间的关系;综合生态是指人类与生物种群之间及不同生物种群之间的联系与平衡。生态学一词来源于生态,最早是由恩斯特·海格尔于1866年提出的,认为生态学是"研究生物体同外部环境之间关系的全部科学"。生态学的产生与兴起,推动了生态概念的进一步丰富,并使之以有效的理性逻辑迅速地进入跨学科的知识体系。总而言之,生态就是指一切生物的生存状态,以及它们之间及它们与环境之间环环相扣的关系。

"和谐"是一种和睦协调的状态。中国自古便崇尚"和谐",《说文》中讲:"和,相应也。"《广雅》中也说:"和,谐也。"而对于"谐"的含义亦以"和,配合得当"而释之,《尔雅》中讲:"谐,和也。"由此可见,"和"与"谐"是分不开的两个汉字,可以

互相释义,组合成"和谐"可谓表达了一种相对均衡、统一、协调的状态。

生态和谐则是从生态的角度对和谐加以定义,"和而不同",各种形态的自然万物之间能够相互容纳、相容共处,达到均衡是谓生态和谐。而生态和谐的根本特征就是指在人与自然的相处过程中,在从自然获取有利于人类发展的价值的同时,也要善待自然、保护自然、尊重自然,只有这样,才能真正建立起人与自然的和谐关系。实现生态和谐已成为政府、公民以及社会所共同追求的目标。生态和谐需要政治方面的政策引导、公民方面的行动支持以及社会方面的环境保障。

二、生态和谐:生态政治的终极目标

当今社会,全球环境问题已成为众多政治问题的一个方面,伴随着日益严峻的生态危机,人们愈加意识到,生态问题的解决必须依靠政治手段来实现,因而衍生出了一个新的概念——生态政治。对于生态政治这一概念的理解,主流思想大致分为两种:一种观点认为,生态政治主要是讨论政治与生态环境之间的关系问题,是在面对自然界各种生态问题时所做出的政治回应;另一种观点认为,对于生态政治的研究要将生态政治扩展为政治生态。所谓政治生态,是指"政治生活现状以及政治发展环境的集中体现"[1]。与生态政治不同,政治生态更强调政治执行主体的行为作风问题,要求执政者以身作则,为公民树立良好的德行榜样。1992年出版的《中国大百科全书·政治学》将生态政治学定义为"借助于生态学的方法,从政治及其环境的相互关系中研究政治现象的产生和发展"[2]。不论是哪种观点,生态和谐作为生态政治的终极目标这一诉求是不变的,人与自然的和谐统一是必然的。随着政治生态化诉求的日趋强烈,建设致力于实现人与自然理性和谐的生态型政府成为现代政府建构的新启示,也显示出政府保护生态环境的决心。生态政治着眼于人类赖以生存的自然环境,以解决生态问题为己任。与传统政治不同,生态政治要求政府将执政行为融入自然生态系统之中,以促成生态和谐为终极目标,实现生态平衡。生态政治是建立在人与自然互为存在的哲学基础之上,将自然生态因素融入政治之中,使生态问题成为政治生活的一个方面,并试图借助政治手段来解决生态环境问题,力求将片面工业化带来的生态伤害降到最

---

[1] 李肖瑾、谢荣华:《和谐社会视角下政治生态的优化》,载《中共山西省委党校学报》,2011 年第 4 期。

[2] 金吾仑:《自然观与科学观》,知识出版社 1985 年版,第 327 页。

低,最终营造出一个生态和谐的环境。生态政治需要我们思考生态利益、经济利益和政治利益三者之间的关系,形成人与自然和谐统一的生态政治思维,建构人与自然和谐发展的生态政治体系,最终实现生态和谐。

如果生态和谐是生态政治的终极目标,那么生态政治则是生态和谐的制度保证。要想实现生态和谐这一终极目标,生态政治无疑是生态和谐的重要制度保证。制度是人们共同承认并遵守的各种规范,《易·节》有云:"天地节,而四时成。节以制度,不伤财,不害民。"王安石在《取材》中也谈道:"所谓诸生者,不独取训习句读而已,必也习典礼,明制度。"由此可见,制度是实现政治夙愿的重要保证。中国俗语讲"无规矩不成方圆",制度是规范公民行为的一种约束手段,而形成人与自然的和谐关系有赖于制度的设计。生态政治的终极目标即实现生态和谐,这一目标的达成有赖于一系列公共生态政策的制定。公共生态政策作为一种正式的制度安排,激励并制约着人们的行为。这些政策保障了产业生态文明的发展。众所周知,20 世纪 70 年代末以来,我国经济得到了飞速发展,然而,社会进步与环境治理并非同步并进,导致了环境污染与社会进步的矛盾越来越尖锐,环境的恶化已经严重危及了我们的生存与发展。随着人们环保意识的不断加强,生态政治所需求的环保产业作为一个新兴的产业随之发展起来。环保产业是生态政治的物质基础和技术保障,能够促进人与自然和谐发展,实现经济和社会的可持续发展。政治、经济与环境的融合是可持续发展的核心。环境污染和生态失衡造成的影响周期长、危害大,环保产业立足于环境治理与维护,是可持续发展的内在要求。此外,环保产业的发展也有助于形成新的经济增长点,对于提高人们的生活质量,改善经济水平都大有裨益。因此,制度作为人们的行为规则不断影响着人们的生产实践方式,而生态政治作为生态制度建设的主体,为制度发展指明了方向。当然,社会存在的其他因素也会对生态政治形成影响。早在 18 世纪欧洲启蒙运动时期,法国政治哲学家孟德斯鸠就在其著作《论法的精神》中对生态环境与政治制度的关系进行了论述,指出生态环境,如气候、土壤等都会对政治法律产生影响。

与此同时,实现生态和谐也需要生态政治以制度为工具来加以促进。资本、物质与技术的滥用带来了生态危机,是生态危机产生的根源。资本主义工业化大生产的方式在促进科技进步的同时,也使得人们所拥有的各种知识不断增长,一方面使人们改造和破坏自然的力量不断增强,另一方面,种种迹象显示人类的自负心理蒙蔽了人们的双眼,使人们狂妄地认为自己可以征服自然、改造自然。在商品经济的社会背景下,人们大多是以"人类中心主义"为标的,遵从唯物质主义、唯经济主义、唯消费主义的价值观,以大量生产、大量消耗和大量废弃的行为为特点,"无节制地'消费'着地球,这是全球性生态危机的真正根源"①。生态政治学则强调规范社会制度,为生态和谐提供了制度上的保障。总之,生态问题不是一个单纯的自然问题,实质上是纵容资本弊端及无限推动高科技利用的必然结果,按照生态政治学的观点,国家政治制度模式的形成便是各种生态因素相互作用的结果。因此,制度保证对于实现生态和谐这一目标尤为重要,而制度的形成与完善则需要生态政治来加以指导。

三、生态和谐:生态公民的生活愿景

健全的生态政治制度可以不断强化公民的环境权利意识,提高公民保护生态环境的素养,培养出生态公民。生态公民对于大多数人来说还是一个比较陌生的概念。生态公民是一种新的社群概念,一种新的思维方式,一种新的价值标准,一种新的行为方向,一种新的伦理规范。生态公民是在人与环境相互作用的模式中生成的,并以被赋予自然意识的自我与共同体的结合来看待地球生态环境的变化,它是生态和平运动与公民和谐社会相结合的产物。在现实生活中,很多人开始自觉地节约水电、购买绿色家电、选择绿色食品、追求低碳出行,这些都是人们自觉追求生态公民身份的体现,也是近年来政府和民间力量不断推动的结果,为公众理解"生态公民"的深刻内涵打下了意识层面的基础。生态公民概念的出现是新时期生态和谐社会对于合格公民的更高层次的要求。目前,"生态公民"的称谓不仅唤起了公民的社会责任感,也成了新时代公民生态责任的一个绿色标志。"生态公民是最具有环保意识的公民,是珍爱自然、滋养地球的公民,是具有新生产方式、生活方式与思维方式的公民,是更主动、更积极地追求21世纪生态文明的公民。"②生态公民作为生态政治的主体,是高度社会化的公民群体,具有高度的道德素质和环保自觉意识,能不断约束自身的行为,以实现公民与自然的共赢。

如果生态和谐是生态公民的生活愿景,那么生态公民则是生态和谐的主体人群。生态公民是没有国界之分的,这是因为生态环境问题已经成了全球性问题,与一国的经济实力强大与否无关。发达国家采取的一些经济贸易政策,亦会造成发展中国家生态的失衡。例如,西方发达国家将工厂建在发展中国家,洋垃圾源

---

① 卢风:《人、环境与自然——环境哲学导论》,广东人民出版社2011年版,第304页。
② 周国文:《低碳经济:生态公民的绿色尺度》,载《人文杂志》,2011年第1期。

源不断地涌入第三世界国家，这些行为都会为生态环境带来负面影响。因此，环境问题的解决必须采取全球治理的形式，单靠某个国家的力量是行不通的。公民作为国家的基本组成单位，自然担负起了保护环境的职责。而生态公民较之社会其他群体的先进之处便在于其更能注重自己的日常行为，习惯对于生态环境施加影响，并进一步将生态和谐作为自己的生活愿景，不断规范自己的言行，积极致力于生态文明建设。

作为生态和谐主体人群的生态公民具有良好健全的生态素养，能善待自然，对大自然怀有敬意，欣赏自然之美，尊重生命共同体的其他成员，了解并肯定自然生态的价值。同时，生态公民对人类破坏生态环境的行为感到愤怒，对日益严峻的生态问题感到担忧。我国是一个有着完整生态文化体系的民族，生态人思想古已有之。儒家的人伦思想中就包含了一些可借鉴的有利于自然秩序、生态生活的伦理资源，例如"厚德载物"是将自然规律转向生态道德，"圣人之虑莫贵于生"则显露出儒家尊重生命的伦理思想，"各得其养以成"显示了儒家尊重生物权利的思想，希望实现人们在道德上的超越，在情感上的升华，力求塑造圣贤之士。除了儒家"天人合一"的思想外，道家"道法自然"的哲学命题亦是生态文化体系的重要组成部分。在"山水之乐"中实现人与自然的和谐，与自然万物融为一体，和谐统一。老子说："人法地，地法天，天法道，道法自然。"在对待自然万物的态度上，应该能够顺应自然之性，适时节度，是谓"与天和者，谓之天乐"。老子认为维持生态系统平衡，保持天长地久，就要效法天地万物厚德载物的"无私"之心，发扬"圣人后其身"的无私美德，至此便可以既保全天地之长久又能保全自身利益。庄子在《逍遥游》中通过借不同生态共同体之口吻来阐述生态和谐思想，进而理解和领会大自然，与自然融为一体。不论是古今还是中外，生态公民作为生态和谐的主体，总是在以自然生态之理引发敬畏生命的人生态度，向自然学习生存的智慧，使人生得以自足，使道德得以践履。总而言之，生态公民作为生态文明建设的主体，已经成为全球维度的群体，不论是社会发展程度较高的西方国家，还是作为经济发展中国家的中国，都呼唤着生态公民理念的落实。毕竟作为生态结构的调控者，生态公民对自然能够负起天然的道德责任，可以将人类社会带入到文明的更高层次，创建人与生态环境共赢的生态文化价值体系，进而实现人的全面而自由的发展。

四、生态和谐：生态社会的有机构成

公民是社会的组成元素,生态公民作为生态社会的主体,是构成生态社会的基本单位,生态社会承载着生态公民。"社"在汉典中的解释是指人类进行祭祀活动的场所,"会"指人的集合。将"社"与"会"联系起来成为"社会"是指人们为了祭神而聚集到了一起,被祭的诸神往往代表着神圣自然世界的意志。然而,无论是表现为以祭祀为风范的古代社会还是当下热衷于物质财富的现代社会,社会的构成要素都包括自然环境、人口、文化三个方面。自然环境作为社会构成的首要因素,是社会生产和生活资料的来源。与此同时,人类社会也在影响并改变着自然环境,从起初的畏惧、利用、开发自然到目前的改造、破坏、污染环境,二者无时无刻不在发生着相互作用。生态社会与以往一般社会的不同之处在于,强调整个社会系统是处于自然生态背景之下的,社会中各组成要素、各主体的各种活动形式都是与生态息息相关的,社会的发展离不开良好的生态环境,生态社会中各主体的行为运作也是为绿色生态环境而服务的。简言之,生态社会是一个充满生态要素及科学的人类社会,它是从生态的角度对社会问题加以审视。与社会的构成要素相一致,生态社会的有机构成目标便是生态和谐。按照生态社会的理论,我们可以将整个社会看作是一个自然系统,社会中的每一个组成要素如个人、组织、产业等都是一个生物体或生物群,这些生态元素通过社会意志形成生态关系,从而构成了全方位的生态化社会。

在生态社会中,人与自然的和谐协同守护着人与自然关系的和谐,维护着生态的平衡,使人类社会与自然界完成了本质的统一,进而形成了不可或缺的生态系统。因此,生态社会在为生态和谐提供环境依托的同时也对人与自然和谐关系提供了担保,只有生态社会才能实现人类社会与自然世界的协同进化。社会是建立在人类改造自然的实践活动基础之上的,然而这并不意味着人与自然的对立和对抗关系。生态社会作为社会进化的一种创新发展模式,其组成成员已不再是与自然分裂的人,而是继承和发展了一切人类社会文明成果的、与自然世界完成本质统一的生命共同体成员。生态社会是人类社会与自然世界的本质统一,是人与人之间的关系和人与自然之间的关系的辩证统一,是社会与自然的内在契合。可见,生态社会是人类与自然共同组成的生态共同体。罗伊·莫里森在其著作《走向生态社会》一书中阐述了"生态社会是从生态学的角度去理解自然"[①]。一个强调生

---

① [美]罗伊·莫里森:《走向生态社会》,明空译,载《中国社会科学报》,2010年第80期。

态的社会所折射出的是居于社会中的人们对于大自然的敬畏之情。生态社会在要求经济增长、社会发展的同时,更加注重了二者与生态效益的结合。总之,生态和谐是生态社会的有机构成,人与自然的和谐共生促进了生态社会内部因素的良性循环。

如果生态和谐是生态社会的有机构成,生态社会则是生态和谐的环境依托。人与自然互动的生态活动是以生态社会为载体而进行的。我们是自然界的生命共同体成员,拥有自己的生态系统。"将社会称作生态系统,就像一片森林发出了不和谐的声响,因为这是在减少人类之于纯粹自然的特殊性。然而,这种陌生很容易得到解释,因为人类特殊的'天性'是用来感受其与自然赐予之间的紧张情绪的,是用来谋求改变自然的。"① 生态社会作为一个系统,包含着政治、经济、文化等多方面要素,其构建需要各阶层利益相关者的共同努力,实现社会和自然的政治生态化、经济生态化、文化生态化以及人与自然关系的生态化。生态社会通过人与自然生态和谐行为的完成,由自我的善延展到整体的善,乃至与自然关系的善。

一个生态和谐的社会应当包括自然与自然、人与人以及人与自然的和谐关系。无论是自然与自然的和谐,还是人与人的和谐,它们都是人与自然关系的基础。如果不能妥善处理人与自然的和谐共生关系,那么人类的破坏行为不但会对大自然的自我免疫能力构成威胁,动摇人类生存的根基,也会激化人与人之间的纷争。良好的生态环境是社会和谐稳定的基础。人类社会是自然界的进化产物和衍生物,自然界向人类提供能源、营养和生存空间,并持续影响着人类的心理、伦理、精神、行为。自然界与人类社会息息相关,自然的变化和运动,会使人类社会随之变化和运动。因此,实现生态社会的现代化就必须实现自然的、经济的以及社会的可持续发展,将现代人与后代人的利益、民族国家与全球社会的利益、经济效益与环境效益统一协调起来。总而言之,生态社会超越了过往重商品轻自然的社会理念,确立了社会与自然内在契合的生态社会观,由生态政治提供思想上的指导,生态公民提供行为上的支持,最终实现生态社会的良性健康发展。

第七节 全球化视域下的生态幸福观

幸福是生态和谐社会的重要目标,由此而生的幸福观是当下备受热议的话

---

① [美]罗伊·莫里森:《走向生态社会》,明空译,载《中国社会科学报》,2010年第80期。

题。由于人们的生活背景、价值追求不同,各自的幸福观也会有所差异。在全球生态环境日益恶化的今天,人们开始将生态与幸福联系在一起,试图通过生态保护建设提高公民的幸福指数。西方传统幸福观等采用人类中心主义的方式,以征服自然为追求幸福的手段。中国儒家推崇"天人合一"的思想,认为人与自然间的和谐会带来幸福。把生态和谐社会融入全球化生态视域,现代生态幸福观认为幸福不是一种物质满足的自我感觉,而是一个关切自然的整体均衡感。生态幸福观产生于自然,依据于自然,保护于自然,受益于自然。

一、全球化视域下的生态幸福观之提出

幸福作为伦理学范畴之一,是指一种在人们生活过程中实现意图的内心自足状态,是指在创造物质和精神条件的实践中使人们心情舒畅的境遇和感受,是由于目标和理想的实现而感到精神上满足的主客观态度。幸福感作为人们把握与认知幸福存在的一种主观感受,更多地体现为人们客观需要得到满足的个人意图与心理认知;它区别于作为人生观一个方面的幸福观,幸福观反映了人们对于幸福的根本看法。幸福观受人生价值目标的影响,是人们世界观、人生观的反映。如同幸福是一个相对的概念,每个人都会有各自的理解,不同群体也会有不同的幸福观。例如,有些人认为利己、享乐是幸福观的主要特征,物质享受与个人私欲的满足是衡量幸福的尺度;但从一个历史辩证的角度看待幸福观,它是整个历史发展、经济关系与社会条件影响的产物,各个区域、文化与阶层的幸福观往往是由不同的经济生产方式所决定的;不同历史时期,人们对于幸福的定义也有所不同。在旧社会,不被剥削奴役就是幸福;在动荡的岁月,能够安定下来就是幸福;在新中国成立之时,能吃饱穿暖就是幸福;在改革开放之际,过上小康生活就是幸福……每个人根据自身的实际情况都可以使自己获得幸福,然而,60亿人类的幸福,只有地球母亲才能够给予。在各项物质需求日益得到满足的今天,生态需求已经成为人们最迫切,也是最难被满足的一种需要。在全球生态视域下讨论幸福观,和谐的生态环境与优美的自然环境成了公民幸福观形成的必要条件。换句话说,进行生态和谐社会建设可以极大地提高人民的幸福感。

但纵观当下世界的幸福观状况,其潜在的重要因素是商品经济的过度物质消费对于生态环境以及对公民幸福观的影响。全球生态危机暗流潜动,当更多的公民热衷于物质生产、商品供应与消费竞赛,并且把这种体验认为是幸福的缘由,而无暇保护自然界的生命与系统性时,获取人真正持久的幸福感与自然的内在价值

也就成为一纸空文。单向度发展的自由市场的物质繁荣只能说明地球整全式生态秩序被忽略及幸福感的失衡。更何况当人类的占有欲无度化增长时，物质生产力处于支配地位，不仅物质幸福感胜过精神幸福感，就连生态幸福的平衡化张力也会被物质幸福感的数字化繁荣大大削弱。

人类自足的幸福并不足够，全球所面临的生态风险给世界的安全及人与环境的和谐都带来了新的挑战，而且给业已存在的公民幸福观提出了何以为继的问题。诚如纽比所评论的那样，"经济福利本身并不会促进文明和社会和谐的程度，甚至不会形成一种文明的自利意识"。尽管我们人类可能已在政治、经济、社会、文化等方面的建设上取得了无与伦比的成就，但在从工业文明向现代文明跃进的历程中，如若我们没有处理好人与自然之间的关系，那么这一系列的文明都将在生态这一环节上被葬送。而且生态文明也并不是可有可无的文明，它是人类一切文明的保护者；或者说，它是现有人类一切文明幸福感归根到底的基础。

当工业社会的环境矛盾愈演愈烈时，当人类对自身的幸福感认识陷入重重反思时，当我们深入追问自然万物的本原问题时，生态幸福观作为传统幸福观向现代幸福观转化的新形式已成为历史的必然。在生态幸福观出现之前，公民对幸福的理解从一种期待的冲动到一种无奈的焦虑，而生态幸福观则是一种深厚的幸福观，因为它把权利、享受和责任推广到了地球上的所有关系，而不论它们是公共领域还是私人领域。生态幸福观是在一个更宽广地把人类社会与自然界相融合的生态社会中产生的，如同古希腊人把自然看作是神圣的活生生的有生命的存在，生态幸福观意图理解自然、解释自然，而没有属人的心理优越感与妄自尊大的想法要去改造自然。

如果没有生态性的赋予，全球化时代的幸福观也将不够完备；因为当一个成熟的公民幸福观出现在我们面前的时候，与生态性紧密相关的自然的理由就不可视而不见，人类幸福观的心理疆界与不断成长的自然界域将进入一个融合的层面。

二、中西传统幸福观

回溯中西传统幸福观，对于构建全球视域下的生态幸福观具有重要意义。毕竟对于幸福观的阐述，无论是中国还是西方，自古便早已有之。

由于受到伦理道德观念的制约和影响，西方古代学者，尤其是古希腊人很早便把幸福作为哲学课题加以研究，在对幸福观的理解上拥有一套自己的看法，许多古希腊学者曾对幸福观展开过论述。德谟克利特曾说:"幸福不在于占有畜群,也不在于占有黄金,幸福是在我们的灵魂之中。"古希腊哲学家亚里士多德是对幸福论述最多、最全面的思想家,在其伦理学著作《尼各马可伦理学》中,亚里士多德阐释了对于幸福的定义,他将幸福定义为"合乎德性的实现活动","合乎德性的实现活动,才是幸福的主导,在各种人的业绩中,没有一种能与合乎德性的实现活动相比,在这些活动中,那享其天福德生活,最为持久,也是最荣耀和巩固的。"在亚里士多德看来,幸福即是合乎德性的至善,即幸福在于善行,有善德者才有真乐。"一切德性,只要某物以它为德性,就不但要使这东西状况良好,并且要给予它优秀的功能,""人的德性就是使人成为善良,并获得其优秀成果的品质。""人的善就是合乎德性而生成的灵魂的实现活动。"合乎理智德性的实现活动便是"最大的幸福"。梭伦认为:"所谓幸福的人,是指其外貌极为文雅,活着的时候,身体、发肤毫无所损,从来未被病魔缠过,既有幸运,不会遭遇灾祸,复多子孙,总是心情愉快,并能死得其所。"同梭伦的幸福观略有不同,柏拉图认为,最大的幸福莫过于"第一位康健,第二为美,第三为体格的强壮与活泼,最后为财富,不过这种财富要用得得当。但要完成这种次序,必得还要加上两个东西……一为成功,一为名誉"。健康的身体、优美的体格以及优雅的风度被柏拉图视为幸福的三个主要表现。总而言之,古希腊人基本将政治权利保障、公民资格认可、生活衣食无忧、地位德高望重等作为衡量幸福与否的标尺。

相较于古希腊其他哲学家的幸福观,苏格拉底的幸福观更侧重于生态视域下的幸福感养成。苏格拉底认为,幸福观并不是建立在物质基础之上的,而是基于人们所生活的周边环境来对幸福加以讨论。在苏格拉底看来,人们幸福与否取决于其是否生活在一个良好的自然环境里,例如,他只有在饥饿的时候才进食,他认为,人在饥饿时进食只是为了填饱肚子,使生命得以延续,进食的目的已经达到,并且人在这个时候吃东西,不管是昂贵的或是低廉的食物,都变成了美味,吃什么都是幸福的。由此可见,苏格拉底并不提倡挥霍浪费,而是注重节俭,在宠爱身体的同时也平衡了生态。

"生态幸福感"的缺失使人们日益沉浸于物质财富而忘记了大自然的本来面目。用苏格拉底的话说,"生态幸福观"的外在表现在于"只有需求最少,才更容易得到幸福"。

与古希腊人的传统幸福观相类似,中国自古以来也将名分、节操、体健、忠孝等作为自己的幸福来源。儒家代表人物孔子将幸福看作是高于任何物质生活和境遇本身,超越富贵贫贱之上的一种心理体验。孔子那种超然于世间万物,追求心安理得的幸福观在论语中有所记载:"饭疏食饮水,曲肱而枕之,亦在其中矣。不义而富且贵,于我如浮云。"(《论语·述而》)。由此可见,孔老夫子认为吃粗茶淡饭,饮生水,用弯曲的胳膊当枕头,也是乐在其中的;而不正当的财富和官职在孔子看来如同过眼烟云。可见,在孔子看来,不义之财不可取,用不正当的手段获得的富贵不是真正的幸福。儒家经典《礼记》中也提道:"福者,备也;备者,百顺之名也,无所不顺者谓之备。"人的幸福应当由德行来指导。除此之外,儒家思想还将"仁"与幸福联系在一起。"仁爱"一直是儒家思想的核心,而其在幸福方面的体现则是"自我独乐不如与民同乐"的幸福境界,实行仁爱的方法是"能近取譬"。推己及人,将心比心,老吾老以及人之老,幼吾幼以及人之幼,只有这样才能最终实现天下众生的共同幸福。

除此之外,儒家也从生态的角度对幸福进行了阐述,认为人与自然相知相伴,与动物相依相偎,在相知中达到一种旷达平淡的人生境界便是幸福的终极体现。在"山水之乐"中实现人与自然的和谐,是孔子的德性幸福于自然之天的层面上所实现的超越。这种超越并不是要征服或者占有自然,而是要与自然万物融为一体,和谐统一。这是德性幸福的主体所实现的一种德性上的共鸣、精神上的升华。如程颢所说:"万物之生意最可观。"意思是万物的生长意境是最值得观赏的。周敦颐也喜欢"绿满窗前草不除"。别人问他为什么不除,他说:"与自己意思一般。"又说:"观天地生物气象。"周敦颐从青草的生长体验到天地有一种"生意",这种"生意"是"我"与万物所共有的。由此可见,自然之物乃是周敦颐幸福感的来源之一。

另外,道家老子合于生态的幸福观同样侧重于将生态融入幸福观之中加以阐释。道家合于自然的幸福观认为,一个人是否享有真正的幸福,不是看一个人拥有多少财富,也不在于一个人是否具有他人所尊崇的德行,而在于其所思所行是否合于"道",即自然。老子说:"人法地,地法天,天法道,道法自然。"在对待自然万物的态度上,应该能够顺应自然之性,适时节度,只有这样才能得到最大的幸福,是谓"与天和者,谓之天乐"。老子将维持生态系统的平衡看作是"天长地久之道",他说:"天长地久,天地所以能长且久者,以其不自生,故能长生。中以圣人后其身而身先;外其身而身存。非以其无私邪?故能成其私"(《老子》第七章)。老子认为维持生态系统平衡,保持天长地久,就要效法天地万物厚德载物的"无私"之心,发扬"圣人后其身"的无私美德,至此便可以既保全天地之长久又能保全自身利益,可谓两全其美,岂有不幸福之感? 庄子与老子的思想相通,同样崇尚生态幸福理念。庄子在《逍遥游》中通过借不同生态共同体之口来阐述幸福,表明了不同个体对于幸福看法的不同。在庄子眼里,极其崇高的幸福在于理解和领会大自然,并与自然融为一体。

由此可见,美好的自然环境对人类来说非常重要,人类从大自然中可以获得美好幸福的精神享受,进而产生出对大自然美好幸福的情感。以自然生态之理引发生命态度中的幸福,向自然学习生存的智慧,对人生聊以自慰,使道德得以践履。

通过对西方和中国的传统幸福观研究,我们不难发现,由于西方从基督教哲学到近代哲学对待自然基本上采取人类中心主义方式,一直以征服自然为追求幸福的手段,所以其将生态与幸福相联系的观点较少;而中国儒道哲学素来推崇"天人合一"的思想,即人与自然和谐统一,认为人与自然间的融合会带来幸福,因此,留下了更多、更为丰富的幸福源于自然的经典论述。

三、现代生态幸福观的构建

在一个无限流变的生态世界,公民以一种自然性的赋予及对物质现象界的终极关怀,成全了自然界的整全式存在,也成全了生态幸福观的可能。生态公民对幸福生活的追求是须臾不能与自然界相脱节的。如若离弃自然,想单纯追求所谓属于人的幸福生活,恐将带来灾难性的后果。

以一种有效的伦理框架来应对当前的生态危机,并力图重建持久、均衡与愉悦的幸福感,是人类生活中的每个主体,在道德文明的范式中成就一种理想的生态幸福感的根本。我们希图一个健全而又系统的生态环境,犹如一个稳定而又温暖的气候对于人类幸福生活的重要性。罗德里克·纳什在1989年出版的著作《大自然的权利》中引用了著名学者阿尔伯特·施韦泽写于1923年的一段话,"人们曾经认为,那种把黑人视为人、并要求人道地对待他们的观念是荒谬的。这种曾被认为是荒谬的观念现在已变成真理。今天人们可能仍会认为,下述主张有些夸大其词:一种合理的伦理,要求我们一以贯之地关怀所有的生物(包括最低级的动物)"。纳什主张超越人类的利益,更多地从大自然的权利考虑问题,在为了大自然权利的这一点上达成一致,摆脱人、民族、国家、地区利益对解决生态问题的重重羁绊,在人与自然之间建立一种健全的幸福观与合理的伦理关系,促使人在幸福感的建构上承担起对自然的道德义务。

生态幸福观并不是一种物质满足的自我感觉,而是一个关切自然的整体均衡感。他积极履行生态伦理之善,并保持健全的生态理性,如同罗马斯多亚学派的马可·奥勒留所言:"我是自然所统治的整体的一部分;其次,我是在一种方式下和与自己同种的其他部分密切关联着。"静观自然,而不忘却自然,以一种自然认识来达至人生之幸福的最高境界,建立融合对自然之终极关怀的幸福观,来真实地理解相对于自然的人之有限性。这种有限性在一个合理的、有生命力的、活的整体面前,既是一种人的行为能力的有限性,又是一种人的理性认识的有限性。它不追求超自然的所谓幸福感,而是主张融合自然的整全幸福观。因此,生态幸福观的自然德性既表现为人类生活的最高目的,又表现为人的一种和谐性情,它是足以令人钦羡的至高无上的善。他们学习自然,参鉴于自然,而并不妄图于征服自然与改造自然,因为有机之自然所具有的不可剥夺的内在价值,并不是生产力视角下的外在工具;他们把自然当成本然的目的,并形成顺从自然之生活的理性,他们所过的生活是合乎自然的生活,也即合乎德性的生活。而合乎自然是感受幸福的基本条件,合乎德性的是达至幸福的重要前提。统摄宇宙万物的共同根据,其实质即在于自然之本源。自然之本源,不求万物如你所愿地发生,但求万物顺其自然地发生,生态幸福观对此的理解与敬畏恰恰表达了一种最高贵的自然德性。

生态幸福观的理性认识是人类能力范围内的事情,其核心是顺其自然。这个自然就是自然界的客观规律与宇宙大系统的运行准则。唯有如此,我们的智慧才能调和我们的欲望,物质的纷扰才不会打破我们心灵的安宁。

生态幸福观的生态理性是一种源出自然并敬畏自然、善待自然、保护自然的理性观念。生态理性是对自然理性的提升,是在一个更宽广的领域中对人与自然理性关系的整全主义的认识。在谢林及浪漫主义的自然哲学那里,自然与文化被合在一起,仿佛跌落到等同物的地位,从而使两者都服从于一个共同规律,即进化的基本规律。但是,这种向等同物跌落的情况已经改变了,可以说,它现在的意义在于其变成了反向交换的媒介。因为,存在于自然与文化之间的差别不再按浪漫主义哲学那样通过自然的精神化来被沟通,而是通过文化的实体化来被沟通。生态幸福观摆脱了机械论的世界观,也摆脱了消极无为的宿命论,从而形塑着一种更为健全的目的论生态幸福观。这种目的论是一切从自然出发、一切复归于自然的目的论。立足于此的生态幸福观产生于自然、依据于自然、保护于自然、受益于自然。

第十章　生态和谐社会的构成对象

在生态和谐社会的伦理范式中,人与社会的关系十分重要,更重要的是人与环境的关系。在道德对象的扩展与普及进程中,人类的存在、实体、系统与过程,不仅与人类的生存与安全相关,而且也紧密地影响着人类社会的繁荣与发展。人与城市、人与农村、人与森林、人与河流、人与海洋、人与冰川、人与大地、人与荒原等一切就成了生态和谐社会语境下充分的构成条件。人既是生态和谐社会第一受益者,又是其中必不可少的组成部分。人、社会、自然的和谐共存是和谐社会的生态文明建设提出的必然要求,同时更是生态和谐社会的存在基础。

而自然又是包括森林、河流、海洋、冰川、大地、荒原等在内的一切生态要素的总和,人类与这些生态要素的关系密切相关,并且人类的生产与生活也无法脱离这些生态要素而独立存在。或者说,人类也是组成自然生态要素的重要的能动的一环。各个生态要素休戚相关,人类作为其中唯一具备实践能力的能动要素,对于自然的保护与恢复、构建生态和谐社会起到了重要的作用。

第一节　人与城市

城市是具有一定人口规模,以非农业人口为主的居民点,它是人类走向成熟和文明的标志。生态和谐社会模式下的城市具有和谐性、高效性、持续性、整体性和全球性,它彰显人与自然的共生,人回归自然,自然融入城市,同时满足现代社会的市场经济所追求的高效性与经济性。生态和谐社会模式下的城市不单单追求城市环境优美,而且还兼顾社会、经济和环境三者的整体效益;不仅重视经济发展与城市发展的协调,更注重对人类生活质量的提高,讲究在整体协调中寻求发展。

人与城市的关系是生态和谐社会构建的起点。社会的发展,特别是社会经济的发展,首先是商品交易繁荣的城市的发展。而城市经济的发展势必会影响城市的自然环境,譬如,城市工业的发展会产生大量的工业垃圾,城市生活质量的提高也会产生不少生活垃圾,这些垃圾怎么处理,势必会对城市环境产生深厚影响。因而,构建生态和谐社会的起点往往会从经济最发达的城市开始,一方面是因为城市的污染较重,另一方面也是因为城市具有更强的经济韧劲和技术支持来治理生态环境。

一、城市状态

一个理想状态下的城市应该是政治文明稳定发展,精神文明健康发展,经济建设均衡发展,生态文明共同发展的模式。这样的城市,我们不妨给它一个新的定义:生态和谐社会下的城市。生态和谐社会下的城市是政治秩序已经高度成熟,精神文明建设已经足够完善,经济发展向前稳定迈进,生态文明和谐与共的一个整体。社会中生态公民与自然环境相互作用形成不可分割的运动的整体,这样的城市不再有破坏环境的经济建设,也不再有单纯为了保护环境而放弃经济发展的政策。矛盾的存在成了和谐的动力,经济和社会可持续发展促进社会生活顺利高效地前行。

二、人与城市

人与城市的关系在不同领域有着其不同的取向。从发展的角度看,城市的扩张与膨胀就是人的欲望的扩张与膨胀。城市内部人与资源、环境以及人与社会的矛盾正是人与城市之间的问题,从这个角度讲人既是推进城市发展的动力,也是阻碍城市发展的重要原因,城市和谐发展的关键问题就在于解决这个矛盾。

生态和谐社会伦理范式下,人与城市的关系应该有一种全新的阐释和全新的定位。人类的生存需求已经不单单是物质需求和简单的精神需求,人类将生存需求提高到了更加长远和整体的层次,环境适宜成为人们生活需求的新情境;人与城市的生态环境相互融合,我们面对的不只是绿化带中点点的植物,我们欣赏的不是公园中的片片花香。在城市中人类生活的水源、食物等无不是来源于城市或城市的生态系统,我们所排出的无不重新回归城市生态系统中。环境需求需要城市生态的给予,而城市生态能否提供一个适应人类生存的环境,满足人类持久生活的环境需求,则有赖于有效的城市生态道德机制的生成。生态和谐社会无疑从多角度、多方面满足了这些人与城市关系的新需求,为人与城市关系的和谐提供了一个实现的新平台。

因而,城市作为构建生态和谐社会的起点,对于其他要素会起到标杆的作用。只有城市率先垂范,进行完善、系统的生态环境治理,才能为其他生态要素的改善起到促进的作用。况且,从污染的总量和影响来说,城市工业的发展对自然的影响也远超于其他人类行为对环境的影响。所以为了使城市生态治理更有效,有必要重新构建人与城市的关系,特别是人与城市之生态环境的关系,从而使城市中的人具备保护环境的意识和能力。

第二节 人与农村

农村可以说是人的起点,因为最初人类社会得以生存繁衍,绝大多数依赖于农耕文明的繁荣。农耕文明下的土地,可以说是人类赖以生存的物质基础。靠"天"吃饭,是绝大多数农耕文明的真实写照。但是人与土地的关系从古代发展至今,已经渐渐发生了改变。为了垦荒,乱砍滥伐从古至今都存在,而且现代社会的农耕在农业科技不断发展后,对自然产生的影响也是深远的;农药化肥等化学产品的使用,更是渗透入地下水,对耕地、湖泊等产生了一系列的不良影响。因而构建生态和谐社会也必须考虑农村的要素,特别是人与农村的关系。

一、农村

农村在传统意义上是农民和土地、牛羊等组成的一个共同体,他们自给自足、男耕女织。这是我们心目中对农村的一些认识,其实农村在不同的历史时期是不一样的,有不同的构成对象。在这里我们主要论述的是在生态伦理学意义下生态农村的构成对象,是在生态和谐社会背景下的生态农村的构成对象。生态伦理与生态农村有何关系呢?至少在生态农业的含义、特点和世界生态农业发展趋势等方面有着不同的生态伦理思想。生态农业中蕴涵着生态伦理的内涵,生态特点中体现着生态伦理的本质,在世界生态农业发展趋势中也有着丰富的生态伦理思想。1981年英国农学家瓦庭顿将生态农业明确定义为"生态上自我维持,低输入,经济上有生命力,在环境、伦理和审美方面可接受的小型农业",但是我国所提倡的生态农业的意义远远超出瓦庭顿给出的。通过了解国内外专家对于生态农业含义的不同表述,我们进一步了解了他们对于这一概念的大致看法,但是其基本内涵并无本质区别。共同点在于,它们都内含生态伦理的范式。一般地说,生态伦理是关于人与自然关系的生态道德哲学,是人类对经济发展导致环境恶化乃至生态危机的现象的哲学反思。生态伦理不仅承认人的价值和权利,也承认自然的价值和权利,它把自然的价值和权利作为自己生态道德的基础和基本范畴;而尊重自然和生命,维护生态平衡,维护人与自然的和谐,则是生态伦理基本的规范和原则。生态农业作为生态伦理的陶冶过程,它对生态道德的积极实践,是使之区别于传统农业模式的本质特征。

二、农村的环境问题

长期以来,城市环境的管理和污染的防治工作一直是各国环境保护工作的重点,生态文明建设也把立足点主要放在了城市,却忽视了农村的环境问题和生态建设。这种选择不意味着农村的生态环境不重要,不管是林区、农区、牧区,大部分农村都是自然之源的宝库,大部分生态脆弱的地区也包含其中。因此从长远来看,农村的环境保护和生态建设才是更加重要的。尤其是我国的国情决定了我国生态文明建设的重点更应该放在农村生态文明建设上。

农村污染问题正制约着其自身的持续发展。生态和谐社会对农村发展提供给人们一种全新的界定,将农村精神文明建设和农村生态环境保护有机结合起来,是推进农村生态文明建设的最佳载体。注重生态效益,用生态效益促进经济效益,增大社会效益,使经济效益、社会效益和生态效益统筹起来,可以为我国的"三农"问题的彻底解决提供一个有益的思路。生态效益思想的提出,就能为我国生态农业的发展提供一个很好的发展方向。生态和谐社会推进农村生态建立和完善农村生态文明建设,这样的伦理模式是解决农村环境问题、建设农村生态和谐的解决途径。在生态和谐社会伦理范式下,农村生态文明建设就成了最理想的模式。

三、人与农村

与城市相同,人也是农村的经营者,没有人也就不存在农村。农村正是人类群落发展到一定程度而出现的,人类在农村的土地上耕耘,土地给予人类收获的温床,它们不能相离。在相互作用的同时,人与农村的关系复杂地变化着,人在建设农村的同时也可能在破坏着农村。

人与农村的关系在复杂交错的经济建设与文化建设中,以一种非人类中心主义哲学的观点为背景进行着重新建构。人类进行的大规模环境工程不再单纯以适合人类宜居为出发点,而是为了满足多方利益而追求平衡。注重生态效益,用生态效益促进经济效益,增大社会效益,使经济效益、社会效益和生态效益统筹起来,既满足为人类创建美好的生活环境,同时也给环境的和谐发展留下了足够的空间,使人与自然的相处走入生态和谐的全新范式中。

因而在生态和谐社会的构建中,有必要考虑人与农村的关系,用更为生态环保的形式发展新型农业,特别是有机农业和绿色农业。将生态农业的发展与生态旅游相结合,同时促进农村经济的发展,又可以在其中使人受到生态熏陶和环境影响。这需要几代人的共同努力,当然,我国8亿亩的耕地红线也要守住,要用更为科学的方式安排农业的发展,使农村人可以自觉自愿地参与到发展生态绿色农业的行列中。

第三节 人与森林

森林是和人密切联系的又一生态要素。在生态和谐社会的构建中,有必要考虑森林与人的和谐关系的重建,让人可以在森林审美中受到陶冶,明白森林之美,特别是森林对于调节生态系统的重要意义。这就要求对人进行森林的审美的生态教育。天然的森林公园是有意义的教育场所,通过潜移默化的影响,会使人树立与森林和谐共处的意识。

一、森林

森林有高度密集的树木,这样的植物群落覆盖着全球大量土地,为地球上的生物提供氧气和降低二氧化碳含量做出了贡献,同时它还可以涵养水源,保持水土,是地球生物圈中重要的组成部分。森林不仅仅包括植物,它是林木、伴生植物、动物及其他生物的综合体。更准确地说它应该是森林群落,与其地域一定范围内的非生物环境有机地结合在一起,构成完整的生态系统。它是地球上最大的陆地生态系统,因此它的可持续发展对全球生态的和谐有着至关重要的影响。

二、人与森林的关系

人虽然不是直接居住在森林中,但是森林的存在是人类生存的必备条件之一。丧失森林,我们失去的不仅仅是木材,同时丢掉的还有人类生存的美好环境。

生态林业是根据生态和谐和自然发展的理念指导下的一种林业发展和生产的方式。生态林业的主要目的在于合理满足林业经济利益的同时,不忽略、不牺牲自然环境,而要做到与自然环境共同发展,甚至是促进自然环境的保护。所以,生态林业是一个符合可持续发展理念的发展方式,是未来林业发展的方向。人与自然和谐发展,人与森林和谐与共,须有效调整人类自己的发展道路和方式,才能达到生态环境和人的和谐持久的发展关系。这正是我们生态和谐社会理念倡导下人与森林的本真关系,达到人与自然的最终回归。

人与森林和谐关系的构建,一方面是森林为人类带来现实的效益,比如,森林本身作为天然氧吧,对于人放松压力、休养生息有重要的精神价值、审美价值和医学价值;另一方面是森林本身是木材、菌类等经济作物的产出者,具有极高的经济价值。人类从森林中受益,并且认识到这些益处,有利于发挥人与森林和谐共处及在构建生态和谐社会中的作用。

第四节 人与河流

河流是促进生态系统流动和循环的重要因素,与前面所提到的城市和农村的生产生活密不可分。它也作为地下水源的补给哺育森林。构建生态和谐社会有必要考虑人与河流的关系,摒弃随意向河流中排放污染物的行为,尊重河流本身的季节水文变化规律,不要人为地施加影响,或者过度抽取地下水。只有重构人与河流的关系,才能在生态和谐社会的构建中促进生态循环系统的恢复。

一、河流

河流是地球淡水资源的重要组成部分,是地球表面水循环的重要途径,是人类生存和发展的基础。河流是地球上多样生态系统中最基本的存在形式之一。历史上人类及其社会生态系统的发生发展与河流相互依存,密不可分。

二、人与河流的关系

大河文明与人类文明息息相关，是人类文明的源泉和发祥地。河流与人类文明的相互作用，造就了河流的文化生命。河流先于人类存在于地球上，供养生命，使地球充满生机。河流生态系统是河流内部生物群落和水体环境共同作用的一个整体，是由陆地河岸生态系统、水生生态系统、湿地及沼泽生态系统等一系列子系统组合而成的复合系统，它是人类赖以生存的食物来源之一，也是生产和生活用水的重要来源，人类无法离开河流的滋养，因此保护河流生态系统就变得异常重要。

人类社会的可持续发展和生态环境的可持续发展密不可分，河流生态系统是其中主要部分。如何控制人类的活动才能达到保持生态和谐是目前的核心工作，早在几千年前中国儒家思想就提出"赞天地之化育"，这正是我们现在所追求的生态和谐。人类的活动顺应自然，人类的生产生活与生态环境才能和谐相处。我们开始以自然的眼光看待曾经提供给我们资源的涓涓河流，我们不再将人类的意念强加于它们。

因而，人类需要保护河流，近年来关于河流的生态治理也凸显成效，河长制作为一种新的尝试也在我国逐步开展。对于未来的河流治理，还需要结合我国的河流现状，借鉴国内外成功治理的经验，循序渐进地开展。河流治理是一项长期的工作，有必要长期监测和跟踪，不可急功近利，每走一步都要符合自然规律。只有这样，生态和谐社会的构建才能在河流这一生态要素上取得显著效果，从而为我们的子孙后代谋福利。

第五节 人与海洋

人与海洋的关系就像人与河流的关系，因为对于很多外流河来说，最终是要汇入海洋的。一旦河流被污染，海洋在生态系统的循环中也会受到影响。所以，人与海洋关系的重构，首先要重构人与河流的和谐关系，只有人对河流的治理和保护取得了显著效果，才能避免河流污染对海洋产生进一步影响。而接下来人与海洋关系的构建，则是生态和谐社会构建的另一重要方面，海洋中蕴藏的丰富资源对于人类经济社会发展有着重要影响。

一、海洋

海洋是比陆地更广阔的所在。地球表面被陆地分隔为彼此相通的广大水域称为海洋,其总面积约为3.6亿平方公里,约占地球表面积的71%,海洋中含有13.5亿多万立方千米的水,约占地球上总水量的97%。四个主要的大洋为太平洋、大西洋、印度洋和北冰洋,大部分以陆地和海底地形线为界。到目前为止,人类已探索了解的海洋只有5%,还有95%的海洋是未知的。

二、人与海洋

人类文明由大陆文化和海洋文化共同构成,海洋是地球之母,没有海洋就没有生物,故人与海洋从来是无法分割的。近几十年来,随着沿海工农业的发展和海洋开发事业的兴起,海洋污染事件正逐渐增多。对海洋生态、资源、海水养殖业、旅游和人类健康造成了破坏和损失。少数海洋生物的灭绝和各地一些海洋生态系统的消失,都在给人类指明:人类必须与海洋和谐共处,构建与海洋的和谐关系。

三、构建人与海洋和谐关系

构建人与海洋和谐关系,是我国生态文明建设的要求。生态文明是物质文明、政治文明和精神文明在自然与人类社会间生态关系上的具体表现形式。一种文明如果是为了获得无穷欲望的满足,而毫无顾忌地掠夺和征服自然,那么环境污染与生态危机就不可避免,社会发展的健康性和持续性就失去了根基。

人类要树立全新正确的海洋观,要通过法律等强制手段来控制污染和过度开采,同时对已经破坏的海洋生态环境要积极修复。作为人类,我们追求的根本目标本就不应该限定在经济价值,我们应该领悟到人应该与自然和谐相处,从而营造出一种全球化的生态和谐文化。在这样的文化环境下,人们的行为活动应该有更高的追求。

因而,人在生态和谐社会的构建中需要考虑海洋生态系统与人类关系的重构,借鉴古代休渔的思想,适时适当地开发海洋资源,保证人类的开发不会影响海洋的生态可持续发展。对于各类潜在的海洋污染事件,要建立长效的监测、预警和治理应对机制,从源头管控,在过程中监督,在结果上优化,尽可能地恢复海洋生态系统的正常循环。

第六节 人与冰川

随着全球变暖的加剧,南北极的冰川消融问题也愈加受到人类的关注。不仅是两极的冰川,地球上其他冰川的消融速度也在加剧。冰川消融带来了海平面上升,对于沿海地区人类的生产生活、自然环境产生了不小的威胁。所以在构建生态和谐社会中也有必要考虑人与冰川的关系,以减少人类活动对于冰川的影响。

一、冰川的现状

冰川存在于极寒之地,除南北两极只有高海拔地区才有。历史上有四次大的冰川时期,当时地球上温度极低,冰川覆盖着地球大部分陆地,海平面下降。动物的生存是由冰川期的变化决定的,故冰川的形态是世界变迁的推动力。现在不再是冰川时代,冰川的面积也大大缩小。在南极和北极圈内的格陵兰岛上,冰川是发育在一片大陆上的,所以称之为大陆冰川;而在其他地区冰川只能发育在高山上,所以称这种冰川为山岳冰川。由于全球气候变暖,世界大部分地区的冰川在加速消融,这将对人类生存构成极大地威胁。

二、人与冰川关系

冰川看似与我们没有直接联系,我们不能从中取得直接的经济利益,但是从深层次讲,人与冰川的关系十分密切,不可分割。

建立生态和谐社会,保护冰川,恢复冰川生态系统的正常化,才能维持全球整个生态系统的平衡,是整个地球和谐的要求,是人与自然和谐相处的基础,是建设生态和谐社会的根本出发点。不断提高冰川资源的生态、经济、社会效益,实现冰川资源与生态和谐的双赢,加强冰川的保护和维护全球生态平衡,使得冰川生态系统符合生态和谐社会的要求,可保证人类社会的可持续发展。

因而,在生态和谐社会的构建中,要调整人与冰川的关系,具体而言,就是要通过一系列国际合作公约,减少向大气排放温室气体的数量,减缓全球变暖的速率。治理冰川消融需要开展广泛的国际合作，只有这样才能避免臭氧层空洞的危害加剧，才能减缓冰川的消融。国际社会达成广泛的共识也是重要的，各国都应承担起减少碳排放的责任。

第七节 人与大地

对于人类来说，大地是人生存的根本，常言有"落叶归根"，指的就是落叶最终会归于尘土，人最终也是以某种形式重新回归大地。所以在生态和谐社会的构建中，有必要重新考虑人与大地的关系，考虑这一根本要素对于人类未来存续的影响。只有这样，才能为人类的后代争取到仍然可以赖以生存的物质保证。

一、大地

大地有两层含义，一是代指地球，二是指地球上广大的土地。这里我们讨论的大地是前者。这里的土地我们可以广义地理解为除了海洋和河流之外的地面。在这广阔的土地上人类繁衍生息，人们通常又将大地理解为地球，它就是我们在地球上生存的空间。大地在我们脚下，容纳着我们一切的活动与行为，包含着一切生物与水源。

二、人与大地的关系

在利奥波德早期的思想中，土地是"死的"，它没有生命，因此人们把自然看作是机械的，人类可以完全掌控，它不会有反作用。这种观点与洛克的土地是财产的理论相一致。但是这恰恰是错误的，他们将自然与人的相互作用忽视了，也高估了人对自然的掌控能力，完全符合"人类中心主义"哲学出现的现实语境。当人与自然的关系恶化时，酸雨、洪水、沙尘暴等自然灾害的频繁发生让人类开始重新审视人与自然的关系，换一个角度来看待这种相互关系。人不是大地的主宰，大地并不是"死"的，哪怕只是一把土，它其中都含有无数的微生物；这也就是说，大地是活生生的有机体，我们不能再机械地看待它。

生态和谐的社会是全人类、广大土地与整个大地上的一切生物的和谐共存。当人与非人的自然物的伦理价值相统一，我们把人类生存的大环境重新调整到一个类比无人涉足的大自然时,真正的生态和谐社会也就出现了。我们也就进入到生态和谐社会伦理范式的阐释研究的语境中,重新来看待自然地万物。

因而在生态和谐社会的构建中也要考虑大地与人之和谐关系的重构,从保护人类存续的角度出发进行根本性的生态治理,合理规划人类对于土地的功能定位及使用。这对于人类的可持续发展有着重要影响。只有认识土地是自然之本,人类才会自觉地保护,这样才能保证自己的子孙后代还可以在同样的土地上繁衍,凸显了代际公平的意识和理念。

总之,生态和谐社会的构建需要将上述七项要素与人类的关系重新构建考虑,从生态可持续发展的角度入手,分别进行生态恢复与生态治理。只有经过恢复和治理,才能缓解生态恶化带来的不利影响,才能让人真正产生生态环境保护的意识,并愿意为之付出努力,落实生态环境保护行为。这样内化于心,外化于行,才能知行合一地构建真正的生态和谐社会。

第十一章 生态和谐社会的评价原则

生态和谐是自然界的理想状态,生态和谐是生态公民的生活愿景,生态和谐社会是人与自然关系协调的理想社会。建设生态和谐社会的过程,需要有实现生态文明的美好理想,也要有将其转化为现实世界的实际行动。生态和谐社会所走的每一步都需要一定的原则予以指导和评价,这些原则不仅要体现人的价值和利益,也要维护生态系统中其他生物的权利,更要促进生态整体的协调有序。因此,对生态和谐社会进行评价主要应遵循以下五个方面原则。

第一节 能否善待一切生命

凡是生命,皆有感觉,皆有灵性,人类怕病怕痛怕死,一切动物也是怕病怕痛怕死。将心比心,我们除了要善待他人、善待自己之外,还要善待一切生命。

一、善待人类的生命

人不是处在自然界之外的,人类也是生态系统的重要组成部分。生态和谐社会中善待人类生命,主要指人的生命是平等的,反对性别歧视、地域歧视、种族歧视等任何形式的歧视观念和行为。在中国和西方的古代都存在贬低自然和贬低女性的二元论思想,人们普遍认为男人统治女人象征着人类统治自然,这种性别歧视其实也是人类中心主义的观点。生态伦理反对人类中心主义,是一种非二元论的思维模式,所以要反对歧视,倡导平等对待人类的生命。

二、善待非人类生命

生态和谐社会的伦理不再是以人为中心的伦理,它将伦理学研究对象的范围扩展到了其他生物乃至整个自然界。因此,评价生态和谐社会一定要看是否善待了非人类的生命。

阿尔伯特·施韦泽认为"敬畏生命"不仅包括人的生命,也包括动物和植物的生命,应当"把爱的原则扩展到一切动物"。首先善待动物生命,人类应尽可能地不去打扰动物的生活,使动物与其环境达到协调一致,生理完全健康。其次,是善待植物,植物在促进生态和谐过程中有着很大的作用,一棵树在光合作用下每天释放出大量氧气供人类生存使用。我们是否善待植物生命,也是评价生态和谐的原则。

第二节 能否保护地球的生物链

生物链描述的是生物之间的一种关系,缺少任何一种生物,生态系统将不再完整,生态社会也就无法和谐。因此,完好的生物链是和谐生态中重要的一部分,能否保护地球上的生物链对于能否建成生态和谐社会意义重大。

一、生物链与生态系统

生物链的定义是由动物、植物和微生物互相提供食物而形成的相互依存的链条关系。自然界通过食物链维系着物种间天然的数量平衡。虽然生态系统中的生物种类繁多,但是在生态系统中又有序地分别扮演着不同的角色,根据它们在能量和物质中所引起的作用被分为四大角色:无生命物质、生产者、消费者、分解者。这四大角色相互作用,他们之间发生着物质和能量的循环与交流,建立起自然界物质的健康循环。

二、成为生态消费者

在生态系统的四大角色中,人是消费者,能否成为合格的消费者对于我们能否保护地球上的生物链至关重要。生态的消费模式必须以维护自然生态环境的平衡为前提,在满足人的基本生存和发展需要的基础上,实现可持续消费模式。消费的生态性主要表现在以下几个方面:第一,消费品是绿色环保型商品,即选购消费品的时候,要考虑产品本身的能耗和污染性,在追求物美价廉的同时,还要追求节能环保。第二,避免过度消费、冲动消费,以免造成财富和资源的浪费,除了要引导人们确立正确的消费观外,还要利用经济手段、立法手段和行政手段来缩小社会差距,调节贫富矛盾,控制过度消费行为。

第三节　能否养成持久的生态公民

生态公民概念的出现是新时期生态和谐社会对于合格公民更高层次的要求。能否养成持久的生态公民,关键看公民能否树立正确的生态价值观和实施持久的生态行为。

一、正确的生态价值观

是否成为一个生态公民首先要看其动机是否符合生态标准,要有生态行为的动机首先就要树立正确的生态价值观,主要包括以下四个方面:

(一)生态整体观

整体主义有多种形式,但其核心观点就是人与自然界众生平等,人与自然相互联系、相互依存,是一个统一的动态的有机体。人的利益不是至高无上的,生态系统的整体利益才是最高价值。我们要善于把是否有利于维持、保护生态系统的完整、和谐、稳定、平衡和持续存在作为衡量一切事物的根本尺度和评判人类生活方式、科技进步、经济增长和社会发展的终极标准。

(二)生态代际公平观

生态代际公平观就是要有处理好当代人发展和后代人环境之间关系的意识,也可以理解为"可持续发展观"。可持续发展是既满足当代人的需求,又不对后代人满足其需求的能力构成危害的发展;既要达到发展经济的目的,又要保护好人类赖以生存的大气、淡水、海洋、土地和森林等自然资源和环境,使子孙后代能够永续发展和安居乐业。

（三）处理生态问题的全球观

当今环境问题的发生越来越有全球趋势，例如气候变暖、臭氧层破坏、生物多样性减少、酸雨蔓延，等等。这些问题影响着全球各个国家，危害着全世界人民的健康。解决环境问题不是一个人一个地区一个国家的责任，是每个国家共同的责任。这一点应该得到绝大多数人的认同。在此次调查中，409位社会公民对"生态和谐社会的建设是否是我们国家单独方面的任务"这一问题的回答显示，有96%的人认为"生态和谐社会的建设是世界各国的任务，应该上升到全球化的高度"。解决全球环境问题单单依靠一两个国家的力量是不够的，合作显得至关重要。因此生态公民要能站在全球的维度分析和解决生态问题。

二、持久的生态行为

人类活动主要有两种：生产活动和生活活动。人们的行为也就主要存在于人们的生产活动和生活活动之中，我们称之为生产行为和生活行为。判断人们是否有持久的生态行为也主要判断其生产行为和生活行为是否长期符合生态标准。

（一）生态的生产行为

人们最主要的生产活动有农业生产和工业生产。

农业是人类的衣食之源，是人与自然联系的重要环节，最早的人类通过农业生产改造自然。自然具有突出的生态功能，生态农业的发展是生态和谐社会建设的重要组成部分。生态公民的生态农业生产行为主要有：第一，减少甚至避免农业污染；第二，节约农业资源；第三，开发生态农业技术。

工业是国民经济的主导产业，是一个十分重要的物质生产部门。没有工业的存在与发展，就不能为其他部门提供的机器设备，就不会有国民经济其他部门的进一步发展。但是，当今世界的各种生态问题主要是由工业生产引起的。处理工业生态问题，形成持久的生态工业行为是生态和谐的重要一步。第一，要使用生态工业生产材料；第二，生产过程应生态无污染，以减少污染物排放量；第三，生产出来的产品应是绿色环保的；第四，工业技术的开发和利用应使生产同样质量、同样数量产品，消耗更少的资源；第五，改善工业结构和布局，避免重复生产、重复建设导致资源浪费。

（二）生态的生活行为

生态的生活行为数不胜数，首先作为生态公民必须做到遵守规范和知行合一,如不要使用一次性筷子、购物袋,不要在公共场所吸烟,不要伤害捕杀野生动物,不能随地乱扔垃圾,使用节能灯,节约用水用电,等等;其次生态公民还要有更高层次的生态行为,如参与环保社团,空闲时间去做环保义工,选择低碳旅行,购物时选择环保材料,等等。生态公民的这种生态行为不是暂时的,而是需要有长久坚持的习惯。

结果显示,社会公民在日常行为上如不使用塑料袋、一次性餐具等方面存在不环保现象,并在使用节能产品、参加植树绿化等较高层次生态行为的实施方面存在更大的缺陷。所以,公民持久的生态行为应该作为本阶段生态和谐社会建设的评价标准。

第四节 能否维持自然界的完整、美好与稳定

罗尔斯顿在《哲学走向荒野》一书中写道,我们有道德上的义务去保护生态系统卓越的创造,或者说去最大限度地促进生态系统的完整、美丽与稳定。这种观点并不是建立在人类中心主义的观点上,而是将保护生态系统作为一种义务,我们在评价生态和谐社会的时候也应将能否维持自然界的完整、美好与稳定作为一项重要原则。

一、能否维持自然界的完整

自然界的完整指自然界中的人、动植物、菌类、有机物、无机物以及其他客观存在物都处于没有残缺或损坏的状态。自然界是一个整体,任何一部分的价值都不能孤立地去计算。人类没有权利为了自己的利益去毁灭其他生物。

自然界现在的所有并不是完整的,物种灭绝总是在发生。有科学家估计,因为人类的干扰,在过去的2亿年中,平均大约每100年有90种脊椎动物灭绝,平均每27年有一个高等植物灭绝。自然界的本质应该是多元的、完整的,生态和谐社会追求的是一种生态多元的和谐,生态伦理也应建立在保护自然界完整这一基本价值的基础上。

二、能否维持自然界的稳定

自然界的稳定指人、动植物、有机物、无机物等通过协调、竞争、淘汰等方式，实现工具价值与内在价值的融合，以维系物种间的平衡，促进物种的进化，并使自然界达到和谐有序与稳定。自然界的不稳定表现形式多种多样，如 1859 年，澳大利亚的一个农夫为了打猎而从外国弄来几只兔子，由于兔子是出了名的快速繁殖者，在澳大利亚它没有天敌，数量不断翻番，很快就开始毁坏庄稼，影响了澳洲生物链的稳定。整个 20 世纪中期澳大利亚人和兔子的斗争就没有停止过。自然界的不稳定已经严重影响到了人类的生活，所以生态和谐社会必须考虑生态的稳定。

三、能否维持自然界的美好

自然界的美好是指大自然是生机勃勃、充满活力的，既有符合人们审美观的规则、秩序、比例、对称、纯净等美感属性，同时又有幽暗的山林、崎岖的山脉、怪异的岩石、荒芜的原野等与众不同的生命力。自然界的美好是在自然界完整和稳定基础上的更高层次的价值追求，这种美好既表现为每个自然物个体与整个自然相互匹配的有机统一，又表现为在追求统一时不失展现自我个性；既表现在自然界的一切皆遵循生态规律，且有秩序的循环发展，又表现在利用规律改造现实，使自然界朝着更美好的方向变化。自然界的美好既是一种视觉享受，又是生态伦理内在价值的体现，所以，生态和谐社会要以能否维持自然界的美好为评价原则。

第五节　能否塑造系统的生态共同体

如果说持久的生态公民是从人的角度评价生态和谐社会,自然界的完整、美好与稳定是从自然的角度评价生态和谐社会,那么系统的生态共同体便是从人与自然关系的角度来评价生态和谐社会。

一、生态共同体：人与自然关系的发展

人与自然关系的发展先后经历了三个时期，第一个时期，人敬畏崇拜自然的自然共同体时期；第二个时期，人类征服、统治自然的社会共同体时期；第三个时期，工业社会的发展使自然环境受到严重的污染破坏，正如恩格斯所说："我们不要过分陶醉于我们人类对自然界的胜利。对于每一次这样的胜利，自然界都对我们进行报复。每一次胜利，起初确实取得了我们预期的结果，但是往后和再往后却发生完全不同的、出乎预料的影响，常常把最初的结果又消除了。"20世纪50年代以后生态环境问题出现得越来越频繁，人们开始认识到要想实现人类的可持续发展，前提是必须存在持续的地球生态。于是人们便逐渐调整与自然的关系，并开始进入追求生态共同体时期。

二、系统的生态共同体的塑造

在生态共同体中，人与自然是融合且和谐的，人与自然的和谐并不是要人们对自然无所作为、消极顺从，人们可以积极地发挥主观能动性，在进一步解放发展生产力的同时，减少对大自然的伤害。

2003年我国提出科学发展观，是促进人与自然和谐，塑造生态共同体的重要指导思想。在科学发展观的五个统筹中重点强调了统筹人与自然的和谐相处。统筹人与自然和谐发展体现了保护环境、保护生态的现代思维，是人类对自己行为进行深刻反思的重大成果，具有造福子孙万代的远大目光，其目的是在整个社会生产发展、人民生活富裕的同时人与自然实现协调。

（一）能否发展循环经济、生态经济

发展循环经济、生态经济是实现人与自然共生繁荣的重要途径，要求人类按照生态规律进行生产活动、消费活动和废物处理活动，其特征是投入少量资源并通过整合这些资源达到资源优化配置且循环使用的目的。首先，我们要正确理解经济增长与生态保护之间的关系；其次，转变经济发展方式由粗放型向集约型发展；最后，调整产业结构，促进第三产业的发展。

（二）能否协调人口、资源与环境的关系

人口过剩、资源危机和环境污染是全世界所面临的三大社会问题。人口过剩

与资源危机、环境污染三大问题是相互联系的。塑造系统的生态共同体必须协调好人口、资源与环境之间的关系。我们能否协调好人口资源与环境的关系，首先要看是否控制了人口数量、提高了人口素质；其次看我们能否使粗放的生产生活方式向集约型转变。

（三）能否统筹城乡与区域生态发展的双轮驱动

加强城乡区域统筹、构建城乡区域发展一体化新格局，一定要坚持把生态保护放在首位。良好的城乡、区域生态环境是实现可持续发展的重要前提。城市农村的生态发展都有自己的优势与不足，促进其双轮发展有利于优势互补，并能获得更大的效果。区域也是同样的，如果不统筹区域发展，某一个具体的环境问题都很难解决，更不用说系统的塑造生态共同体。所以我们能否统筹城乡与区域生态发展的双轮驱动是能否系统塑造生态共同体的重要标准。

第十二章　生态和谐社会的重要路标

生态和谐社会离不开哲学家面对自然的理性反思,哲学家反思世界的方式需要自然主义(naturalism)的生态思维(ecological thinking);而人类理解世界的基本立足点,也需要自然主义的生态思维。源自生态思维的生态价值以及生态观念,皆来自生态法则的客观要求;而生态法则的绝对命令是当代哲学家约纳斯提出的自然命题。他在《责任的命令》一书中认为,要这样行事,使得你的行为能够与人类在地球上的真实生命的延续相共存。生态思维是生态哲学中的一个重要概念,它是与自然、环境及生态概念紧密相关的,着重从全球整体生态状况出发,去认识与观察人、科技、资源、环境与社会经济政治发展及自然界存在的一种思维方式。

第一节　自然的哲学概念

自然在哲学上是一个古老的概念,早在古希腊的前苏格拉底时代,就对世界的本源进行了无尽的追问,对构成世界的终极物质材料进行了不竭的探索。因此,在西方哲学史的元素论与原子论形成阶段,被毫无疑义地命名为自然哲学时期。而后的亚里士多德哲学就把自然定义为事物变化或稳定的内在起源或本源。在亚里士多德看来,本源是自然之物形成的物质材料及此物的结构,而其著作《物理学》也被称之为"论自然"。

自然这个概念源于希腊语中的动词 phuein,最初意指生长或化育,在狭义上是指称人之外的所有天然因素的总体集合,特别是融汇了非人为与非生物因素的存在。"自然在此意义上有时与人形成对立,因为自然被视为人类理性掠夺的对象,但是,这种态度最近遇到环境哲学某些方面的挑战,根据环境哲学的某些观点,人应当被看成是自然的一部分。"①因此在一个更宽广的范畴中,自然也被用来表示包括人类在内的宇宙万物的整体。特别是在英国哲学家密尔看来,自然的基本含义不仅指事物的整个系统,即所有事物特性的集合体,而且也指事物成其所然、不受人类干预的状态。

在德国古典哲学家谢林看来,主体自身是自然的部分,自然现象就是生命的表达。他反对费希特关于世界是自我的构造物的概念,认为自然的本质是物质,自然界的发展被构造为两种力量不断解决又不断产生的过程。这个过程经历了质料、无机体到有机体这三个从低级到高级发展的不同阶段;自然在自我呈现的状态中达到顶点,自然在自我发展的过程中携带一切事物、经验一切事物。

在18世纪法国唯物主义哲学家霍尔巴赫看来,人的存在方式与运动方式虽然有异于他物,但人是自然的产物,服从于自然法则,自然界的多样性是由物质不同的性质与配合、不同的存在与活动方式构成的,而宗教来源于人对自然的无知与恐惧。

而同为18世纪法国博物学家的乔治·路易·勒克雷尔·布丰在其百科全书式的著作《自然史》中,则把有机界的发展史和地球的产生与发展史联系起来,要把自然规律起支配作用的概念扩展到一切有生命和无生命的物体上,人也是自然环境的一部分;布丰认为物种是自然界中客观和基本的事实,现在的不同物种可能源于一个共同祖先,物种在气候、营养等环境条件影响下会发生变化。

在西方哲学语境中,广义的自然主义一般是指源于古希腊德谟克利特和亚里士多德把自然看作是一切存在总和与全部实在的哲学观;而狭义的自然主义指的是在19世纪末20世纪初,随着现代自然科学的飞速发展,在美国逐渐形成的反映唯物主义与唯心主义斗争的哲学思潮。狭义的自然主义在自然观上认为超自然与超验的领域是不存在的,认为整个可知的宇宙是由自然对象所构成,而自然对象的产生与消亡都是自然原因作用的结果;认为自然的序列并不只是所有自然对象的一个集合,而是所有自然过程的系统;认为自然之所以能被认识,是因为自然过程是规则的;认为尽管人类是可以与自然相区别的竞争者,但人类与自然是一个整体。②而在生态哲学语境中的自然主义是以自然为本,奉行自然至上价值的重要观念系统,是遵从自然生态绝对命令的理念。它认为地球之上的每一事物

---

① [英]尼古拉斯·布宁、余纪元编著:《西方哲学英汉对照辞典》,王柯平等译,人民出版社2001年版,第662页。
② 蒋永福等主编:《东西方哲学大辞典》,江西人民出版社2000年版,第998—1007页。

都是自然生态世界的一部分。诚如希腊自然科学是建立在自然界渗透或充满着心灵的原理之上,生态哲学语境中的自然主义既是尊重自然界整体秩序的表现,也是对自然界不同成员主体价值的认可。"由于自然界不仅是一个运动不息从而充满活力的世界,而且是有秩序和有规则的世界,他们理所当然地就会说,自然界不仅是活的而且是有理智的(intelligent);不仅是一个自身有灵魂或生命的巨大动物,而且是一个自身有心灵的理性动物。"①生态哲学语境中的自然主义,坚持人类社会的生产方式、生活方式与思维方式应依循自然界的基本准则与生态世界的客观规律;因为当自然界不同物种的均衡存在被认为是自然界整体秩序的源泉时,无论是生存于地球上的动植物及其他生命体,都分享有作为生命造物的尊严与作为自然生态重要组成部分的价值。

第二节 生态概念与生态思维

生态(eco)这个概念,在本然的意义上是指一切生物在一定的自然环境下生存与发展的状态,它表达了对健康、美好与和谐事物的蕴含;而后在其内涵逐步发展的过程中,又包含了生物之间以及生物与环境之间息息相关的关系,更体现了一种人与外部生存环境及生存条件紧密的关联性。它包含了自然生态、社会生态及综合生态。自然生态是人类外在的生存整体环境,是非人类动植物与地球的三大系统——空气、水和土壤环境的相互作用及融合;社会生态即人类自身不同个体与不同群体之间的关系;综合生态是人类与生物种群之间及不同生物种群之间的联系与平衡。生态学(ecology)来源于生态,最早是由恩斯特·海格尔于1866年提出的,他认为生态学是"研究生物体同外部环境之间关系的全部科学"。生态学的产生与兴起,推动了生态概念进一步丰富自己的理论诠释,并以有效的理性逻辑迅速地进入到跨学科的知识体系。

如若说生态是一个包容万有的大壳子,那么环境则是生态这个大壳中一个须臾不可分离的壳子。因为生态是以一定生态关系为核心所构成的整体系统,而环境是以整个生物界为主体所构成的外部空间与无生命物质组成的概念。具体地说,环境(environment)又称"栖息地"或"生境",是以水、空气、土壤、阳光及其他无生命的物质为主要组成部分,构成了生物界不同生命形式生存的外部条件。环

---

① [英]罗宾·柯林伍德:《自然的观念》,吴国盛等译,华夏出版社2007年版,第133页。

境是生态的重要组成部分，生态是环境的延伸与扩展。在一种视域交融的意义上，生态环境这个概念也被由生态与环境这两个概念组合在一起使用，主要强调由生物群落及非生物自然因素所构成的不同生态系统，在间接地、潜在地、长远地对人类的生活形成影响。

生态思维是以生态理念作为价值坐标的思维方式，尊重地球上不同生物的生理特征和生活习性，其逻辑着眼点立足于我们只有一个地球的事实，落脚点则归于人与自然和谐相处的生态价值。这里的生态价值折射为自然界的不同物种与人共享一个整体生态圈的存在。因此，生态思维源自生态伦理的价值判断，是尊重与体现自然界不同物种的主体观念与内在价值的评判准则。

生态思维也是以进化理念作为价值坐标的思维方式，不同生物种群之间的进化是交错混合在一起的，在一个整体的生态系统中既充满了矛盾，也体现出统一。这个种群属于另一个种群属在生物的进化史上迭加在一起，在不同的生物进化阶段相互影响、相互作用。当然，这种进化是离不开生态系统自身的整体性存在的，而反过来说，生态系统自身的整体性存在又推进了不同生物物种的进化。

第三节 自然主义生态思维的蕴含

自然主义的生态思维在指向生态和谐社会的进程时其所具有的属性是丰富而又深刻的，它具有系统整体性、生态共有性、自然进化性、开放循环性、平衡互补性与资源有限性。

系统整体性表现为人与自然界的动植物都处在一个完整的系统之中，那就是我们生存的地球。地球是我们见之在之的基本所在，人、土地、水、动植物及矿物质共同组成了我们生存繁衍的单元系统。当然，地球之上还有更高的系统，只不过，地球是人类与非人动植物最为紧密攸关的生存系统，其中的有机化合物与无机化合物都是不可或缺的重要组成部分。"环境组装了一个庞大的、极其复杂的活的机器，它在地球表面上形成了一个薄薄的具有生命力的层面，人的每一个活动都依存于这部机器的完整和与其相适应的功能。没有绿色植物的光合作用，就没有氧提供给我们的引擎、冶炼厂和熔炉，更不必说维持人和动物的生命了。没有生活在这个机器中的植物、动物和微生物的活动，在我们的湖泊和河流中就不会有纯净的水。没有在土壤中进行了千万年的生物过程，我们就不会有粮食、油，也不会有煤。"①由系统理论所赋予的生态思维,其所具有的系统整体性,强调的既是自然世界的整体性,更是整个生态系统的整体性。

生态共有性表现为生态系统的结构属性,即生态系统的多元包容属性。无论是人的生态,还是自然界的生态,都是共有统一的;无论是自然界中动物的生态,还是自然界中植物的生态,也都是共有统一的。可见地球上任何一种生物都栖息在一个统一的生态系统之中。正如同巴里·康芒纳所言,"生态学的第一条法则:每一种事物都与别的事物相关……它反映了生物圈中精密内部联系网络的存在;在不同的生物组织中,在群落、种群和个体、有机物以及它们的物理化学环境之间"②。既然地球之中不同的生物种类在相互依赖中共生,那么生态系统的多元包容,也促成了生态系统的多样性与统一性。而生态系统的多样性与统一性,也有助于一个长期共存的生态系统的稳定。

自然进化性表现为生态系统的不同组成部分与生物种属是在自然演变的过程中进化的。自然的进化史是一条极其漫长的道路,经过萌生的初级阶段、剧烈反应的中间阶段以及后续的重组调整阶段。最早的进化是宇宙进化的阶段,从最早的物质中产生了星体,在星体内的基本粒子里产生了我们的化学元素原子;之后是生物进化的阶段,从无机的自然中产生了生命的存在,充满人类生活的生物圈开始出现;最后是技术进化的阶段,在对客观世界认识逐步加深的状况下,人充分掌握自然的条件结构,应用科技工具的进步建立新的统一。保存自然的存在是物种进化的条件,拥有完整的生态系统是物种进化的前提;而进化的结果,则体现为生物多样性的存在。自然界在保持其原生态特质时,在漫长的历史演进过程中也在不断地进化。它实则体现出生态系统在人的生态理性不断进化的过程中,形成人与自然和谐相处的互动完善的运动特质。

开放循环性表现为生态系统自身是开放的,而不是封闭的,是在不断地循环往复中趋于平衡。如同地球这个生态系统是这颗行星表面地貌与内质结构历经几亿年演化的结果,这种结果当然也是地球这个生态系统开放循环性的体现。地球之上生命的起源,也正是地球大气层中所包含的氢、氧、氮与碳四大元素所组合与演变的结果。地球这个生态系统的开放循环,铸就了不同生命体的产生,也促进了有机化合物与无机化合物的有序存在。"它构成一个环形过程,把原来的最终要毁灭的直线过程转变成一个循环的、永恒的过程……我们看见了一幅巨大的

---

① [美]巴里·康芒纳:《封闭的循环》,侯文蕙译,吉林人民出版社2007年版,第12页。
② [美]巴里·康芒纳:《封闭的循环》,侯文蕙译,吉林人民出版社2007年版,第25页。

图像——后来成为极为重要的生命构成的基础：一个生命过程与另一个生命过程之间的相互依赖；地球上的生命系统和环境的非生命成分的相互内在联系的发展；由太阳能量所推动的、在一个巨大的圈子里生命的各种物质不断重复地转换。"①

平衡互补性表现为生态系统是平衡互补的。地球这个与人类生存息息相关的生态系统是在其属下不同生态系统之间相互联系、相互影响、相互作用的产物。不同圈层、不同地域、不同种群的生态系统既相对独立，又在一个更大的统一的生态系统中获得其互补的关联。而在反向的意义上，如果我们只是从个体主义或局部性的角度来看待生态系统，那相互关联的危机就隐然而生。因为被割裂的生态系统就不是完整的生态系统，如同被孤立的自然界也不是真正的自然界。无以否认，生态系统中不同组成部分有对抗斗争，不同生态系统之间有矛盾歧异，但生态系统中不同组成部分所具有的互动互补，以及不同生态系统之间的融合平衡，却明证了一个体现整体性的生态系统是平衡互补的生态系统。

资源有限性表现为生态系统中的自然资源是有限的。地球在宇宙中的存在是有限的，而人与自然在地球中的存在也是有限的。如同康德所言，人是有限的理性动物；那么在生态系统中不同的生命形式也是有限的存在。在此，必须改变"人是万物的尺度"的旧有观念，走可持续发展、绿色有机增长的生态道路。若不如此，人类自我发展的维度就是自然资源无止尽耗竭的维度，地球这个整体生态系统也将一步一步地接近增长的极限。而且若当人口爆炸的数量没有得到有效控制时，地球所承担的资源压力也将在环境污染所造成的资源短缺状况下愈发膨胀。梅萨罗维克和佩斯特尔在《人类处在转折点》这一报告中提出："必须发展一种使用物质资源的新道德，这应导致产生一种与正在到来的匮乏时代相适应的生活方式。"②

第四节　生态和谐社会的重要路标

以自然主义的生态思维理解我们所面对的全球化世界，既要求我们注意到长

---

① ［美］巴里·康芒纳:《封闭的循环》，侯文蕙译，吉林人民出版社2007年版，第15页。
② ［美］梅萨罗维克、［德］佩斯特尔:《人类处在转折点》，生活·读书·新知三联书店1987年，第142页。

时期以来在人类中心主义的鼓动下对生态环境进行无止境开发利用所带来的种种弊端，也提醒我们在公共社会的生态伦理指导下，应合理调整人类活动的生产方式、生活方式与消费方式。"尽管人类是自然序列的一个部分，但人类并不能归结为自然的其他部分。通过自然科学的方法，可以认识人类。人类的制度和实践，人的经验方式，个人和集团的目标和价值，这些都是星系的运行以及生物的进化一样，都是自然的。"①背弃了自然的生态危机已不再是危言耸听的告诫，而是一个正在日益演化成现实的环境威胁之所在。不仅是森林面积、水资源与生物多样性减少，而且是废物质污染、海洋污染与噪声污染，还有是温室效应、臭氧层破坏与土地退化沙漠化，这些触目惊心的事实及趋势，不仅让地球生态圈本身不堪重负，也让地球的居者生物种群伤痕累累。因此自然主义的生态思维，是锻造生态和谐社会的重要路标。

以自然主义的生态思维切入对谋求改造世界之技术的反思，一方面，人与自然的互动离不开技术，技术是人的衍生品，自然是技术的应用对象；另一方面，当技术成为人与自然的媒介，它确实使人类世界发生了翻天覆地的变化，但同时也使自然界受到了不合理的开发与无度的利用。因此以审慎的生态思维思考技术的存在，技术就不应成为人类的征服者之剑，而应成为服务于人与自然的朋友。"某些自然事物的功用性价值则比较容易论证。不得污染空气、森林和水资源的义务，就是直接来源于它们对我们是有用的、不可或缺的。我们破坏自己的环境，就像我们放火烧毁自己的家或者邻居的家一样，是不正当的。如果我们今天因为愚昧或贪婪而摧毁了明天所需要的东西，我们就等于是在自杀；如果我们今天因为同样坏的原因而破坏人类其他成员的环境（甚至我们有理由假设我们的子孙后代也需要它），我们就等于是在犯罪。"②

以自然主义的生态思维反思人类自身在地球上的存在，应超越生存阶段论，向生命境界说跃进。在历时性的生存与发展的过程中，可能不同的物种经历了不同的生命过程，在基因图谱中有不同的序列分布，但人与自然界的其他成员都同处在一个共时性的地球生态大系统中，我们在面对同一个生命系统谱系时，独自生存、苟且偷生的低级生存模式，应被生态和谐社会共生共存、互动融合的生命境界所替代。没有一个物种能自立于自然界之外，也没有一个人能逃离地球而生，或者说人能遁迹于山林而远离人群，但人又怎能逃离于自然而逍遥自居呢？

---

① 蒋永福等主编：《东西方哲学大辞典》，江西人民出版社2000年版，第1007页。
② ［西］费尔南多·萨瓦特尔：《哲学的邀请》，林经纬译，北京大学出版社2007年版，第133页。

以自然主义的生态思维反思人与自然的关系,不仅需要对人类劳动所可能存在的异化保持足够的警惕,而且必须对代代相传、永续发展的生态模式予以必要的重视。永续发展的生态模式,不仅注意到人对自然的改造必须不能超越某一极限,而且还注意到自然环境对人及其生产力所施加的影响。自然界并不是任人宰割的客体,或者按照生态学马克思主义的观点,自然界并不是没有抵抗的客体。"作为自然对象的人类,与自然的其他部分一样,也要服从自然法则。"①物质世界的自然与表现为习俗或人工制品的人为事物截然不同,而精神世界的自然使一切事物从自我异化的境地中走出来,达到对自然本源的回归。人类一方面必须重视自然界的客观规律,另一方面必须在自然界生态平衡所能接受的限度内有效利用自然资源。尽管自然界在环境污染与生态失衡的问题上,具有无须人类调控的一定的自我修复能力,但自然界的修复总是建立在人类对自然环境的征服之罪上,何况这种修复在某种程度上是难以弥补的。

　　自然主义的生态思维呈现的价值主张,既不是生物中心主义,也不是人类中心主义,而是务实理性的生态中心主义。生态中心主义是一个复合的、整体的与互动的研究视角,它以人与自然界所组成的生态共同体作为理论核心,强调其整体秩序的和谐稳定对不同物种成员的重要性,强调生态共同体中个体与母体的紧密关联,强调道德权利与规范应扩展至自然界及动物,强调内在价值的基点应包括人与非人动植物的整体地球自然。"它应当关心整个生态系统以及生态系统内各事物的关系。根据这种观点,生态系统的整体性、多样性和稳定性应当是用于判断一种行为的道德性的首要标准。这种整体论的观念,或者说'生态中心主义',有时被指责为'环境法西斯主义'。"②当整个生态系统成为人类为生态价值辩护的立足点时,人类的权益便可借助于与自然环境权益的协调而得以体现。它并不是背弃人道主义的唯自然生态主义,而是积极协调人与自然环境之关系的辩证生态主义。

　　自然主义的生态思维,所意图建立的是一种新的生态伦理模式。它着眼于总体主义的方法,以"深层生态学"与"土地伦理学"为借鉴,反对人类沙文主义,把原来作为视域之中心的人类调整为地球整体。基于生态道德共同体成员之资格而向人之外的动植物成员开放,对不同生物物种的平等关怀,既注意到作为非人

---

① 蒋永福主编:《东西方哲学大辞典》,江西人民出版社2000年版,第1007页。
② [英]尼古拉斯·布宁、余纪元编著:《西方哲学英汉对照辞典》,王柯平等译,人民出版社2001年版,第309页。

动植物的外在工具价值,又关照了非人动植物的内在价值;基于不伤害原则,自然界成员的权利与人的权利一样都必须予以保障,特别是对作为弱势种群的动植物权利必须细心予以呵护。人不再只是万物的尺度,反过来万物也有可能成为人的尺度。而站在一个更整全的生态立场上,无论是生物个体的权利,还是人类个体的权利,都必须以包括了人与自然界成员在内的生态共同体的整体权利之存在作为前提,如若发生冲突都必须服从整体生态的需要。

自然主义的生态思维在"自然界—人—社会—地球"这个整体的生态系统中,研究不同生态子系统相互作用的基本范式与有效方法。它在生态和谐社会的一种整全主义逻辑框架中,可呈现为一个有迹可循的生态路线图。从一种最本质的人与自然的生态系统关系出发,表现为对作为生命共同体的生态环境意义的把握,而由此复苏不断走向健全的生态公民情感,萌发出天人合一的生态生活需要,形成有的放矢的生态政策引导,推动可持续发展的生态生产方式的实行,养成人与自然和谐共处的生态价值标准,普及平等、宽容、仁爱与共生的生态伦理规范,促成尊重物种多样性的生态理念范式,固化立足自然、观察世界的生态思维习惯。

第五节 生态的哲学化与科技的生态学转向

如同人类言说着哲学,自然则诠释着人类的环境哲学。从自然概念的哲学特征,科技的生态学转向,进而上升到对环境哲学的思辨探讨,环境的哲学化与哲学的环境化相互融合,达到的是这样一种观念,即关于环境的哲学必须看作是等同于物质哲学的本体论诠释、对待自然物的伦理学规范与天人关系的哲学思辨。但面对过往的事实是现代工业社会的无止境增长带来了日益严峻的生态危机,机器的轰鸣声掩盖了自然之声,科技的过度工具化与被异化持续导致全球生态问题集中凸显。人、环境与自然间的关系问题作为生态问题的主要内容,引起了众多学者的广泛关注。而环境哲学之于解决生态问题的意义就在于从哲学的层面上寻找解决生态环境问题的理论根据和观念指导,环境哲学以人与自然的关系为基本视域,形成了一种新的世界观。

超验主义是指一种主张人能够超越感觉和理性而直接认识真理的思想。超验主义的创始人爱默生认为:"人类世界的一切都是宇宙的一个缩影,世界将其自身缩小成为一滴露水。"① 而超验自然主义则是超验主义思想在人与自然关系问题上的体现。在超验自然主义者的眼里,大自然不仅有花草树木、江河湖泊,更是作为一种令人崇敬和仰慕的系统存在着。如爱默生在其著作《论自然》中的论述充分体现了一个超验自然主义者虔诚对待大自然的真挚情感:"如果人是挚爱自然的,那么他的内在感官和外在感官是息息相通的……他与苍天和大地的神交成为他日常生活中不可或缺的一部分……不仅仅是太阳或是夏天,一年中的每个时刻,每个季节都能令人高兴,从宁静的午间到阴森的午夜,每一变化都与心灵不同的状态相对应。"② 由此可以看出,超验自然主义者心怀渴望亲近自然、回归自然的精神境界。同时,在超验自然主义体系内,哲学伦理学与科学也是可以交流沟通的。

正是非人类中心主义、整体主义和超验自然主义三者的融会贯通,促使我们重新审视生态危机问题的根源,并更好地理解环境哲学对于解决生态危机问题的指导作用。因此,在生态危机日益全球化的今天,我们每个人都应当关注有关环境哲学的内涵观念,这是我们把握生态危机之本质、反省人与自然之关系、认识人对自然以及自然物之责任的关键所在。

生态和谐社会的哲学思想需要对主客二分的机械论自然观进行批判,并启发我们重新理解主体性的理论内涵,阐述了人与动植物均为主体并具有主体性的思想。"无论是在哲学语境中还是在科学语境中,'目的性与能动性'都是主体性的基本内涵。所以,看一个存在者有没有主体性,就看它(他或她)有没有目的性和能动性,而不能以它有没有人的意识为标准。"③ 由此,我们可以推断出,动植物乃至宇宙万物都具有不同程度的主体性。沉迷于物质主义的现代人正是由于对"终极实在"的忽视与挑战,狂妄地以为能够征服大自然,从而对自然界为所欲为地干预。

与之相比,我们更加认可敬畏"终极实在"的古代人生态度,并强调要把西方的敬畏上帝与中国的敬畏天命改善为敬畏自然,只有这样,人们才会对自然更加爱惜,将自己看作是与其他生物无异的自然物,并以礼敬之。从古今中外的各个代表性自然观念思想来看,须区分"自然"与"自然物"两个概念。"……自然物就是自然中的具体存在物……为能走出生态危机,我们必须注意自然与自然物的区

---

① 转引自[美]牛顿·阿文:《霍桑短篇小说选》,洛普出版公司1946年版,第59页。
② 卢风:《人、环境与自然》,广东人民出版社2011年版,第23页。
③ 卢风:《人、环境与自然》,广东人民出版社2011年版,第8页。

分。"①为了能更准确地理解自然、自然物、环境三者的区别与联系,我们可以考虑引进"终极实在"的概念,以期说明"形而上学意义上的自然是化生万物、包孕万有、生生不息的终极实在(ultimate reality)……对于中国人来讲,天是终极实在;对西方中世纪人来说,上帝是终极实在"。②但同时,明智之士对于现代苏格拉底智慧的遗失表示惋惜,认为生态危机与世界的祛魅以及人类的狂妄自大是密切相关的。我们要认识到人类的有限性,明白以人类的有限性去征服无限性的大自然是不可能的。正是由于沉迷于物质主义的现代人不考虑"应该不应该"的问题,而只是关注于"能够不能够"的问题,致使在工具性科技的帮助下,现代人"能够"做的事情的范围扩大了,对自然的损害程度也随之加深了。这又让我们回归到事实与价值的关系问题,思考"是"与"应该"的内涵对人类征服大自然行为的一种所谓自由观的辩护。

卢风教授指出:"'是'与'应该'之间的区别在于'是'表示事实、现实,'应该'表示价值、理想。"③"在人类共同体内部,在道德的约束之下,我们认为,并非'能够'对人做的事情都是'应该'做的。"④有环境智慧的哲人所推崇的整体主义环境伦理观可以说为我们理解大自然、解决生态危机提供了有效的启迪及理论指导。在本书第四章中,卢风教授着力论证了人类中心主义和个体主义是"现代性的根本错误","坚持生物中心个体主义立场的最大困难就在于,如何面对人类生存需要和道德要求之间的冲突"。⑤按照马斯洛需求理论,生理需求是人生存之最基本需要,如果单靠不吃不喝来表现自己的生态精神未免显得有些荒唐。

"整体主义并不要求无条件地牺牲部分或者个体。把生态共同体的完整、稳定和美丽当做至善的环境伦理并不在动物、植物、土壤和水分之外赋予其他事物以道德地位。"⑥整体主义是将整个生态系统看作是一个整体,追求自然界万物的协调平衡,而不是为了某一部分(个体)的生存而牺牲其他部分(个体)的利益。在强调整体和个体关系重要性的同时,整体主义也承认部分和个体的相对独立性。"整体主义环境伦理在社会领域可以兼顾个体和整体。"⑦

在整体主义的基础之上,我们需要着重阐释一种新的自然主义——超验自然

---

① 卢风:《人、环境与自然》,广东人民出版社2011年版,第43页。
② 卢风:《人、环境与自然》,广东人民出版社2011年版,第45页。
③ 卢风:《人、环境与自然》,广东人民出版社2011年版,第139页。
④ 卢风:《人、环境与自然》,广东人民出版社2011年版,第138页。
⑤ 卢风:《人、环境与自然》,广东人民出版社2011年版,第167页。
⑥ 卢风:《人、环境与自然》,广东人民出版社2011年版,第183页。
⑦ 卢风:《人、环境与自然》,广东人民出版社2011年版,第186页。

主义。卢风教授认为:"在超验自然主义的思想视野中,人类可以通过科技不断开拓其生活世界的疆界,可以不断扩展其经验知识,但决不可认为自己的生活世界就是自然之全体,也决不可认为人类可通过科技而使其生活世界与自然之全体重合。"与否认有什么超验实在的科学自然主义不同,超验自然主义"着意凸显自然的超验性",并强调科学所认知的自然奥秘与自然隐匿的奥秘相较永远都只是沧海一粟。与此同时,我们也应积极倡导非人类中心主义、整体主义的环境道德哲学以及反物质主义的人生观和价值观,这些慧思都对我们理解人在自然中的权利和人对自然的生态责任有着至关重要的作用。用生态技术"赞天地之化育",促进科技的生态学转向也是环境哲学的一项重要任务。

面对生态和谐社会的建设,以征服性、扩张性为特征的现代科技应向生态性方向转变,"扩张性、征服性科技使人类空前强大……正因为人类有了现代科技的武装,人类生存才面临空前的危险。当今威胁人类生存的两大危险就是高科技战争与生态崩溃。这两大危险皆与现代科技密切相关"[1]。儒家以孔子之"志于道,据以德,依于仁,游于艺"为原则,与道家殊途同归,认为以仁德来驾驭技艺才是最根本之道。中国古代的生态伦理观也涉及了对技术与自然的论证,并把技术放在理论和道德的驾驭之下。道家以"天地与我并生,而万物与我唯一"为世界观基础,以"人法地,地法天,天法道,道法自然"为基本原则,认为"好于道"则"进于技",表达了其认为好的观念比技术更根本,并对技术的进行有限性理解的技术观,形成了中国古代有代表性的科学技术观。生态环境危机既是科技危机、科技价值观危机,也是人类的道德危机。生态环境危机的产生不仅与科技自身的缺陷有关,而且与人们没有意识到科技自身的缺陷以及在历史文化中形成的不恰当的科学技术观念和离弃自然的道德感有很大关系。《中庸》说:"唯天下至诚,为能尽其性;能尽其性,则能尽人之性;能尽人之性,则能尽物之性,能尽物之性,则可以赞天地之化育;可以赞天地之化育,则可以与天地参矣"(第二十二章)。"只有以同情之心尽物之性,才能'赞天地之化育',即参与天地之化育,助成天地之化育"[2];只有对于大自然心存敬畏,运用生态技术以天地化育之道促成万物的生长发育,我们才能将现代科技与天地自然有效融合。最后,卢风教授对非物质主义、非经济主义生态文化的美好未来进行了展望。在现代社会,当人们面对日益恶化的生态危机以一种怀旧情感赞美原始文化的时候,卢风教授并没有人云亦云,而

---

[1] 卢风:《人、环境与自然》,广东人民出版社2011年版,第252页。
[2] 蒙培元:《人与自然——中国哲学生态观》,人民出版社2004年版,第138页。

是以辩证的视角分析中国原始文化,以冷静的头脑审视传统生态文化,并凭借其绝妙的辩证性思维指出:"原始文化当然比传统中国文化更为亲自然……但让几十亿正享受着现代科技与天地相融合文明成果的人们自愿地回到原始文明是不可能的,连退回到农业文明都是不可能的……原始文明的种种优点也可为生态文明所吸取,但生态文明绝不是向原始文明的简单回复。"①针对现代物质文化的反自然特征和当代生态学的指引,卢风教授从亲自然的器物、生态技术、不激励物质贪欲的制度、道德化的风俗、文化的艺术、非物质主义、非经济主义、整体主义、非人类中心主义、超验自然主义的理念以及多民族语言七个方面向我们描绘了生态文化蓝图。睿智的理性陈述、科学预见性以及强烈的社会责任感,与全人类极大的人文关怀在此油然而生。对人与自然关系的认识与人类社会的发展历史紧密相关,达尔文的进化论认为,人类产生的根源就是自然生态环境变化的结果,人类在承受各种来自大自然不确定的环境压力的同时,也在不断积蓄和发展着自身控制驾驭自然的能力。随着科学技术的进步,人们所拥有的各种知识的增长,人们改造自然的力量也不断增强,种种迹象显示人类的"无穷智慧"蒙蔽了自身的眼睛,使人们狂妄地认为人类可以征服自然、改造自然。现代人越来越多的是遵从唯物质主义、唯经济主义、唯消费主义的价值观,以大量生产、大量消耗和大量废弃的行为为特点,无节制地消费地球,是全球性生态危机的真正根源。面对科技高度发展的今天,我们不可能要求人们回到过去的农耕社会,回到纯粹田园式的生活。对于生态环境日益恶化的现状,我们需要人们重新审视人与自然的关系,重新反思人类的生存方式。"与中国的传统文化相比较,我们可以更清楚地看到现代文化的反自然倾向。"②中国传统儒家生态思想认为,只有宇宙自然界才是最高的存在,"与天地合德"才是人的终极关怀。人与自然界的其他生命有一种连续性,作为自然界的生命共同体成员之一,人与其他生物并无差别。人并不是居于万物之上施以暴力的,而应当关爱万物,完成"参赞化育"之功,实现人的价值。而现代文化是一种消费文化,主张无节制地尽情消费,认为无限的消费可以促进经济的快速增长,逐渐形成了单向度、无边界的经济发展模式。这种消费方式不仅污染了生态环境,而且浪费了宝贵的自然资源。正如卢风教授所概括的那样,"传统中国文化是相对地亲自然的,而现代文化是反自然的"③。

---

① 卢风:《人、环境与自然》,广东人民出版社2011年版,第279页。
② 卢风:《人、环境与自然》,广东人民出版社2011年版,第275页。
③ 卢风:《人、环境与自然》,广东人民出版社2011年版,第278页。

立足于对人类中心主义和个体主义思想的反思,需要着重批判了背离自然的现代性观念。人类中心主义是近现代西方主流哲学文化的一种生态学思想,人类中心主义的被广泛重视,与后现代主义批判的兴起思潮有很大关系。由于人类中心主义明显体现出了"现代性"的特征,其对人的单一主体性的捍卫与对其他生物价值的否定导致了生态危机的不断加重,也受到了生态学者们的批判。

在人与自然的关系问题上,西方近代以来的主流哲学与文化往往是人类中心主义的。特别是启蒙运动以来的主流传统,主张人主宰自然,居于自然界的支配地位。自然本身没有价值,只有在它对人们拥有工具价值有用性的时候,人们才承认它的价值。人类中心主义赋予人以控制、掠夺自然界的无上权力,而否定了自然界一切其他生命的生存权利,所有这些,都是建立在人与自然相对立的二元论基础之上的。

与人类中心主义同为现代性的个体主义也应受到严厉批评,个体主义重视的价值是自由和发展,坚持生命中心论而不是生态中心论。里根作为个体主义者的代表性人物更加强硬地坚持"物种不是个体,所以物种没有权利",他只承认动物的道德资格,不认为其他生物也有道德资格。按照里根的说法,做一个有道德的人可以吃植物,但不可以杀死任何生物个体,这是相互矛盾的。个体主义伦理思想中的人和动物的利益优先原则会导致严重的生态失衡,如卢风教授所说,"这实际上是个体主义最致命的弊端"。

同时,卢风教授的环境哲学之思还表现在对于超验自然主义之概念的论述上。卢风教授认为超验主义强调知觉的力量,认为人能够凭借感官知觉认知外界。因而,超验的自然主义认为自然是人感知的对象,是人的精神寄托,人要回归自然、保护自然,与自然融为一体。梭罗作为超验自然主义的代表性人物,以超验的自然观来分析人与自然之间的关系,认为"通过主体的感知(perception)便能够达到对自然的理解"①。卢风教授也在书中写道:"超验自然主义只说化生万物、生生不息、包孕万有的大自然永远隐匿着无穷奥秘,我们只可通过自然科学去认识它的有限部分,而绝不可能认知它的全部。"②在超验自然主义的基础之上,卢风教授更进一步提到了"天命"的概念,他认为:"'天命'不是神的指令,而是自然秩序,把自然体认为终极实在的超验自然主义力图唤起人们的'天命'意识。"既然"天命"即自然秩序,那么"知天命"便是对自然秩序的了解,能够知晓自然规律、

---

① Joan Berbick,*Thoreau's Alternative History*,Philadelphia:University of Pennsylvania Press,1987,p. 78.
② 卢风:《人、环境与自然》,广东人民出版社2011年版,第315页。

掌握自然动态实可谓君子之美德。

正如《论语·尧曰第二十》中所讲"不知命,无以为君子也",由此可以看出,孔子也把"知命畏天"看作是君子才具备的美德。我们所强调的人们的"天命"意识正是所论述的人与自然关系问题的理论依据。人们的"天命"意识不仅要体现在知天命,更要体现在"畏天命"上,敬畏天命亦是儒家生态思想的理论基石。只有"畏天命"才会遵守自然规律,不敢破坏自然秩序。《中庸》讲"君子居易以俟命,小人行险以侥幸",儒家思想把是否敬畏天命作为区分君子与小人的道德准则,依循效法孔子敬畏天命的君子人格论,强调培养自觉遵循天地自然规律的生态意识。

拥有"天命"意识,"知天命",我们就不会再生发征服自然的野心。有了"天命"意识,我们就会明白物质主义的消费观是必须摒弃的人生观和价值观。可见,着重阐述"天命"意识的环境哲学内涵是从中国传统儒家生态思想的角度论述了人与自然的关系,即形成人应该敬畏自然的态度。沉思在人、环境与自然的世界里,感受着超验自然主义的环境哲学的熏陶,沉醉于对人与自然和谐关系的绵长回味,震撼于现代人片面追求经济利益而牺牲自然环境之生态利益的发展误区,我们不禁感叹非人类中心主义的哲思在人与自然关系问题上所表现出来的睿智。审视大自然的存在,其实质是与世界中诸种对象的无利害性存在相关联。关注环境中所蕴含的哲学内涵,距离与超脱是一种必需的审美态度,它也达到对环境概念的哲学把握。只有持续坚持非人类中心主义与整体主义的价值观,以超验自然主义的生态观念约束人类无度的行为,才能真正达到人、环境与自然的和谐共生。

立足于对人类中心主义和个体主义思想的反思,卢风教授着重批判了背离自然的现代性观念。毕竟生态环境危机的产生不仅与科技自身的缺陷有关,而且与人们没有意识到科技自身的缺陷以及在历史文化中形成的不恰当科学技术观念和离弃自然的道德感有很大关系。因此用生态技术"赞天地之化育",促进科技的生态学转向也是环境哲学的一项重要任务。

第六节 环境哲学的实践指向

哲学缘于生活,环境哲学作为哲学的重要分支学科,更是来自现实生活。它在实践中起源,也在实践中成型,同时,环境哲学本身也需要在实践中继续发展完善。环境哲学的认识来自人们环境生活与劳动的实践,而具体时空状况下环境生活与劳动的实践又进一步深化了环境哲学的研究对象与理论体系。

生态学表明,人类征服自然的自由的限度并非只是现有科技水平的限制,还有一种客观甚至绝对的限度——地球生态系统的承载力限度。[①] 随着人类社会追求物质经济的单向度增长,生态失衡的环境问题不断涌现,使我们单纯拘泥于环境哲学理论已显不足,希望在探讨人与自然关系的同时也能用环境哲学的理论来指导人类社会的发展实践,解决生态环境问题,建设更和谐的生态社会。环境哲学指导实践不能是盲目的,尤其是在我们这样一个生态危机凸显的时代,更需要有个明确的实践方向和目标,以避免生产与生活实践偏离生态和谐社会发展的总体目标。在这一过程中,科学的环境哲学价值与理论指导解决环境问题的趋势、方向、目标以及经验、成果等都属于环境哲学实践指向的重要内容。因此,环境哲学的实践指向成了理解环境哲学现实性的第一步,也是厘清环境哲学未来发展的核心问题。

一、环境哲学:从理论走向实践

从形而上学的哲学思辨开始,哲学的理论与实践向度从来就是哲学须臾不可或缺的两个方面。意大利画家拉斐尔的油画《雅典学院》中有两个人,一人手指天空,一人手指大地。柏拉图右手手指向上,表示一切均源于神灵的启示;亚里士多德右手手掌向下,说明现实世界才是他的研究课题。哲学由亚里士多德开始从神坛走向了现实,这样的转变也应发生在环境哲学这一哲学分支上。

传统上,很多学者将环境哲学定义在"以人与自然的关系为基本问题,是关于人与自然关系的思考"这一层面上。如果环境哲学仅仅停留在"思考"而不去作用于人类的实践活动,那么这样的环境哲学将永远停留在思考的"神坛"上,不会对社会的发展产生什么影响。若要使环境哲学发挥其促进社会发展的重大使命,必须使其从理论的"神坛"走向实践,指导社会发展的伟大实践。

(一)环境哲学实践的背景

环境哲学起源于人类对于人与自然关系的反思,它是在人与自然环境的冲突日益加剧的境况下的"智慧之思"[②]。人类从产生之初,就开始了认识世界,改造

---

① 卢风:《科技、自由与自然——科技伦理与环境伦理前沿问题研究》,中国环境科学出版社2011年版,第116页。
② 王正平:《环境哲学》,上海人民出版社2004年版,第23页。

世界的活动,随着人类社会知识的增长、科学技术的发展,人们不再畏惧自然。在工业化的过程中,各种全球化的环境问题不断出现:森林锐减、土地退化、生物多样性减少、海洋资源破坏、温室效应、能源危机等都对人类的生存和发展提出了严峻的挑战。正如生态学家巴里·康芒纳所说:"新技术是一个经济上的胜利——但它也是一个生态学上的失败。"①同时,这些环境问题也得到了人类的关注,无数群众走向街头向政府和企业抗议要求改善环境。现代环境运动已渗入到政治、经济、文化等社会生活的各个方面,美国出台的《国家环境政策法规》,英国的绿色能源革命,中国经济上的产业结构调整等都受到环境哲学自然价值等观念的影响。可见,日益丰富的环境哲学思想为保护环境提供了强大的理论基础。

环境哲学虽然一直以来都在潜移默化地影响着人们的行为,但其大多时候仍然是站在理论的层面上,为了真正地实现其价值,解决当前日益严重的生态环境问题,环境哲学不应只拥有理论指向性,还应具备实践指向性。中国是一个发展中大国,经济的快速发展导致了生态环境的恶化:PM2.5超标、森林锐减、地下水质污染严重等问题影响着居民的身体健康,扰乱了正常的社会生活。这种情况下急需环境哲学对社会发展实践进行指导,因为,环境哲学虽然不能直接作用于造成环境破坏的物质与技术,但是它能影响开发使用这些物质与技术的人的思想价值,进而从根源上解决生态环境问题。

党的十八大报告中强调"把生态文明建设放在突出地位,融入经济建设、政治建设、文化建设、社会建设各方面和全过程,努力建设美丽中国,实现中华民族永续发展"。把生态文明放到如此突出的位置,把"美丽中国"作为生态文明建设的目标,说明生态文明在中国社会发展的过程中发挥着越来越重要的作用。环境哲学作为适应新时代需要的新哲学,生态文明的科学思想与伟大实践的结晶,必须回归并指导社会发展的实践,实现环境哲学新的飞跃。

(二) 环境哲学实践的理论基础

环境哲学是围绕人与自然关系展开的,其实践的理论基础也应是对这一关系的阐释。20世纪初环境哲学的关键词是"人类中心主义",整个20世纪,人们否认自然价值,在一种自然界没有价值的哲学和科学的指导下,发展了一种以否认自然价值为特征的实践。② 21世纪是环境哲学变革的时代,其指导实践的理论基

---

① [美]巴里·康芒纳:《封闭的循环——自然、人和技术》,侯文蕙译,吉林人民出版社1997年版,第120页。
② 余谋昌:《生态文明论》,中央编译出版社2010年版,第103页。

础的实质也发生了变化,从"人类中心主义"转变为"非人类中心主义","自然价值"的概念得到了高度重视和深入的探究。

环境哲学指导实践,具有实践指向性,必须要有充足的认可"自然价值"的理论基础。从20世纪70年代产生至今的四十多年时间里,环境哲学百家争鸣、流派繁多,出现了以彼得·辛格的理论为代表的动物权利论,倡导动物解放,呼吁人们从道德上关怀动物;以施韦兹的"敬畏生命"理论和泰勒的"敬畏自然"理论为代表的生物中心论;以罗尔斯顿的自然价值论和拉斯洛克的"盖亚假说"为代表的生态中心论;以凯伦·J. 瓦蕾、范达娜·席瓦等为代表的生态男女平等论;以亚当·沙夫、威廉莱易斯、卢西那·卡斯特林纳等为代表的生态马克思主义等派系。[1] 这些环境哲学思想都体现了"非人类中心主义"或"自然价值"观念的萌生,曾在其所处的社会阶段对改善生态环境问题产生过重大影响,并且其理论精华与实际结合成了环境哲学指导实践的理论基础。

(三)环境哲学实践指向性的意义

环境哲学发展到今天其实践指向性的意义已经不仅局限于指导人类处理人与自然的关系和解决生态环境问题,因为21世纪生态环境变化制约着经济的发展,影响着人类生活的方方面面,只有展现环境哲学实践指向性的意义才能了解其重要性和必要性,才能真正引起人们的重视。

1. 理论意义

"一个民族要想登上科学的高峰,究竟是不能离开理论思维的。"[2]社会的发展离不开理论的创新,环境哲学也是一样的,即使其已经用来指导实践也必须在实践中促进环境哲学理论发展。如具体而言,环境哲学的实践指向研究能深化国内生态文明研究,建立或重塑生态哲学理论体系,明确环境哲学价值理念,使其更加贴近现实。

2. 现实意义

长久以来,我们只重视经济的增长而忽视了经济、社会、文化、生态的协调统一。如今,强调建设和谐社会乃至和谐世界,都体现了环境哲学的现实意义。首先,环境哲学的实践指向能改变人们传统的人类中心主义的价值观,树立生态整体主义环境价值观;其次,环境哲学的实践指向能调和经济发展与环境恶化之间的矛盾,指导经济增长方式的转变;最后,环境哲学是生态文明重要组成部分,环

---

[1] 王正平:《环境哲学》,上海人民出版社2004年版,第158—359页。
[2] 《马克思恩格斯选集》第4卷,人民出版社1995年版,第285页。

境哲学的实践指向能促进政治、经济、文化、社会、生态"五位一体"发展方式的实现,和社会主义和谐社会的建设。

二、环境哲学实践指向的转变

环境哲学的思想并不是到了 20 世纪六七十年代才出现,很多古代学者的思想中都透露着很多环境哲学思想。这些思想也或多或少地影响着当时当地人类的行为实践,从历史的角度看,环境哲学的实践指向性随着社会的发展越来越强。

(一) 农业社会时期环境哲学的实践指向

农业社会是环境哲学实践指向性最弱的社会发展阶段,虽然一些环境哲学思想已经出现,如中国的儒家、道家、佛教的一些思想理念中都包含了环境哲学思想。儒家主张"天人合一",认为人应体会自然运行法则,以达"天人合德"如此才能"自天佑之,吉无不利"。① 道家老子主张"人法地,地法天,天法道,道法自然"②,庄子说"天地与我并生,万物与我为一"③。佛教思想中也有环境伦理思想,主张"佛者,觉悟之意;性者,不改之意。一切众生皆有不变不改的觉悟之性,名为佛性","无缘大慈摄众生,犹如一子皆平等"④。这一时期,人类畏惧自然,环境哲学思想主要是指导农业生产实践,要求人们顺应自然,以求风调雨顺,其实践指向性较弱。

(二) 工业社会时期环境哲学的实践指向

工业社会时期"人类中心主义"的环境哲学价值观指导着整个西方社会的各种实践活动,体现了这一时期环境哲学的实践指向性。生产上,为了获得更高的经济利润,资本家们耗尽资源、排放污染。生活上,人们追求物质,享受奢华,破坏环境。虽然工业革命让人类摆脱了"黑暗的中世纪的阴影",使人类文明达到了前所未有的高度,但是,当人类还在陶醉在工业革命的伟大胜利,享受"人类中心主义"价值观带来的成果时,生态破坏和污染问题已经加速发展;特别是污染问题,随着工业化的不断深入而急剧蔓延,终于形成了大面积乃至全球性公害。正如海德格尔所说,"科学和技术把世界变成了人的自我肯定",以便对自然实施全面

---

① 《易经·系辞上传》第十二章。
② 《道德经》第二十五章。
③ 《庄子·齐物论》。
④ 《管子·水地》。

控制。①

现在看来错误的"人类中心主义"价值观念带来了对社会实践的错误指向,从这个角度看现代社会的生态灾难不是自然在惩罚人类,而是人类自己在惩罚自己。整个工业社会时期,工业文明与生态文明没有真正融合共生过,我们反思粗放生产方式、不环保的生活方式,也在反思这种生产、生活实践方式背后价值理念的错误。

(三)后工业社会时期环境哲学的实践指向

如果说农业社会和工业社会的环境哲学主要是指导人们的生产实践,那么后工业社会的环境哲学已经开始作用于处理人们的生产生活实践与大自然的矛盾。20世纪70年代以后人类中心主义的价值观受到了越来越多的批评,如澳大利亚生态学家福克斯认为,人们相信人类中心论,是因为人类中心论是一种自助理论,它在很大程度上说明了自我的重要性,反映了人类自身利益的需要。因此,人类中心论观点不仅具有欺骗性,而且具有危险性。②

后工业化时代的到来使非人类中心主义的环境伦理价值观开始越来越多地指导人类社会的实践活动。西方国家在这样的环境哲学价值观指导下进行了很多成功的实践,比如20世纪70年代末80年代初群众性生态运动的兴起,推动了向生态文明的转变;绿党以生态环境问题为中心,倡导人与自然和谐关系的政治实践取得了显著成效。在环境哲学正确价值观的成功指导下,西方国家生态文明建设初见端倪。③

改革开放以来,我国也有很多生态实践,来自西部的学者顾悦,把环境伦理与西部大开发相结合,认为西部生态环境严峻的现实呼唤生态伦理道德,开发建设必须以生态保护为基础。在这类环境哲学思想的指导下,我国西部建设了一批生态县、生态城,成为环境哲学实践指向的成功经验。如地处贵州西部高原乌蒙山腹地的威宁县,按照西部大开发和威宁试验区"开发扶贫、生态建设"的要求,正确处理了生态与经济发展的相互关系,在加强生态建设的同时,大力发展生态经济,实现了经济、生态、社会的快速协调健康发展。除此之外,陕西省商洛市、青海省贵德县等都在西部大开发过程中践行了生态伦理道德。后工业时代在很长时间里都将继续坚持把非人类中心主义作为环境哲学价值理念指导人类的实践活动。

---

① [荷兰]E. 舒尔曼:《科技文明与人类未来》,李小兵等译,东方出版社1995年版,第90—91页。
② Warwick Fox, *Toward A Transpersonal Ecology*, Boston: Shambhala, 1990, pp. 13–14.
③ 王宏斌:《西方发达国家建设生态文明的实践、成就及其困境》,载《马克思主义研究》,2011年第3期。

三、建设生态和谐社会:新形势下环境哲学的实践指向

(一)建设生态和谐社会这一实践指向的优越性

首先,生态和谐社会走出了人类中心主义的价值观。生态和谐社会在哲学上是非常深刻的,突出人与自然的整体性,既体现局部,又强调全局;在价值观上是全面的,认为人与动物和所有其他生物一样都有价值和利益;在道德上是完善的,把道德对象的范围拓展到了生命和自然界。生态和谐社会完全摒弃了人主宰和统治自然的价值观,具有人类中心主义等旧环境哲学理念没有的优越性。

其次,生态和谐社会能实现价值和现实的调和。矛盾是普遍存在的,生态和谐社会尽量消除人与自然的矛盾,尽管对自然的保护必然会损坏部分人的短期利益。生态和谐社会的伦理范式要在现实利益和崇高价值观出现矛盾时,提供一种调和方式和手段。价值与现实是不同的,价值具有主体性,它是多元化的,人的价值判断应该以主体为尺度,即使是在生态和谐的社会中,人的生态价值也会与现实利益发生矛盾。同时,现实与价值也是不能分离的,主体的价值取向不仅要从主体的利益和需要出发,而且还必须以客观事物和规律为根据。生态和谐社会的伦理范式能调和环境现实与生态价值,使主体在确定自己的价值取向时,既了解自身的利益、需要,又了解客观事实,尽量避免无现实根据的价值决策,显示了其调节矛盾方面的优越性。

(二)生态和谐社会的生态哲学属性

"和谐"是对立事物之间在一定的条件下,具体、动态、相对、辩证的统一,是不同事物之间相同相成、相辅相成、相反相成、互助合作、互利互惠、互促互补、共同发展的关系。

和谐是生态文明追求的目的,它指导生态建设的实践,蕴含于当今人类文明发展的每一步。生态和谐社会是建立在"非人类中心主义"的价值理念基础之上的,强调人与自然是一个整体。

人与自然是地球生物圈之中的一对对立统一体,相互依赖、相互作用、相互影响。自然为人类提供栖息之所,供人类繁衍后代,发展生产;同时,人类逐渐认识自然规律,并通过行动改造自然。当工业文明将反自然推向极端时,人类面临着

自诞生以来最为严峻的考验:我们能否以文明的方式与地球生态系统和谐共存?①世界自然基金会、伦敦动物学会《生命行星报告2006》给出的数据表明,"人类的生态足迹已经超出了地球负荷的25%,我们早已不再依靠地球的'利息'生存,而是在挥霍大自然的'本金'。照目前这种消耗资源的速率走下去,发生生态崩溃的可能性不可避免"②。人类的智慧让我们找到了"和谐"。"和谐"是调整人与自然关系的一把钥匙,我们将通过它打开生态和谐社会的大门。人与自然关系的和谐是生态和谐社会的本质属性,人与自然对立统一的辩证关系则是生态和谐社会的哲学属性。

(三)生态和谐社会的实践诉求

恩格斯曾经告诫我们:"不要过分陶醉于我们人类对自然界的胜利。对于每一次这样的胜利,自然界都对我们进行报复。"③生态和谐社会的实践是在减轻已出现的"报复",避免新的"报复"产生。

在实践上,生态和谐社会以走绿色道路为主要途径,实现经济可持续性、生态可持续性和社会可持续性。在美国2009年8000亿美元的经济复兴计划中,有1/8用于清洁能源的直接投资及鼓励清洁能源发展减税政策,以实现能源战略的转型;英国2008年下半年公布的发展蓝图显示,到2020年将可再生能源比重提高至15%,在继续发展核电的同时将风能作为可再生能源的主力军,这次英国发起的绿色能源革命将是工业革命后最大的变革;中国自1996年实施可持续发展战略以来,政府出台并实施了一系列与绿色发展有关的方略,如我国"十一五"规划中首次将节能减排作为约束性指标列入规划,确定了多项节能减排、环境保护重大工程及淘汰落后产能目标,并实行了严格的节能减排分省考核制度。"十二五"规划中将绿色发展作为首要任务等。这些实践措施都是以绿色实践为中介要求达到人与自然的统一,也就是把环境哲学的世界观、价值观和伦理观联系起来了。所以,生态和谐社会对实践的诉求恰恰符合了环境哲学的实践指向性,是21世纪环境哲学实践指向的目的和动力。

面对全球生态危机愈演愈烈的现实,以"非人类中心主义"的环境哲学价值理念为基本出发点,在科学的环境哲学理论的基础上,环境哲学的实践指向性才能真正落到实处。从中国的国情出发,建设生态和谐社会是21世纪中国环境哲学

---

① 卢风:《关于生态文明的哲学思考》,载《2012学术前沿论丛——科学发展:深化改革与改善民生》。
② 文佳筠:《低消费高福利:通往生态文明之路》,载《绿叶》,2009年第3期。
③ 《马克思恩格斯全集》第4卷,人民出版社2002年版,第378—379页。

实践指向发展的目的和动力。只有通过明确环境哲学的实践指向,改变目前存在的不科学的生产生活实践,解决环境问题,处理人与自然之间的矛盾,才能通过生态环境的和谐促进社会的和谐。观念的引导能起到强大的杠杆作用,无论在西方国家还是在中国,环境哲学对人类社会的影响越来越深刻,人类对其的实践也已经初见成效。但是,现实的环境问题在不断地提醒我们,生态和谐社会的建设还处于初始阶段,还需要我们每个生态公民为之付出努力。

第七节 未来环境哲学之发展趋势

环境已成世人关注的焦点,哲学研究也不能回避。当下世界的环境问题已引发了人类的深刻忧思,人类已不能再像从前一样以主人公身份一味地向大自然索取。反之,人类开始重视保护自身实在的生存环境。新时代面向生态和谐社会的环境哲学,一方面指导人类在有效的生活生产实践中保证经济社会和谐发展,在精神引领中发挥保护环境的观念指导作用;另一方面,站在新时代制高点的环境哲学又在社会持续发展中面对新出现的环境问题给以理论创新,进而推动生态文明建设的实践。因而,未来环境的发展有必要呼唤环境哲学的指引,特别是将环境哲学理论置于环境治理和保护的首要位置,将哲学与时代之融合的最新成果应用于生态环境的保护。只有这样,面向生态和谐社会的未来环境哲学才会以"创新、协调、绿色、开放、共享"的发展理念为导向,以马克思主义生态哲学为指导,无愧于时代的召唤,无愧于人民的渴求,更好地为世界的均衡、稳定与美丽做出理论阐释。未来的环境只有与现代技术和现代生产方式紧密联系在一起,探究环境问题的根源,才能在创造金山银山的同时,更好地保护绿水青山。与之相应的生态和谐社会及其未来环境哲学也才能因此被赋予新的时代内涵,体现出新时代环境精神的精华。

一、未来环境哲学的蕴含

环境是人类所居住与生活的时空,环境是人为化的生态。环境哲学立足于研究人与环境及其自然之间的关系,把人类的生活、生产与生存之思想与行为放在人与自然界之关系的大背景中进行研究。环境科学和生态所说的环境指有机体生存的物理环境(有气候、水源、土壤等要素构成)和生物环境(由处于复杂关系之中的各种生物构成）。① 环境哲学明确以环境为哲学研究对象，进一步在形而上学层面研究人类生存环境的精神状况，并将环境观念放在整个大自然的背景中加以审视。环境哲学是生态文明的观念基础，攸关于生态文明实践的理论建设。未来环境哲学是环境智慧之学，是对人与自然关系审慎反思与系统思考的环境哲学，是人类辩证认识自然界以及人与自然之相互关系的观念凝结之过程。未来环境哲学的目的在于人类对于发展变化中的环境形成正确的认识，深刻反思人类工业文明模式下受制于有限现代性思维操纵的结果。未来环境哲学在时代进步的浪潮中孕育与成长，其内在含义与外在结构在时代审视中也不断产生变化。

人与自然以及自然事物之间有什么样的价值关系问题，是环境哲学的中心问题。环境哲学从学科范围与问题领域上必然包含着环境伦理学，环境伦理学是为当代社会的环境危机诸如空气与水污染、生态系统的退化、物种的灭绝、土地的荒漠化等现实生态问题所触生及推动的一种伦理学。环境哲学的伦理化，更加注意现代物质社会生态危机的深层次根源在于人类生态伦理道德缺失的危机。而未来环境哲学，强调环境意识在嵌入道德、法律及文化等因素的综合层面对环境建构的重要促进。它体现出更加注重人类的主体性认知，并将其系统融入生态环境的整体范式。未来环境哲学的任务在于建立人与自然界之理性关系，形成环境系统理论向前发展的知识框架。它一方面肯定生态环境存在的自然意义，另一方面理解认识人存在的社会意义。哲学是系统化、理论化的世界观和方法论。未来环境哲学需要在学科交叉的前沿界域中不断拓展其固有的学科领地，并积极探析未来环境哲学的发展规律并凝聚其理论体系。深化研究及提炼未来环境哲学的发展趋势，离不开世界哲学多元融合的优秀文化成果，离不开人类对所置身之自然环境与社会环境的深入审视。

二、未来环境哲学的发展方向

面向生态和谐社会的未来环境哲学，是还原民族主体地位与体现本土文化观念的时代哲学。立足中国，放眼世界，如何在未来的时间节点中振兴环境哲学，不仅在于明确哲学的定位与作用，而且在于厘清环境建设的取向与趋势，在中华民族伟大复兴的进程中全面实践环境哲学的功能与作用，在绿色的发展时代立体地实现环境哲学的宗旨和使命。马克思说，"任何真正的哲学都是自己时代精神的

---

① A. Mackenzie, S. R. Virdee, *Instant Notes in Ecology*, BIOS Scientific Publishing Limited, 1988, p. 57.

精华","哲学"是文明的活的灵魂"。① 并不是每一种哲学都能成为体现时代精神、民族之本和"文明的活的灵魂"。能成为时代精神和"文明的活的灵魂"的哲学是能够体现民族自身的特色,并能赢得社会上大多数人民的信仰从而能够渗透在国家社会制度之中的哲学。未来的环境哲学,是民族特点又不能隔绝自身的哲学体系,是有世界情怀又不忘其本来的观念体系。它需要研究不同国家环境哲学的未来趋势,又离不开环境哲学的传统底蕴,更离不开民族文化的深厚生态底蕴。它是对过往环境哲学回顾之基础上的全面认知,既有继承传统的成分,更多的是推陈出新,是一种辩证的否定观。

未来环境哲学的发展方向是来源于其进步的趋势,绝不是单单体现自我传统的民族文化,更不能在观望中停滞不前。要正确地预测未来环境哲学,必须要做到以下几点:首先,要立足于对本土民族环境立体而正确地诠释;其次,要注意在思虑中重构人与自然的和谐关系;最后,要在构思未来的进程中遵循现实社会发展的需要,从社会的现实需求出发,服务于社会,体现有生境与有活力的绿色生态宗旨的未来环境哲学。

在世界境遇中固化民族之本是未来环境哲学之魂,新环境哲学要发挥充分作用,形塑民族环境文化之信仰,需要在民族复兴的道路上扮演生态观念思想引领者的角色。毕竟未来环境哲学将不仅仅局限于思想理论层面,它要与社会多维度共建,并为环境的改善和提升贡献自己的强大生命力。那么,未来环境哲学的发展方向是在新环境观念依托于政治、经济、文化、社会与生态的整合式协调。它体现为如下几个方面的发展方向:

未来的环境哲学是依托有序、有力、有效之观念倡导及引领的新观点哲学。新观点哲学力图在生态系统论观念中找到其清晰而又坚实的坐标,并紧密联系当代世界的时事政治及社会经济文化状况做出有序的构想。生态系统观认为,地球与太阳系乃至整个宇宙是一个相互联系的整体系统,存在于地球上的人类社会只不过是宇宙巨系统中的一个子系统。而作为全体人类赖以生存的基础的生态系统,"现今生态系统的研究也已经逐步走向'社会—自然—经济复合体'这一领域"②。人类社会经济的发展必须遵从系统规律,不能以破坏生态系统为代价来换取经济发展,人类社会系统与自然系统必须和谐发展。党的十八届五中全会确立了创新、协调、绿色、开放、共享的发展理念,这被视为关系中国发展全局的一场深

---

① 《马克思恩格斯全集》第1卷,人民出版社1956年版,第121页。
② 魏宏森、曾国屏:《系统论:系统科学哲学》,清华大学出版社1995年版,第175页。

刻改革。这也正是系统论哲学思维在国家发展战略上的体现。新观点哲学融入正在发生激烈变化的经济社会环境,社会主要矛盾发生新的变化,发展理念的哲学思辨必然也要发生变化。五大发展理念是在深刻总结国内外发展的经验教训、分析国内外社会发展趋势的基础上形成的,是针对当今中国社会发展中的突出矛盾和焦点问题提出来的,是"十三五"乃至更长时期我国发展思路、发展方向、发展着力点的集中体现,是关系我国发展全局的一场深刻变革,也是新观念所引领的一场重要哲学革命。因应发展方式的伟大变革,所产生的新观点哲学是充满魄力的哲学,是展现新气象、新格局与新风貌的哲学。党的十九大报告将"美丽"作为社会主义现代化强国建设的重要价值目标,表明了中国社会有效推动建设美丽中国的决心和魄力。我们期待的新观点哲学,力图体现的哲学现代化是人与自然和谐共生的理念现代化。凝聚新观点的环境哲学,必然为未来中国的生态文明建设提供有力的思想支持与精神动力,其接地气的理论研究与融入问题导向的实践研究将为全球社会环境治理提供新思路和新方向。

未来的环境哲学,是立基于自然界包容万有、共生共存、物质循环的新博物哲学。新博物启示崭新包容的环境哲学,是主张社会与自然和谐共生的唯物论哲学,是提炼人类与物质重建和谐关系的新哲学。在新博物哲学理念的引领下,物质被人类重新看待,物质能量守恒定律被重新认识,物质哲学的内涵被重新梳理。它以新物质的发现,启示旧物质的利用,注重自然物的保护,提升人造物更替的有效更新,依托人与物共生共存的路径,实现博物万有与人类生活的深度融合,充分观察现代社会物质成果的魅力,实现物质观念的实质性提升。另一方面,更要依靠观念之结构与物质之结构的贯通来实现新博物哲学的完善,这也是新博物哲学凝聚思想物态的集中体现。本着尊重自然界的权利与物质价值的理念,环境哲学的新博物趋向也在于以地球生态系统的整体性、多样性与稳定性作为一种标准,以此判断一种哲学物质理念的合宜性与正当性。新博物哲学观念的产生须与人类社会的发展相同步,本着未来环境哲学的心物交融论取向为中心,相信在新博物理念的引领下,未来的环境哲学将在辩证唯物主义的指导下更亲近土地,更加重视保护绿水青山的博物常在。

未来的环境哲学是环境源于生态、环境融入生态、环境契合生态的新生境哲学。新生境哲学是对生境的有效提升,是在原有生境基础上的观念再造及物质重构。新生境离不开实践的作用,实践作为马克思"人化自然观"的中介,是马克思生态观的哲学维度。"实践活动作为人的本质力量的感性实现形式,表现为双重关系:一方面是自然关系,另一方面是社会关系。"①新生境的环境哲学不仅强调环境的再生式建设,更重视围绕环境的整体生态系统的可持续发展,将生态系统中各个要素纳入环境哲学的新生境研究中,实现整个生态系统的健康循环。党的十八大报告中提出来的:"五位一体"经济建设、政治建设、文化建设、社会建设、生态文明建设,"五位一体"的新布局着眼于全面建设小康社会、实现社会主义现代化和中华民族伟大复兴。

未来的环境哲学是人和天地、万物有人并融合地球及宇宙的新自然哲学。马克思指出,"历史可以从两方面来考察,可以把它划分为自然史和人类史,但这两方面是密切相连的:只要有人存在,自然史和人类史就彼此相互制约"②。未来的环境哲学是基于对目前存在的人与自然环境各方面问题的妥善解决基础上,提出一种基于物质现实和生态思想之上的与自然、社会、人类和谐相处的世界观和方法论。新的环境哲学是一种和谐的学说,主张人和地球环境的长期和谐共存,这意味着人和自然不再是对立的,而是互相依赖、不可分割的。

未来的环境哲学是在多元场景中交叉运用多种符号的新意象哲学。环境哲学的适切性判断依据依存于哲学这棵大树,它所覆盖的问题领域极其宽广,作为人们对整个自然界的根本观点的体系,环境哲学与人对自然界的理解与爱护不可或缺。未来的环境哲学与未来的科技伦理、人类的伦理道德、自然的发展趋向紧密联系。新的环境哲学不再是单一符号和单一场景,而是多元符号和场景的相互交会,这将为21世纪新环境哲学的发展提供新思路,并真正创新环境思维模式。

未来的环境哲学是在表现形式与真理内容的谱系及其涵义的象征演绎中加强其所指的新记忆哲学。新的环境哲学将现实话语与理想范式赋予同等重要性,既重视记忆的思考,又重视将思考记忆化为当下行动,使环境哲学的精髓可以投入到现实社会的生活塑造及生产建设中。环境哲学的未来图景,需要环境哲学所创造的恰当判断与合理认识,不断探索环境哲学的发展规律并凝聚其观念系统,研究中国的环境哲学未来趋势,离不开中国哲学的传统底蕴,也离不开对世界哲学的优秀成果。环境哲学能否走在时代的前沿,取决于其理论视野是否有新展现。展望未来的环境哲学,它将不仅变现为哲学的一个重要分支,而且是在复苏自然世界的道德地位的进程中所建立的一个新的理论框架。当今世界的生态危机、环境破坏等既是对未来环境哲学提出来的巨大挑战,又是推动其不断向前发

---

① 《马克思恩格斯选集》第3卷,人民出版社1960年版,第33页。
② 《马克思恩格斯选集》第3卷,人民出版社1960年版,第20页。

展的有利契机。

未来的环境哲学是建基于人类整体性生存并向着诗意栖居而前进的地球哲学。新的环境哲学是一种倡导代际公平的哲学思想,不仅关注当代人的发展,也关注后代的发展,从而实现整个地球的持续发展。在新哲学的引领下,社会中更多的生态公民将受到影响,自觉自愿地投入到保护生态环境的行动中去。环境哲学及其构成的环境观念要素对人类与其他生物的生存发展承担着重要的职能与作用。环境哲学所关注的环境是整体主义的地球生态环境,我们应尽力继承与发扬环境哲学的辩证反思与理性审视的能力,一方面积极塑造人类与其他生物生存栖息地的基本理论范式,另一方面全面厘清地球家园生命繁衍的依托于约束能力。[1]

未来的环境哲学是明确其时空界域有实存、有通感、有情怀和有理想的结构哲学。新的环境哲学更具备人文关怀,关注自然,也关注自然中的人,且致力于创造一个更加健康的生存环境,从而为人类存续奠定基础。既不是过去的"人类中心主义",也不是狭隘的"自然中心主义",而是逐渐达到两者之间的平衡。未来的环境哲学是中外、东西、古今及新旧悖论中转化而又形塑的新陌生哲学,也必然是发展充实着的哲学,不会止步不前,也不会故步自封。"海德格尔宣称人类能够与其他存在物和谐居住,不是通过放大自己的权利而是应承担我们最初的责'责任',敞开存在者之存在。"[2]美国学者斯普瑞特奈克说,"重新发现我们与周围实在的关系,首先在于认识到人类周围并不只是一堆客体,而是一群主体"[3]。各国各流派的环境哲学,百家争鸣,竞呈特色,在碰撞中融合,不断为环境哲学注入新的内涵。未来环境哲学将重新审视人类与大自然的关系,人类须对大自然存敬畏之心,而不是把其作为征服的对象,要在创造物质财富的同时,保护生态环境。

三、探索未来环境哲学发展趋势之意义

未来环境哲学,与哲学的其他领域比较,是蕴含希望并与人类社会生产境遇密切相关的领域。它的发展不仅与最深层次的自然理论相连接,也与当下我们要面对的但还没有解决的社会生态问题相联系。未来环境哲学的发展趋势为环

---

[1] 周国文、卢风:《重构环境哲学的契机与趋向》,载《江西社会科学》,2012年第8期。
[2] Michael F. Zimmerman, Toward a Heideggerean Ethos for Radical, *Environmental Ethics*, Vol. 5, No. 2, 1983.
[3] [美]迈克尔·波伦:《植物的欲望》,王毅译,上海人民出版社2003年版,第3页。

的治理与保护提供了科学的方法论。未来的经济发展,将会对生态环境的破坏程度降到最低,使得社会经济真正做到"可持续发展",可持续发展可使人与自然的关系更为和谐,使得人类在注重物质生产的同时,更加尊重自然,注重生态环境的保护,进而推动整个社会的不断进步。

具体而言,未来环境哲学发展趋势之意义主要包括以下几个方面:

于经济发展而言,遵循自然趋向的环境哲学,将会借助生态观念的相关理论,关注在绿色经济转型过程中环境哲学的思想指导作用。未来的经济发展不再是走以往的"先污染,后治理"的路线,将会回到以自然为本的生态中心主义的路径上来,此时,创造的生产力是绿色生态的,经济发展也将愈加富有生机和活力。未来环境哲学有助于牢固树立社会主义生态文明观,推动形成人与自然和谐发展的现代化建设新格局,为保护生态环境做出我们这代人的努力,努力推进绿色发展。

于社会进步而言,未来环境哲学包括环境伦理,环境伦理侧重研究人类对自然事物的行为规范,但环境哲学需要对人与自然的关系进行认识论和方法论的反思,正确回答人与自然事物之间的价值关系。马克思认为共产主义社会是"人同自然界的完成了的本质的统一,是自然的真正复活,是人的实现了的自然主义和自然界的实现了的人道主义"①。未来环境哲学在正确认识人与大自然的关系上,更加倡导人与自然的和谐相处,人类与生态环境的关系也会因人类的自觉保护和正确的自我约束而进入新的更高层面。

于环境保护而言,未来环境哲学将会把富于时代性的方法论运用于生态环境的恢复与保护,未来环境哲学要求经济社会的发展对生态环境的破坏达到最小甚至无破坏,也更加注重运用新的理念和方法治理以往被破坏的生态环境,长此以往,生态环境质量将会向优质的状态转变。

简而言之,未来环境哲学的不断发展将会对未来社会的经济、政治、生态环境等方面产生重要的意义和价值,它将会促使人类树立一种以绿色发展理念为目标的新的伦理道德观念,进而推动整个人类社会的绿色发展模式,人类社会会因此而焕发出更加蓬勃的生机和活力。

未来环境哲学中含有环境伦理观的哲学,"环境伦理观"是工业文明时期才产生的一种新的伦理道德观念,作为人类在长期的实践过程中的经验总结,它起到约束人类行为,协调人与自然关系的重要作用。环境伦理观认为,"我们对自然界的道德和义务,最终源于人类各成员间所承担的义务,在享有自然资源和良好的

---

① 马克思:《1844年经济学手稿》,人民出版社1985年版,第79页。

环境上,我们的后代和我们具有同等的权利"①。总而言之,与哲学的其他领域相比,环境哲学是蕴含希望、潜力巨大与人类社会生存环境密切相关的领域,它的发展在哲学本体论及认识论循序渐进的过程中,不仅与最深层次、最古老的自然价值理论相连接,也与我们今天所要直面现实的、非常重要的但还远远没有解决的社会生态问题相联系。在未来环境哲学指导下,人类将以道德伦理观更加注重平衡自然生态环境与人类的关系,更加侧重人对事物的行为规范,并进行认识论和实践论的反思,从而达到人与自然的和谐相处。未来环境哲学将会运用蕴藏时代特色的伦理观更好地为改善生态环境,为促进社会生态和谐而服务。

---

① [美]德内拉·梅多斯、乔根·兰德斯等:《增长的极限》,李涛、王智勇译,机械工业出版社2013年版,第121页。

第十三章　一个发育的生态和谐社会的生态伦理:问题与前景

当前的生态和谐社会尚处于一个发育时期,在从萌生走向成熟的阶段,更需要我们关注生态伦理的范式及其作用。

一个发育的生态和谐社会的生态伦理,其内在的生态道德蕴涵和自然礼仪规则,使公民在生态社会共同体生活中能够和平友好地与自然相处在一起,避免因自然价值观与生态利益的歧异,而造成生命、利益、精神与心灵上的冲突。所有公民个体与自然的和谐一致是整全式的局面,它是在生态交往中的和谐,是在共生互动中的和谐,是在动态融合中的和谐。它构造了生态和谐社会生态伦理的有效道德谱系,此道德谱系体现了整全的自然与去蔽的自我,体现了处理公民与自然相互之间良好关系的社会秩序。

一个发育的生态和谐社会的生态伦理,造就"好的生态举止"与"好的自然礼仪"。好的生态举止是公民内在良好生态道德素养的外在反映;好的自然礼仪,是公民良好生态行为习惯的综合结晶。它们作为常规,是一种抽象的生态伦理共识,是在法律体系之外普遍的自然道德法。一个发育的生态和谐社会的生态伦理甚至可能成为生态法律体系变化的基本参照点。

第一节　中国情境生态和谐社会生态伦理的形成背景

一个发育的生态和谐社会的生态伦理,是在当代中国市场经济发展的生动实践中生成的,它立足于一个发育的生态和谐社会,立足于当代中国生态社会急剧分化并呈现出多元化趋势。而一个发育的生态和谐社会,也不能不注意到政府与市场之外的生态社会的第三空间;政府"这只看得见的手"和市场"这只看不见的手"的力量固然重要且不可或缺,但在政府与市场之间的空白领域迫切需要一种新的社会力量去填补,一种新的道德机制去调节。例如以绿色和平组织为代表的环保运动,就是在市民社会的民间组织推动下产生的,已越来越凸显出其非政府组织的民间分量。大量的自然保护组织、"地球日"、绿党在选举中的胜利,凡此种种都表明了生态价值观在我们这个时代获得了胜利,这是一个倡导"自然契约"及全球公民权的时代,"地球就是我们的家园"。

一个发育的生态和谐社会的生态伦理,实际上涉及中国情境生态和谐社会生态伦理的形成背景。与经验性研究相延续,这一类学理性研究更注意其中涉及生态社会历史感的理论问题,首先是在中国语境中运用生态伦理这一概念的正当性和有效性问题。作为对西方历史经验中自然生活关系方面的概括,一个原本是西方道德哲学范畴上生态伦理的概念能否被运用于一个在许多方面都不同于西方社会的情境?或者,即使可能,它究竟是一个有助于人们了解和说明这些社会的分析工具,还是一个伦理概念,甚至一种新的意识形态?这些问题都需要被提出来加以澄清。

毕竟任何一种道德哲学都以某种政治社会学与文化人类学为前提。如果中国情境生态和谐社会的生态伦理成立的话,那么中国情境生态和谐社会的生态伦理的建构就不纯粹是一个抽象的理论问题,而同样是一个现实的实践问题。

因此探讨中国情境生态和谐社会生态伦理的形成背景有如下几个方面:

一、传统中国历史中"人本式的臣民伦理"的深厚积淀

春秋以来的中国传统社会的儒家政治伦理系统,是把家族之个人纳入国家体系而作为其成员之一的道德规范要求。人事之尊,胜过自然之事。君主之制与君臣之义,对普通老百姓所形成的社会钳制是一种政教合一组织纲常名教的深厚力量所在,它也无形中地构成了支配自然的传统道德力量。君为臣纲,体现了中国封建社会治者与被治者的关系;而人为物主,则表达了传统中国社会生态伦理观念的缺失。在以人事为本位的儒家道德政治格局下,等级身份来自人与自然有别,来自人在社会有别上下,君君臣臣父父子子,所谓的敬天尊祖,也就是敬君爱民。但在儒家伦理的内在格局中,敬君是实,爱民是虚;与其说"爱民",不如说是"欺民",民众臣服于天,意味着只有臣服于君主的义务,却没有个人抗争的权利。尽人事,知天命,把自然摆在被动的地位,往往也容易陷入被人所支配的地位。"天"这个大自然,配合一种根深蒂固的臣民伦理,其实只是供人景仰祭拜的对象,并没有真正成为具有内在价值的主体,可见传统儒家的人类中心主义是中国社会

历史的自然道德积淀。

二、当代中国社会经济的迅猛发展

当代中国社会的经济发展喜忧参半,一方面,受制于中国社会传统小农经济模式的影响,人口基数大、经济基础薄弱、资源有限且分布不均,以及受城乡二元化结构与区域之间的发展不平衡等因素的制约,导致高能耗、高污染、低增长的粗放式经济增长模式在相当长的时间内主导了中国经济的发展;特别是以破坏环境资源为代价的非生态发展,导致经济发展与环境保护陷入二律悖反。但毋庸置疑,从计划经济与环境污染的困境中走出来的当代中国经济,从 20 世纪 90 年代末以来正在持续地推进生态发展的路径选择,但经济的压力与环境的压力一样还在反复出现。市场经济及可持续发展的走向,深深地影响着生态伦理在当代中国的建构。市场经济的建设,使传统社会的经济结构发生了变化,也改变了传统的社会管理组织和管理方式。特别是在经济领域对"利益与效率"的价值追求,也往往成为人们在其他领域追随的目标,甚至成为牺牲生态环境、追求经济效益的借口。这种道德错位的现象,往往影响了公民正确的生态道德判断。但可持续发展的理念,毕竟是阻止环境恶化的观念范式,也对当代中国生态社会的道德形态提出了新的要求。

三、现实中国社会环境道德滑坡的危险趋势

无可讳言,当代中国生态社会的发展,在一个有利于发展的"黄金机遇期"的背后,也预示着一个"矛盾凸显期"的到来。在利益矛盾与阶层分化加剧的趋势下,社会结构的典型特征也体现为"异质性"和"分化性"。公共社会的生态道德共识在经历着现实生活的碰撞与摇摆之后,不仅不容易形成,相反它还有可能转化为道德歧异。一种统一的环境道德价值评价和生态意义系统的约束已趋于分散,传统高大全式的生态道德价值信念的存在样式已向底线伦理状态转变。在不同自然主体之间利益争夺的背后,往往是生态道德价值的分裂;在物质社会成员其个人欲望不受节制的环节,生态道德规范的失效已成为不可避免的客观事实;不同生态交往对象相交涉的利害竞争关系,及其不断出现新的生态道德悖论,使原有完整的生态道德主体在逐渐地破碎化。不合宜的自然行为举动与合宜的生态价值尺度的缺失,及其处理这种关系的环境道德规则的无奈,使之强化为越来

越浓的生态道德怀疑感。生态社会的道德滑坡,也正是人的生态精神滑坡。一方面是人的自我控制能力的减弱,另一方面是人在物质主义时代不必要的生态道德困惑也愈来愈多。

四、多元的生态价值选择所带来的道德分化的事实

在现代生态社会结构当中,道德分化才真正作为一个问题凸显出来。因为多元生态价值观的选择与多样化的生态生活方式,使现代人不再执著于唯一的道德信条,甚至也对生态道德信念产生了犹疑不定的感觉。而且与传统社会氛围相反,现代公民以法律意义的存在为一种实在,因此表现出对生态法律的过分热衷和对生态道德规范的轻视。一方面,生态道德被漠视、被边缘化、被排斥;另一方面是不同生活空间、不同社会人群、不同领域范畴所存在的不同样式与要求的生态道德规范,使一致、统一的生态社会道德体系有分崩离析的危险。于是,统一性的生态道德正在逐渐趋于瓦解,道德存在样式的生态多元化得到了进一步的凸显,其直接后果就是使原先固态化的生态道德体系逐渐分化。"局部性"的生态道德,正在取代"全局性"的生态道德。在此背景下,现代人的生态道德立法在原则上拒绝公共生态社会外在地为个人立法,而是要求从个人的切身境遇中内生出与各自领域相适应的独立的生态道德价值和规范。"生态道德分化",也随之转化为局部性、游离性和原子性的生态道德个人化。而生态道德个人化与生态道德价值的"私人化",使公民在对生态道德随意扭曲与个性化理解的状况下,也使生态道德规范本身呈现碎片化;领域分化、价值分化与规范分化的生态道德,不仅失去了连接生态社会各部分纽带的功能,而且也不能实现生态社会有机整合的作用。生态道德境遇主义,使生态道德规范主义受到了极大的挑战。完整的生态道德体系被割裂,各个不同的生态领域被放置了不同的生态道德要求,尽管公民自身都有着自己的生态特殊目标和追求,但统一性的生态道德规范的退场却无疑是生态社会道德滑坡的写照。

五、公民对自然主体性确认的生态民主化潮流

随着生态政治民主化进程的深入,公民对自然及其个体力量的认识进入了一个更高的阶段。"成千上万心力交瘁生活在过度文明之中的人们开始发现:走进大山就是走进家园,大自然是一种必需品,山林公园与山林保护区的作用不仅仅

是作为木材与灌溉河流的源泉,它还是生命的源泉。"自然界成员既是自身的主体,又是整个生态系统的主体;公民融入自然,既是现代人对未来生存方式与居住环境的生态需求,又是21世纪迈向生态文明的人们的共同梦想。在个人生活领域处理个人事务时自我决定,在公共生态生活领域处理公共事务时共同决定,这是生态政治民主化进程尊重公民意愿表达的结果,也是民主实践内在蕴含的自决与公决形式的结果。特别是现代公民,一方面积极参与公共领域的公众事务,另一方面更加关注自己的私权利,更加珍惜自己在私领域空间的自主权。在此,公民是自己的"立法者",也是自己的"守法者"。个人生活方式、人生价值意义、生活目标选择都属于私人领域的事务,应该发自个人的内心权衡与良知决断。公民在私人领域拥有个人完全的治权,这种治权也表现为公民的自我承担与自我负责的意识,公共权威尤其不应该在公民的个人空间用一种强制性的手段来对公民发号施令。

第二节　形成中国情境生态和谐社会生态伦理的基本条件

形成中国情境生态和谐社会的生态伦理,是一个从个人生态之善向公共生态之善扩展的过程,也是一个从生态众意之好向生态公意之好的进步过程。它需要如下几个方面的基本条件:

一、需要生态社会整体观念的浓厚氛围

作为一个整体的生态社会观念,是一种系统观的存在。自然之于地球,就是一个部分之于群体,一个小系统之于大系统。自然之公的意义所在,就在于生态社会整体观念的浓厚氛围;而如果失去生态社会整体观念的浓厚氛围,就没有人诗意栖居的真正可能,也将失去整个自然界的美丽。毕竟自然界的非人动植物并非仅仅为了人类而存在,它也拥有自己独立于人类的需要和利益的目的;当众多的人以公民身份的名义组成社会,而公民作为社会的一分子,只有融入自然,才能找到人在宇宙中的位置所在。而也只有生态社会整体感的存在,才能具备生态伦理的可能。因为生态伦理是面对整个生态社会生活的伦理,其生态生活规范是在一个生态共同体视域中形成的。它并不是单个人的伦理,而是公民与自然之间的

生活规范。或者说，它是在当代中国生态社会的整体主义情境中孕育生成的。

二、生态伦理是以公民为本的伦理，公民是生态伦理的主体或出发点

因此重要的是公民的存在以及公民生态意识的存在，才能为生态伦理的生成创造基础。公民是一个主体自主性的存在，是权利与义务相匹配的存在；公民生态意识是对个体作为公民对自然界成员权利的自觉，是对自然界存在的积极、主动的观念认同，是对自然价值与生态权责义务的心理认可。健全的公民生态意识是一种现代社会的生态价值观，符合公共生态社会的理性精神。公民生态意识是形成生态伦理的价值基础，是生态伦理付诸实践的社会氛围。生态社会必须尽最大努力保证自然权利不受到非法侵犯，保证广大公民所赋予政府的公权力不伤害到自然个体的权利。公民生态意识的观念范畴，也折射为生态伦理的权利价值。因此，只有健全公民生态意识的深入人心，才能为生态伦理的实践提供有效的观念土壤。

三、需要公共生态交往的道德共识

生态伦理作为在公共生态生活中的道德共识，它是在公民不同形式的生态社会交往过程中形成的。生态道德共识是生态民主协商与生态道德权衡程序的产物，它并不是某个公民内在的道德心性，也不是由自然界外部强加，而是以生态现实为基础并从生态现实中内生出来，并基于生态交往的共同社会生活所提出的生态道德准则。它需要一种物种之间自由平等的精神，更需要基于生态交互性的重叠共识。这种重叠共识意味着公民与自然界成员之间权利义务的互惠，也预示着公民与自然界成员之间可以借着合理的生态道德规范来解决彼此的矛盾与冲突。在越来越呈现出环境分化的异质结构特点的当代中国社会，生态伦理如若能成为一种把生态社会成员凝聚和结合起来的"黏合剂"，外在地需要公共生态交往的社会形式，更内在地需要一种来自公共生态交往而生成的道德共识，以作为统一的公共生态权威的精神力量，来协助政治力量实现生态社会整合。

四、需要在生态观念上"公德"与"私德"的区分

传统生态的一元化社会，不存在明确的公共生态领域与私人生态领域之分，

公共生态领域糅合了私人生态领域,造成了频繁发生的生态公权力干预生态私权私的社会状况。因此传统社会的生态"公德"并不是真正的公共生态道德,它在统治力与社会风俗相结合、儒家人伦自上而下的渗透下,往往也就在诸多场合被指代为生态"私德"。生态"公德"与生态"私德"的不分,导致生态公德私人化、生态私德公共化二者之间的错位;导致在该用生态公德来调控社会行为规范时,却不妥当地用生态私德来袒护;在该用生态私德来自我约束个人行为时,却不适宜地用生态公德来要求。特别是生态私德更是被罩上了生态公德的光环,没有了生态"公德"的生态"私德"往往只是个人的心性道德,在公共生态生活领域没有能力承担起规范个人与自然之间相互关往、整合生态社会秩序的功能。但在现代中国社会,随着"公共生态领域"与"私人生态领域"的相对分离,生态"公德"与生态"私德"的区分也越来越明确化。生态伦理作为一种新型的社会道德,既尊重公民在私人生活领域的"生态道德自由",更强调公民在与自然相交往的社会领域其行为的规范性;作为崭新的生态公德形式,它要求公民个人在公共它生活中必须接受公共生态生活规范的约束。个人的主体尊严与自然界成员的主体尊严,被同等地对待并相互地予以尊重,作为正式的生态要求被提出并获得了承认。

五、需要自觉信守的生态道德意志

尽管生态伦理不再属于个体私人性的良知决断,在一个扩展性的公共生态生活领域已呈现出某种普遍的性质,但它并不是一种先验的绝对生态命令,它饱含了现实性与经验性的生态描述,是体现在公民所经历的每一个与自然相处的环节。因此无论是社会的公共生态生活,还是个人的私人生态生活,公民如若缺乏自觉信守的生态道德意志,就往往会失去生态伦理的佑护。因为生态伦理也可能会在社会现实经济生活中陷入了一种伦理悖论之中,在此强有力的生态道德意志,构成了生态伦理得以存在的重要前提。生态道德意志是一种在环境道德冲突境遇中用于有效支撑生态道德判断的内在动力。它构成了生态伦理用以规范公民之间交往行为、调节公民与自然的关系,从而进行生态社会的整合以维持生态社会秩序的重要手段。可以说,生态道德意志是整个生态伦理结构的内在构成要素。

六、需要真诚持久的生态道德信仰

生态伦理出于公民在生态交往共同体中的理性设计,但"低估了交往的社会构成和它所受到的社会限制。从这一点看……理想化的共识观念可能会使下述作法合法化:通过把共识颂扬为'达成理解'的理想状态,对个人实行操纵并压制差异"。因此,来自生态共识的强制也是一种生态意识宰制,而体现为内心深处的生态道德信仰胜过生态共识的强制。对于生态伦理的达成来说,真诚持久的生态道德信仰也就显得尤为重要。或者说为了有效地实现整个生态社会的有机整合,就必须凭借生态伦理确立一种唯一性的生态道德信仰,一种现代社会的生态道德合法性。这种生态道德信仰表现为一种必须无条件地服从这种唯一的生态道德价值和生态道德规范的基本观念。特别是应用于民主协商与道德权衡程序的生态伦理,不仅依托于相关的生态道德共识建构,而且还需要符合公共生态生活要求的、体现自然主体价值的生态道德信仰。

第三节 展望中国情境生态和谐社会生态伦理的未来生成

站在新的历史基点上,以现代性与民族性作为一个认识中国情境生态和谐社会生态伦理的基本框架,这是一个或可尝试的选择。现代性的加强并不意味着民族性的弱化,生态世界体系不仅是一个体现生物多样性的世界,也是一个丰富多彩的充满民族性的多元组合。真正的现代性是在民族性的基础上成长起来的,而没有现代性的民族性也是极不完整的民族性。在中国情境生态和谐社会生态伦理的系统性建构中,把"现代性"定义为一个"方案",并不是最近的行动。这个方案早在19世纪末就已进入中国社会"富国强民"的生活规划中。

现代性本身包含了内在的张力和矛盾。在欧洲,现代性是和世俗化过程密切相关的,欧洲的工业革命、科学技术发展和现代民主政治对于现代生态世界的影响是深刻的,很大程度上左右了这个世界大多数民族国家生态环境的发展进程。通过殖民主义和劳动分工,现代世界的各个地区被纳入到伊曼纽尔·沃勒斯坦所说的"世界体系"之中。

工业文明的现代性对生态伦理并不形成有效助益,那是因为无度开发与豪取巧夺式的发展往往葬送了自然界有机体的系统生存。而美国著名学者杰姆逊则指出资本的流动和扩张,从中心到边缘,渗透到了世界的每一个角落,在调动所到国家或地区的劳动力资源的同时,也在社会和文化经验上使当地人超越了传统的本地社区文化的界限,形成了一个新的世界文化的空间。它实际上跨越的也正是生态环境保持平衡的临界点。可见在生态文化互动的层面上,彼此的影响是相互的,不是单向的。一体化的生态世界要求着一种世界性生态结构的关系,它也影响着当代中国生态文化在整体化生态世界进程中的构建。以这种健全的、进步的、不可逆转的生态文化观,不仅为我们提供了一个看待历史与现实的生态文化图谱,而且也把生态伦理与生态社会的意义统统纳入了这个富有生态世界意义与中国生态精神的时间轨道、时代的位置和未来的目标之中。

中国情境生态和谐社会生态伦理的现代性,意味着公民环境道德自由的被承认与被尊重,也意味着公民公共生态生活规范的优先性得到确认。公民个人在"私人生活领域"所持有的环境道德信念、环境道德价值与环境道德追求,完全属于其个人的私人事务,他者无权也无理由干涉。但在一个公共生态生活领域,涉及与其他自然界成员的相互交往,就应该遵循生态社会公认的行为规范,在人与自然相互之间平等对待,不应妨碍和损害其他自然界成员的利益。

超越种族、语言、宗教、文化的差异,生态世界化多元融合的事实已导致种属差异的历史,已不能构成人与自然之间相互沟通和合作的障碍,即使是民族国家最强有力的政治支柱——国家机器也已无法阻隔对外交往的行为。但"越是民族的,越是世界的",阐明了中国情境生态和谐社会生态伦理其民族性的潜在意义。在世界范围内保持生态伦理的中国情境生态和谐社会既是国家创建过程中的首要意识形态手段,又是一个具有同质性的社会大众阶层占有自己地位的重要举措。

在全球化的生态世界融合面前,对于东西方生态文化问题所蕴含的根本问题,即本土生态文化价值与现代化之间的紧张关系,使我们不得不思考,在现代性的基点上引入西方发达国家先进生态文化、科技、政治、经济的优秀资源,保存本土传统特色的生态生活方式与创造现代健全民主的生活方式这三者在构建中国情境生态和谐社会的生态伦理进程中的关系。这实际上也正是对民族性这一重要因素的考量。

中国情境生态和谐社会的生态伦理是置身于中国社会境遇的生态伦理。它有着自己不可化约的内在属性,其本质表现为民族性。如果说生态伦理的先进性要通过现代性进一步得到体现,生态伦理的中国情境生态和谐社会则要通过民族性得到进一步的弘扬。现代性在某种意义上是一种世界生态话语,而民族性则是一种本土生态情境。"由现代性展现的文化的时代内容,是变动不居的,在社会历史的转折关头,甚至可以发生前后对立的剧变,使同一文化分为截然不同的时段。由民族性展现的文化的民族内容,则相对稳定,使任一文化得以形成自己特有的模式和传统。这两种属性虽或动或静一阳一阴,却相反相成互为体用,并以此构成了文化存在和发展的内在机制:变化出来的时代内容经过筛选慢慢沉积为稳定的民族内容,使文化得以存在;而民族内容则以其稳定给时代内容去变化提供基地,使文化与日俱新。"建构中国情境生态和谐社会的生态伦理则是世界话语与本土情境的辩证整合与有效平衡。面对全球化的经济一体化和文化一体化,在世界历史的所谓普遍性构建中,民族历史以其独立的地理单元提出了其相对的文化主张。

中国情境生态和谐社会的生态伦理,处在历时性与地域性的观念与价值建构过程之中。毕竟从情理型的村社社会中走出来的中国公民所面对的真实的生活世界,是从血缘性自然联结的传统人伦关系转变为扩展性生态交往活动中的契约型公共理性关系。在生态文化与生态价值观方面,中国同每一个处于现代化过程中的发展中国家一样,面对这样一种生态矛盾冲突的必然选择,既要对一切有益于民族国家与文化建设的西方政治、经济、法律、文化的思想与制度进行借鉴、融合,也要注意保存和发扬本民族的优秀生态文化与生态价值理想。

一个民族的生态价值体系之所以能在世界上存在,主要就是由于它不同于其他民族生活的特点。中国情境生态和谐社会的生态伦理其存在的价值,从中国社会的公共生态生活的基本规范出发,只有坚持民族特点、民族需要才能立足于世界。中国情境生态和谐社会的生态伦理也凝聚着民族性。即使说民族性或国民性是可以改变的,但可变中亦有不可变的成分,否则就不能保存它的民族特性。殊异性民族文化的存在,并不能成为不同共同体价值判断中优劣差等的依据。

而构建中国情境生态和谐社会的生态伦理则是中国社会在 21 世纪前二十年的一个非凡的道德方案。这个方案告诉我们,中国情境生态和谐社会生态伦理的目的不仅是为我们的日常生态生活提供行为规范,而且也是为了国人的精神健全提供生态道德准绳。或者说,这个方案包含着一种生态文化合理性上的许诺:自然的主体自由、人与自然的和谐相处,自然组织的合理化以及自然的理性模式帮助我们从神话、宗教、迷信等非理性中获得精神解放。只有通过不断地整合生态现代性和生态民族性,努力构建中国情境生态和谐社会健全的生态伦理体系,普遍的生态道德律令、具有内在逻辑的生态自主性行为规范才能形成,符合人性与自然性的普遍的、亲和的与善良的生态品质才能得以展现。

总之,在多元文化格局中作为调节中国社会情境公共生态生活规范的生态伦理,离不开现代性与民族性这两个基本维度。而民族主体性又永远不能化约,地域生态文化的基本特点与生态意识形态要求是本源的。生态文化的交汇性是以民族性的主体存在为依据的文化融汇。从生态社会生活方式与生态精神价值体系的总和意义而言,中国情境生态和谐社会的生态伦理也是一个固守本源而又多元开放的体系,它遵循民族生活的基本生态特点、道德发展的生态客观规律以及世界生态文化发展的时代走向,是协调平衡现代性和民族性的生态道德范式,是人类生态文明发展进步的伦理结晶。

第十四章 生态和谐社会的未来展望

当人类进入 21 世纪,我们所面临的生态危机,是世界各国所必须解决的问题。我们有必要重新回顾人类文明史,构造人与自然的关系。人类在征服自然、创造辉煌文明成果的同时,也给大自然造成了严重的破坏。人类必须与大自然相互协调,共同发展,这是我们生态和谐社会构建的目标所在。因此,要处理好自然权和人权的关系、树立公民的生态意识、走生态系统模式的可持续发展道路、树立以森林为立足点的绿色发展观以及用全球化视野构建生态和谐世界。人类应该对所面临的问题保持清醒的头脑,也应对未来人类发展持乐观态度和高度的信心,为最终实现生态环境的优化、经济的繁荣、社会的可持续发展而努力。

第一节 以自然权与人权相融合的和谐观统领生态文明

一、自然权与人权的关系

罗德里克·纳什在其编著的《大自然的权利》一书中指出,动物、植物、河流等等都与人一样具有天赋权利的观念,他所阐述的"新环境主义"认为,"在哲学和法律的特定意义上,大自然或其中的一部分具有人类应予以尊重的内在价值"[1]。自然权,是隶属于生态主义的伦理陈述,它更多地着眼于对自然的关怀与对环境的保护。[2] 在自然主义的观念体系中,如同爱比克泰德所说:"不求万物如你所愿地

---

[1] [美]纳什:《大自然的权利》,杨通进译,青岛出版社 2005 年版,第 5 页。
[2] 周国文:《自然权与人权的融合》,中央编译出版社 2011 年版,第 34 页。

发生,唯愿万物顺其自然地发生。"①在"天赋人权"的意义上,人权是在自然权的基础上建立起来的、每个人都应当享有和实际享有的,并被社会承认的权利的总和。但是人权却是独立于自然界的意志,自然权在强调自然界成员的基本权利的同时,也蕴含着每个人的自我责任;人权在其更广泛的内涵上,包括了生态权。生态伦理是基于人的本性以及自然界的互动而成的,以自然权与人权的融合为支撑,在为人类谋福利的同时,也在为自然创造幸福。因此,在我们看来,人与自然的关系应该是一种和谐共生的关系。

二、生态文明的阐释

文明是人类文化发展的成果,是人类改造世界的物质和精神成果的总和,是人类社会进步的标志。生态文明是指人类遵循人、自然、社会和谐发展这一客观规律而取得的物质与精神成果的总和,是指人与自然、人与人、人与社会和谐共生、良性循环、全面发展、持续繁荣为基本宗旨的文化伦理形态。从时间上看,生态文明是人类社会发展的一个新的社会整体的文明形态,是在工业文明取得物质成果的基础上用更文明的态度对待人与自然、人与社会以及人自身的生存意义,保证了自然的永续利用与社会的可持续发展。生态文明为生态和谐社会的融合提供了观念平台。

三、建立自然权和人权相融合的生态文明

人与自然的关系以及人与人的关系是建立在实践基础上的、不可分割的"主体—客体—主体"的有机统一体。进而,我们所建设的生态文明就是一种"人—自然—社会"系统的整体价值观。人类的一切活动都要服从于系统的整体利益,坚持人与自然和谐共生、协调发展,坚持在人、自然、社会协调发展的价值取向上,追求整个世界全面协调、和谐共生、良性循环、整体最优。为此,我们需要从以下几个方面着手:首先是伦理价值观取向的转变。转变唯有人是主体的传统价值观,追求生态文明所倡导的不仅人是主体、自然也是主体的生态价值观,因而人类要尊重生命和自然界,人与其他生命共享一个地球。其次是生产和生活方式的转

---

① Epictetus, *The Discourse of Epictetus*, translated by W. A. Oldfather, Cambridge: Harvard University Press, 1928, p. 35.

变。转变物质主义、享乐主义至上的生活观和消费观,追求理性消费;推广绿色科技、发展绿色经济,以绿色消费为特征,追求基本生活需要的满足,崇尚精神和文化的享受,最终建立自然权和人权相融合的生态文明。

第二节 以保护地球的生态公民观引导中国和谐社会

生态文明是一种正在生成和发展的文明范式,生态和谐社会的构建离不开生态文明的发展,而生态公民则是生态文明构建的主体,是生态主义的践行者,生态公民是着眼于创建更加公正合理的生态社会制度的主流人群,是维护人与自然和谐相处的有序力量。生态公民是现代公民的一种样态,如若生态思维成为社会公民身份的主导范式,生态公民就能成为对未来观念进行重构的重要概念。中国和谐社会的建设更加需要生态公民的主体力量。

一、生态公民观的概念

"作为生态文明的建设主体,生态公民是具备环境人权意识,良好美德和责任意识,世界主义理念和生态意识,且积极致力于生态文明建设的现代公民。"[1]生态公民观是指公民具有良好的生态道德意识、道德情感、道德信念、生态消费理念和地球公民意识等等。作为合格的生态公民,不仅应在享有环境人权以及其他合理权利诉求的基础上,遵循、推动和践行相应的环境法律、法规和规范,注重自身的道德修养,培养良好的生态道德观念,还要基于一种全球性的视角,主动地维护全球生态和环境正义,积极关心其他国家公民的环境人权,自觉地尊重自然界的权利和价值。而这些无疑都是生态伦理的题中之意。在一项409份的社会调查问卷中,对"如果您家附近有个化工厂,污染特别严重,影响了人们的正常生活,但是有着非常好的经济效益,你会怎么做"这个问题上,所呈现的结果如图16所示。从图16中可以看出,1/3的公民的生态价值观仍很薄弱,但与此相应,仍有1/3的公民具有维权意识的生态公民观。

---

[1] 杨通进:《生态公民的培养是战略任务》,载《绿叶》,2009年第1期。

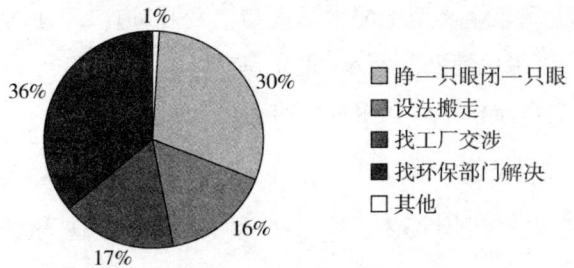

图 16　公民的生态意识

二、生态公民观的研究现状

目前,国内外学者对于生态公民这一问题的研究主要是从社会学或政治学的角度进行的。国外学者研究生态公民较多的是斯廷博根和多布森。斯廷博根在 1994 年所写的《迈向全球生态公民身份》中分析概括了生态公民概念的三种模式:一是扩展自由主义的公民身份理论;二是扩展共和主义的公民身份理论;三是扩展世界主义的公民身份理论。① 英国学者多布森在《公民与环境》一书中也分析了三种类型的公民身份,分别是自由主义公民身份、共和主义公民身份、后世界主义公民身份。他主要是从权利和责任、领域的划分、美德和领土界定四方面展开论述。国内对于生态公民的研究还不多,他们理解的生态公民的内涵大致是"能够实现人与自然的自然性和谐作为其核心理念与基本目标,依法享有生态环境权利和承担生态环境义务"②。

三、生态和谐社会对生态公民的诉求

当前,在构建生态和谐社会的进程中,生态公民的环保观念日益增强,自觉参与生态治理、环境保护的积极性也有所提高,但是,也有相当一部分人仍然处于"生态意识文盲"状态。因此培养公民的生态文明意识对生态和谐社会的建设具有相当大的意义。

对于如何培养生态和谐社会下的生态公民,我们应该从以下几方面着手:首

---

① ［英］斯廷博根:《迈向全球生态公民身份》,见斯廷博根:《公民身份的条件》,郭台辉译,吉林出版集团有限责任公司 2007 年版,第 82 页。
② 黄爱宝:《生态型政府构建与生态公民养成的互动方式》,载《行政学研究》,2007 年第 5 期。

先要树立生态文明意识。从某种程度上讲,公民的生态意识是构成生态文明制度与政策的观念共识基础。公民要在生态和谐社会建设中担当起社会角色、承担社会责任,提高公民保护生态的积极性和自觉性,并在全社会形成提倡节约和爱护生态环境的价值观念、生活方式及消费行为的良好氛围。逐步形成保护生态环境的行为规范,最终实现公民生态文明意识的树立和提高的目的。其次是加强生态文明教育。通过对全民进行系统的生态文明知识教育,扩大人们生态文明知识的学习渠道。在对 380 份的学生问卷调查中,对于自己了解生态文明的渠道,结果如图 17 所示。

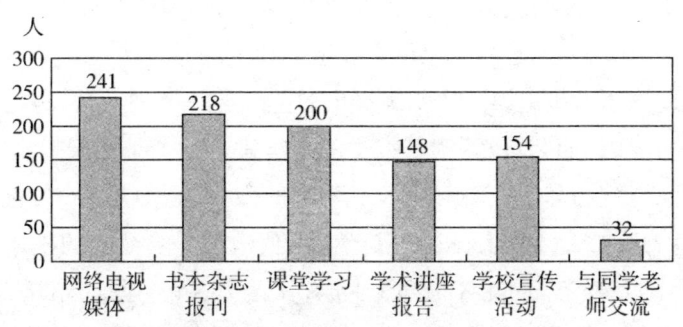

图 17　了解生态环保知识的渠道

从图中可以看出,媒体和书刊为公民接触生态文明知识最多的渠道,在未来的宣传中,不只是要发扬媒体和报刊的力量,而且我们要拓宽渠道,让公民更多地了解生态文明知识,做生态公民。增强人们对于生态环境的道德意识,树立起人对自然的道德关怀,把保护自然环境、维护生态平衡当作人类自身生存所应履行的道德义务与责任。

第三节　以自然为本的生态观形塑可持续发展模式

我们的生态和谐社会未来要构建的就是建立以自然为本的可持续发展模式,即遵从生态文明的发展观,把包括现代经济在内的整个现代发展建立在节约资源、增强环境支撑力及生态环境良性循环的基础之上,旨在谋求人与自然和谐统一和协调发展。

一、人与自然关系的变化及其理论渊源

人类与自然的关系经历了四个阶段:在原始社会中,人类对待大自然是敬畏和恐惧,一切人类活动都要遵循大自然的规律。农业文明时期,人类与自然的关系不是单纯的服从关系,开始利用所掌握的大自然的规律进行生产和生活,用来指导人们的活动。随后人类步入了工业文明时代,人类想当然地认为"人是万物的尺度""人定胜天",对自然进行了疯狂的掠夺,环境污染、生态危机相应出现。在现代社会中,生态文明应运而生,人类开始反思,必须坚持可持续发展的理念,转变经济发展方式,从生态观的视角进行生产和生活。

老子在中国哲学史上第一次明确提出"自然"这一重要范畴,讨论了人与自然的关系问题。他以"回归自然"为其哲学的根本宗旨。老子不仅提出"自然"这个重要范畴,而且将"自然"置于道之上,成为道所效法的"对象"。在老子看来,"自然"与人的生命存在是不能分开的,"自然"所代表的是自然界的秩序。按照老子所说,自然界的万物,都是自然而然地生成,并无主宰者,这是"道法自然"的基本含义。而在人与自然关系紧张的今天,我们应回归到自然的本性,以自然为本,人与自然和谐相处。

二、以自然为本的生态观

生态观是建立在生态科学所提供的基本概念、基本原理和基本规律的基础上,并在人类——自然全球生态系统层次上进行哲学世界观概括,能够用以指导人类认识和改造自然的基本思想。生态观在中国有着深厚的历史渊源,其中儒家自然生态观的理论基础是"天人合一"论。这种"天人合一"思想对我国的生态和谐社会构建有着重要的影响。

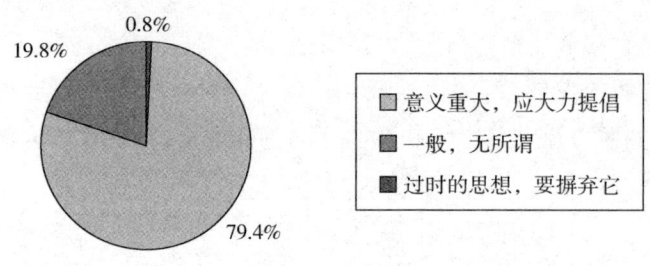

图18 "天人合一"思想调查

这一调查结果说明"天人合一"思想在当代看来,仍然具有重要意义,这一理论的核心思想就是"人本主义"。道家自然生态观的理论基础是"道",道是万物之本,造化之根,认为人与其他生物一样,在自然界里的地位是平等的。佛家自然生态观认为自然不是人的附属物,人恰恰是自然的一部分,人与其他生物一样,在自然界中其地位都是平等的,主张人与自然和谐相处而又不失其个性。

三、以自然为本的生态观形塑可持续发展模式

可持续发展观与生态观有着内在的本质联系,两者都是在出现了一系列的人与自然的关系问题上提出的。生态观是人类自然观的组成部分,是对人与自然关系的客观规律的一种认识;而可持续发展观则是在对全球人口、自然、资源、能源、环境等经济、社会与自然系统进行定性和定量研究的基础上所形成的价值观体系。由此可见,生态观是可持续发展观的重要思想基础。

生态和谐社会的构建就是要走以自然为本的可持续发展道路,这是人类在面对人口膨胀、贫困蔓延、资源短缺和环境污染日趋加剧的现实时,通过反思自身发展历史和生存方式的演进过程,整体分析全球诸多自然灾害的根源,前瞻人类未来命运后达成的共识。人类在发展中不仅要追求经济效率,还应追求生态效率和社会公平,最终实现全面发展。

第四节 以森林为立足点的绿色发展观培育全球化社会

森林作为陆地上最大的生态系统,对包括人类在内的所有生物的生存都有着极其重要的意义。无论从保护人类自身还是从保护所有生命形式的角度出发,人类都应该妥善处理好与森林的关系,因此建立一个森林生态伦理体系尤为必要。

一、森林生态伦理的建构

水、土、森林,是地球生命维持系统的三个最重要的因素。这其中,森林对

人类生活和保护地球具有非常重要的意义,但森林的破坏又已达到了非常严重的程度。森林资源正在逐年递减,森林枯竭问题日益凸显。鉴于此,人类开始用生态学的观点思考森林问题,产生了森林生态伦理。传统林业模式的理论基础是功利主义或人类中心主义,它只基于人和社会的经济方面考虑森林,因而又是经济主义的;而生态伦理学认为,森林生态系统是多价值的,但传统的林业的价值观,正如莱奥波尔德指出的,它基本上是经济伦理,大地的价值几乎完全由大地在市场体系中的分量来决定,而不考虑大地本身的内在价值。森林的管理不善将会导致自然生态灾难,这些管理不善,包括未能适当控制森林火灾,不能承受的商业性砍伐,过度放牧和空气传播污染物的有害影响,这一切又与土壤和水资源恶化野生动物和生物多样性减少,以及全球变暖加剧等联系在一起。

二、以森林为立足点的绿色发展模式

绿色发展的观念是人类对传统工业和旧有城市化模式的反思。1962 年,美国人卡森发表了《寂静的春天》;1972 年,罗马俱乐部发表了《增长的极限》;1989 年,英国环境经济学家皮尔斯等人在《绿色经济蓝图》中首次提出了绿色经济的概念;直到联合国计划开发署发表的《2002 年中国人类发展报告:绿色发展,必选之路》中,首次提出中国应当选择绿色发展之路,"绿色发展"的概念才引入了中国经济建设和发展的视野。2009 年以来,世界各主要国家都力图通过实施绿色变革来实现经济转型,绿色发展的序幕随即拉开。站在这一历史高度寻找森林的新定位,我们的基本结论是,在绿色发展概念下,森林是经济和社会发展的基础,是整个社会的基本财富、基本福利和基本安全。

20 世纪下半叶以来,我们一向认为森林具有经济、生态和社会三大效益,这个定位有历史作用。但在转向以森林等可更新自然资产为基础的新时代,仍然坚持森林三效益的定位,会贬低森林的作用。为适应绿色发展的理念,我们应当确立这样的森林新定位、森林新价值观。就目前而言,森林的作用在不断增强,但是森林的覆盖率却是日益减少,具体数据见表2。

表2 世界主要国家和地区森林面积

国家和地区	Country or Area	1990年森林面积（平方千米）Forest area in 1990 (sq. km)	2005年森林面积（平方千米）Forest area in 2005 (sq. km)	自1990年的变化率(%) % change since 1990 (%)	1990年森林覆盖率(%) % of land area covered by forest in 1990(%)	2005年森林覆盖率(%) % of land area covered by forest in 2005(%)
阿根廷	Argentina	352620	330210	-6.4	12.9	12.1
澳大利亚	Australia	1679040	1636780	-2.5	21.9	21.3
奥地利	Austria	37760	38620	2.3	45.6	46.7
比利时	Belgium	6770	6670	-1.5	22.4	22
巴西	Brazil	5200270	4776980	-8.1	62.2	57.2
保加利亚	Bulgaria	33270	36250	9	30.1	32.8
柬埔寨	Cambodia	129460	104470	-19.3	73.3	59.2
喀麦隆	Cameroon	245450	212450	-13.4	52.7	45.6
加拿大	Canada	3101340	3101340		33.6	33.6
智利	Chile	152630	161210	5.6	20.4	21.5
哥伦比亚	Colombia	614390	607280	-1.2	59.1	58.5
古巴	Cuba	20580	27130	31.8	18.7	24.7
埃塞俄比亚	Ethiopia	151140	130000	-14	13.8	11.9
芬兰	Finland	221940	225000	1.4	72.9	73.9
法国	France	145380	155540	7	26.4	28.3
德国	Germany	107410	110760	3.1	30.8	31.7
希腊	Greece	32990	37520	13.7	25.6	29.1
印度	India	639390	677010	5.9	21.5	22.8
印度尼西亚	Indonesia	1165670	884950	-24.1	64.3	48.8
伊朗	Iran	110750	110750		6.8	6.8
意大利	Italy	83830	99790	19	28.5	33.9
日本	Japan	249500	248680	-0.3	68.4	68.2
韩国	Korea, Republic of	63710	62650	-1.7	64.5	63.5

续表

国家和地区	Country or Area	1990年森林面积（平方千米）Forest area in 1990 (sq. km)	2005年森林面积（平方千米）Forest area in 2005 (sq. km)	自1990年的变化率(%) % change since 1990 (%)	1990年森林覆盖率(%) % of land area covered by forest in 1990(%)	2005年森林覆盖率(%) % of land area covered by forest in 2005(%)
马来西亚	Malaysia	223760	208900	-6.6	68.1	63.6
马里	Mali	140720	125720	-10.7	11.5	10.3

资料来源：联合国粮食及农业组织；千年指标数据库。
Sources: Food and Agriculture Organization of the United Nations (FAO); Millennium Indicators Database.

从表2中可以清晰地看出，除少数国家外，大多数国家的森林覆盖率都在逐年下降，实在令人担忧。由此可见，在现代社会中谈以森林为立足点的可持续发展的生态模式，具有重要的紧迫性及现实意义。

三、以森林为立足点的绿色发展观在全球社会的推广

森林支持人类文化的发展，可以为经济社会发展做支撑；同时，森林是维护地球生态平衡的基础。人类关于森林问题和森林价值的认识，又是森林伦理的认识论基础。解决森林问题的前提是必须做到"环境保护的经济动机与伦理动机的统一，使环保事业得到伦理的呵护"①。森林伦理是环境伦理的重要内容之一，森林伦理把人类道德对象由以人为主体的领域扩展到组成森林的生命和整个森林生态系统。这样一种人与森林的道德关系，是人与自然道德关系的一个重要组成部分，②它承认森林具有自身的价值和权利，人类应该以这种道德关怀约束自己的行为，以维护森林的完整、美丽和稳定。环境伦理的生态思维方式，也可以运用于林业实践。也就是说，林业工作者可以借助生态系统整体性观点去思考森林问题，重新认识森林的价值，从而为林业发展制定新的决策，并以可持续发展的方式管理、保护和开发利用森林资源，最终维护整个生态系统的利益。目前，经济全球化

---

① 杨通进：《走向深层的环保》，四川人民出版社2000年版，第63页。
② 朱凯：《试论生态中心论的森林伦理思想》，载《金陵科技学院学报》，2006年第4期。

已成为当今世界的必然趋势,跨国界的环境问题成为全球性的问题。地球是我们共同的家园,要实现人类社会的可持续发展,就需要世界各国的共同努力。绿色发展观强调生态健康、经济绿化,因此要以森林为立足点,转变传统的林业模式,在全球社会进行推广。

第五节 以生态全球化的思维范式创造生态和谐世界

随着 21 世纪的到来,我们的星球似乎正在变小,环境问题在国际政治议程中上升到了前所未有高度。生态全球化披着种种外衣,向传统的管理体系提出了巨大的挑战。"和谐世界"理念的基本宗旨是创造普遍发展、共同繁荣与持久和平的世界。这一理念不仅是中华民族未来发展的自觉主动精神,也符合全球化发展的客观趋势。保护环境是世界各国都需要解决的问题,因此我们要构建以生态全球化的思维方式来创造生态和谐世界。

一、生态全球观的构建

"全球伦理"的理念最早由德国神学家孔汉思于 1990 年在《全球责任》一书中提出,初衷是为了解决国际争端,提出了"没有各宗教间的和平就没有各民族间的和平,没有各宗教间的对话就没有各宗教间的和平"[①]。这种全球伦理的观念提出对生态全球观的建立具有重要意义。经济全球化已成为当今世界的必然趋势,跨国界的环境问题已成为全球性的问题。地球是我们人类共有的家园,是我们共同的栖息地,要实现人类社会的可持续发展,需要世界各国的共同努力。保护环境是各国的义务所在,任何一个国家都不可能单独解决全球环境恶化给自己带来的问题。要解决生态危机问题,各国必须以全球化的视角去思考所面临的生态危机问题,积极配合各方努力,建设全球性的生态文明。

二、生态全球化与生态和谐社会构建的制度与伦理解答

从实践层面来讲,普世制度与普世伦理的提出是对和谐社会构建制度与伦理

---

① Hans Kung, *Global Responsibility: In Search of A New World Ethic*, New York: Crossroad, 1991, p. 44.

解答。和谐社会的构建,普世制度应先行。普世制度是为实现全球全面和谐,由全球范围内的国家实体共同协调制定的,用以调整人与人之间、人与社会之间、人与自然之间和各文明之间冲突的措施,普世制度所体现的是一种社会正义。不可否认,普世制度的建立是构建生态和谐社会最为直接与切实可行的动力。全球化时代是一种规则时代,它要求全人类在基本的道德态度上达成共识,从全人类乃至整个宇宙的角度去关怀自身。这就要求我们增强全球意识和个人责任意识,以实现全人类的全面和谐。"没有一种世界伦理,便没有新的世界秩序。"①这句话道破了全面实现生态和谐社会的内化力量。

三、实现全球化时代的生态和谐世界构建

全球化背景下生态和谐世界的构建,反映了人类对于自己的生存与发展命运的关心,表达了人类力求共生、可持续发展、双赢和多元化的愿望,形成了人类和谐发展的清醒意识,是人类理性的又一思想成果。生态和谐社会的构建不仅是我国的未来目标,也是生活在同一个地球上的全人类的共同的任务。在社会调查中,关于"构建生态和谐社会是否是我国单方面的任务"一问的回答,结果如下:

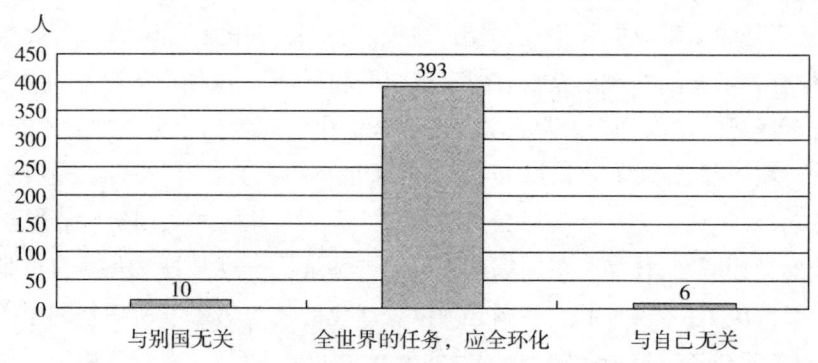

图19 构建生态和谐社会是否是我国单方面的任务

人类必须与大自然一起生存、一起发展。因此,要保持生态系统的可持续发展,一方面应通过反思自省,转变人类的消费理念,减少资源供给的压力和生态系

---

① [德]孔汉思·库舍尔:《全球伦理——世界宗教会议宣言》,何光沪译,四川人民出版社1997年版,第170页。

统净化力的负载;另一方面,人类应重视环境哲学的研究,为倡导人类理性发展,建立合理的价值导向。人类应该对所面临的问题保持清醒的头脑,也应对未来人类发展持乐观态度和高度的信心,为最终实现生态环境的优化、经济的繁荣、社会的可持续发展而努力。

第十五章　生态和谐社会的生态文明与文化发展

生态和谐社会所内含的生态文明是生态和谐社会的特质所在。它是一种崭新的文明,是面对新时代而凸显的生态文明,它体现出生态社会的美好内涵与和谐目标。

第一节　生态文明与工业文化

一、生态文明的概念与特点

生态文明是人类文明发展的一个新的阶段,是工业文明之后的文明形态。生态文明是人类遵循人、自然、社会和谐发展这一客观规律而取得的物质与精神成果的总和,是以人与自然、人与人、人与社会和谐共生、良性循环、全面发展、持续繁荣为基本宗旨的社会形态。从人与自然和谐的角度,结合十八大成果,可以将其定义为:是人类为保护和建设美好生态环境而取得的物质成果、精神成果和制度成果的总和,是贯穿于经济建设、政治建设、文化建设、社会建设全过程和各方面的系统工程,反映了一个社会的文明进步状态。

生态文明也是人类文明的一种形式,它以尊重和维护生态环境为主旨,以可持续发展为根据,以未来人类的继续发展为着眼点。生态文明同物质文明与精神文明既有联系又有区别。说它们有联系,是因为生态文明既包含物质文明的内容,又包含精神文明的内容。生态文明并不是要求人们消极地对待自然,在自然面前无所作为,而是要在把握自然规律的基础上积极能动地利用自然,改造自然,使之更好地为人类服务;在这一点上,它是与物质文明一致的。而生态文明所要求的人类要尊重和爱护自然,将人类的生活建设得更加美好;人类要自觉、自律,树立生态观念,约束自己的行动,在这一点上,它又与精神文明相一致,毋宁说它本身就是精神文明的重要组成部分。说它们有区别,则是指生态文明的内容无论是物质文明还是精神文明都不能完全包容,因此生态文明具有相对的独立性。

二、工业文化的特征与本质

工业文化实质上意味着工业时代,是工业革命以来所形成的以发展工业推动社会发展为代表的社会文化。其特点是以工业化为重要标志,机械化大生产占主导地位,大致表现为工业化、城市化、法制化与民主化、社会阶层流动性增强、教育普及、消息传递加速、非农业人口比例大幅度增长、经济持续增长等。

工业文化是最富活力和创造性的文化,工业文化的优势是规模化生产使人类商品迅速丰富,缺陷是对地球资源的消耗与污染也急剧加速。21世纪的后工业化时代将进入可持续发展的循环经济、生态经济的高科技经济模式,工业社会是唯一一个依赖持续的经济增长而生存的社会。财富的增长一旦停滞,工业社会就丧失了合法性。由财富的不断增长所要求,工业社会离不开创新,创新是工业社会生死攸关的基础。由创新所要求,工业社会中的知识增长也是无止境的。农业社会也曾有过发明和改进,有时发明和改进的数量和规模还相当大,但是,进步从来不是,也不能被期望是持续不断的,即使是进步最快的农业社会(如唐宋时的中国),其创新的数量、水平和影响也远远不能和工业社会相比。农业社会的本质则要求相对静止的社会和稳定的分工,工业社会的本质则要求永远的创新和变化。

提到工业文化就不得不提到工业经济。工业经济决定了国家需要它的成员们在文化上具备相同的特征,或者说,经济增长需要一种由国家维系的普遍识字的大众文化。盖尔纳把它理解为近似于农业文明中的高层次文化的世俗化和普及,正是这种跨社群跨地方的大文化而非社群和地方文化提供了国家内部的约束力。在农业社会里,高层次文化与低俗文化共存,需要一个教会来维持。在工业社会里,高层次文化占据主导地位,他们需要的是国家而不是教会。每一种文化都需要一个国家。这意味着文化边界和政治边界的一致。随着时间的推移,这样一种普遍的和共同的、与政治单位同一的现代文化的世界对于生活在其中的人们来说,就变成了自然的社会单位,这种单位就是近代国家。就像他没有具体分析农业国家的政治统治的效果一样,盖尔纳也没有刻意去列举近代国家的政治和文化细节。由于了解这些细节对理解盖尔纳的思想是不可缺的一环,因此笔者以为花些笔墨对这一几近常识的领域做些勾画还是有必要的。近代国家的特征是从工业革命和资产阶级革命时代开始形成的。理想的近代国家都有下述特征:国家在其领土范围内对其人民直接统辖,不存在任何足以妨碍流动的中间统治环节;国家对人民进行普遍的读写文化和公民准则教育,但几乎都不宣扬宗教;由于普遍的教育、迁徙和就业使几乎每一个国民都成为现代经济的成员,由于等级和身份的废除和经济社会差距的缩小,使得所有人都被赋予了纳税的义务和能力,现代国家的财政制度得以建立;由于人民是税收和军队的主要来源,关注于平等,近代国家必须时时关注其人民的意见,不得不允许人民参政议政,因此只有获得人民的认可近代国家才能维持下去。这意味着,和农业时代相比,现代国家或多或少必须是民主国家,至少是大众动员和参与的国家。而在农业文明中,民主属例外,专制是常规。发达的分工和健全的社会与政治网络使统治者和被统治者之间的双向互动和控制在技术上成为可能,从而保证了较高的行政效率。如果只用一个词来概括盖尔纳所指出的工业文明区别于农业文明的以上种种特征的话,笔者首选同质性或同质化。在文化与政治的关系上,一个工业社会是一个同质的社会,一个农业社会则是一个有着许多异质的亚文化的不同质的社会。统一市场、统一语言、普遍的社会流动和平等、无处不在的标准化等等,都是同质化的具体表现。

三、生态文明与工业文明的文化比较

20世纪60年代以来,全球性生态危机日益加剧,生态问题逐渐成为威胁人类生存和发展的最大问题之一。面对日益严重的生态危机,人们纷纷探索引发生态危机的原因,揭示生态危机的实质,寻找解决生态危机的途径;进而重新思考人与自然的关系,并对科学技术、工业文明进行批判性反思。迄今为止人类文明发展历程是:混沌型的原始文明——经验型的农业文明——理性型的工业文明。[①] 故工业文明是人类文明史上的一个重要阶段,它实质上就是科技文明。工业文化,也是在工业文明中形成的,最先由资本主义发展成型,它代表着先进的生产技术和生产力,同时也代表着对生态环境无止境的索取和破坏。

自人们开始意识到工业文明的负面影响后,对于这些生态文明和工业文化问题的探讨从未停止,不断地出现各类理论观点和实践探索。

[①] 郭剑仁:《生态地批判:福斯特的生态学马克思主义思想研究》,人民出版社2008年版,第104页。

在马克思主义与生态学的关系问题上,克沃尔革命的生态社会主义理论是很有特点的一个观点。克沃尔在《自然的敌人》中不仅批判了资本的求利本性对生态系统的破坏,还论述了资本主义的发展已经到达了真正的顶峰阶段,任何改良资本主义的思想和方案都是在加速对生态系统的破坏。克沃尔认为,马克思所阐述的社会主义只有在发达资本主义国家才能够实现,以往的社会主义都是建立在经济落后的发展中国家,都不是马克思所设想的真正意义上的社会主义,因此,资本主义全球化为真正实现马克思所阐述的社会主义提供了物质基础。克沃尔关于生态社会主义的革命和建设道路实际上就是继承了生态马克思主义对马克思主义进行修正和补充的历史道路,只是角度不同而已。[①]

马克思、恩格斯生态文明思想是在对黑格尔和费尔巴哈自然观的批判与超越,并在批判地吸收世界各国传统生态文化的基础上形成的。马克思恩格斯生态文明思想的理论构成主要有人与自然和谐相处思想、经济发展生态化思想、变革社会制度解决生态的思想。马克思恩格斯的生态文明思想奠定于深厚的哲学、社会学、经济学、生态学基础之上,具有人本性、整体性、时代性、可持续性、实践性特征。[②] 今天,全球性的生态危机日趋恶化,面临这样的局面,马克思恩格斯的生态文明思想对我国建设生态文明,发展循环经济,具有重要的指导意义。

因此,随着对马克思主义认识的深入,党和国家也通过制定条例来规划生态文明和工业文化。党的十七大首次把"生态文明"这一概念写入党代会报告,将"建设生态文明"作为实现全面建设小康社会奋斗目标的新要求之一。2009年召开的十七届四中全会,又进一步将生态文明建设提升到与经济建设、政治建设、文化建设、社会建设同等的战略高度,并称为新时期的五大建设。建设生态文明是对马克思主义生态理论的继承和发展。马克思主义最大的特点是它的发展性,它具有与时俱进的理论品质,它时刻关注着人类社会发展进程中出现的新情况和新问题。面对全球生态危机的严峻形势,面对我国新时代的生态文明建设,我们要站在新的视角,用全新的观点来深刻领会和挖掘整理马克思、恩格斯的生态文明思想。[③] 这个观点是在我看来对研究生态文明和工业文化的关系中非常重要且有价值的一个,马克思主义的科学性使得这些思想不会随着时代的变迁而陈旧,而

[①] 马英:《生态地批判——资本主义条件下的生态危机》,载《内蒙古农业大学学报(社会科学版)》,2010年第6期。

[②] 马英:《生态地批判——资本主义条件下的生态危机》,载《内蒙古农业大学学报(社会科学版)》,2010年第6期。

[③] 王金南、张惠远:《关于中国生态文明建设体系的探讨》,载《环境保护》,2010年第4期。

是在人类不断的实践中变得与时俱进。

(一)趋异

工业文明是以工业化为重要标志、机械化大生产占主导地位的一种现代社会文明状态。其主要特点大致表现为工业化、城市化、法制化与民主化、社会阶层流动性增强、教育普及、消息传递加速、非农业人口比例大幅度增长、经济持续增长等。这些特征也可视作推动传统农耕文明向工业文明转轨的重要因素。迄今为止,工业文明是最富活力和创造性的文明。

然而由于工业文明在发展的过程中不顾自然的成本和承受能力,将人与自然绝对的对立起来,使人类从自然界的努力变成自然的征服者和主宰者。因此,当人类对自然界进行开发利用的时候,往往忽视了环境、资源、生态等对工业发展的承受能力。这样自然生态便遭受了严重破坏,人与自然的关系也就迅速恶化了,人口、资源、环境及社会之间出现了危机性失衡,这是生态危机就出现了。

生态文明是人类对工业文明进行深刻反思的结果,可以说它是解决生态危机的唯一途径。作为一种全新的文明形态,他要求人们在改造自然界的同时,又要主动保护自然界,积极改善和优化人与自然的关系。建设生态文明,最重要的就是建立起一种人与自然平等相处、相互依存的统一整体,维护生态系统的完整稳定,保持生物的多样性。生态文明反对通过掠夺自然的方式来促进人类自身的繁荣,强调人与自然的整体和谐,实现人与自然双赢式的协调发展,是解决生态危机的唯一有效途径。

(二)趋同

尽管作为两种不同的文明形态,工业文明与生态文明在诸多方面有着本质的不同,但我们必须看到,人类文明的历史是一条连绵不断的场合,每一种新的文明形态都是对前一种文明形态的扬弃。生态文明史从对工业文明的反思中建立起来的,他直接脱胎于工业文明,这就注定了两者之间有着千丝万缕的联系。生态文明对于工业文明既有否定也有继承。工业文明时代关于人与自然关系的观念,我们要进行清理。但是,对工业文明所创造的发达的物质成果、现金的科学技术以及一些法律法规,我们必须有选择的肯定和继承。只有借助于工业文明创造的这些优秀成果,生态文明建设才能又好又快的发展。

工业文明创造的物质成果为建设生态文明奠定了物质基础,生态文明对工业文明物质成果进行继承;工业文明创造的科学技术为生态文明建设提供了技术支撑,工业文明所创造的一些科技对生态思想的形成及传播起着重要的作用;工业文明形成的法制为生态文明提供制度保障,为建设生态文明提供稳定的社会环境和法律思想。

生态文明与工业文明之间的关系问题不仅仅是理论问题,更是时间问题。当前,人类社会正处于从工业文明向生态文明转变的关键时期,如何正确地看待和处理两者之间的关系,就显得尤为重要。工业文明与生态文明是一种辩证的否定关系。尽管工业文明造成了严重的环境问题,但他带给人类的绝不仅仅知识灾难。他所创造的高度发达的物质文明、较为先进的科学技术、日益完善的法制体系等都对人类社会的发展做出了巨大的贡献。因此,后者对前者既有反对的一面,也有继承的一面。生态文明应该否定的是工业社会所形成的机械论自然观、否定自然界内在价值的价值观、征服型的技术观、消费主义消费观以及单纯追求经济增长的发展观,代之以有机论的自然观、肯定自然界内在价值的生态价值观、和谐型技术观、适度消费观,以追求人、自然、社会和谐发展的可持续发展观。对工业文明创造的一些优秀成果,则应该给予继承并发扬光大。

第二节 生态文明和现代性工业文化

一、现代性工业文化的特点

现代性工业采用现代生产技术设备的工业生产。主要包括生产工艺过程的机械化、电气化、自动化、化学化等。现代性工业文化主要特征有:(1)劳动手段的机械化、电气化、强速化、精密化和自动化;(2)工业结构现代化,主要指产业结构与规模结构的合理组成比例;(3)工业生产组织现代化,生产实现高度集中化、专业化、协作化和联合化,具有较高的劳动生产率;(4)工业企业管理手段和方法现代化;(5)工业职工结构的现代化,要求拥有大量素质高、技术熟练的生产工人、科技人员与管理人员。

现代性工业文明是人类控制和改造自然并取得空前胜利的时期。在这一时期,科学技术发展十分迅猛,人类认识自然与改造自然的能力有了很大的提高,社会的物质财富极度丰富。机械化与自动化的相继出现,使手工生产转变为工厂化大生产,生产效率以前所未有的速度飞速发展。借助于强大的科技力量,人类不仅使自己的足迹踏遍了地球的每一个角落,还把探索的计划延伸到了太空。

二、现代性工业文化的生态文明批判

在现代生活中关于工业文明或现代文明的批判话语不断地出现,这其中尤其引人注目的话题就是由生态危机所引发的人类生存危机。对生态危机进行人文思考,也就是从人类生存和文明发展的角度对生态危机的表现、特征、根源以及解脱之道展开分析和归纳,实际上是对人类以往的生存方式做出反省和自我批判。建设生态文明不同于传统意义上的污染控制和生态恢复,而是要克服工业文明弊端,探索资源节约型、环境友好型发展道路的过程。积极建设生态文明,把生态文明确定为地区发展的重要方向,例如深圳和安吉等市县进行了有益的实践与探索。

现代人的生存和发展越来越离不开工业生产。传统的工业发展模式给人类带来高度发达的工业文明的同时,也造成了环境污染,资源枯竭、生态破坏,使人类社会持续性发展变得越来越难以为继。在这个背景下,人类提出了生态文明理念。生态文明理念下的工业不再把创造物质财富作为唯一的目标,而是把物质生产和生态保护统一起来,在追求利益最大化的同时,注意资源的节约和环境的保护。这种发展模式就是工业生态化。工业生态化是生态文明建设的必然要求,同时工业生态化又必须以生态文明理念为指导。工业生态化的实施途径包括多个方面。在我国,工业生态化取得了一定的发展,同时也存在一些问题。以生态文明的视角结合工业生态化的基本理论剖析问题,提出促进我国工业生态化发展的一些策略和措施就是本章的要义所在。

现代化的过程也是一个城市化的过程,随着越来越多的人口集中在城市生活,将生态文明建设的先进理念和实践贯穿于城市建设和发展的全过程之中,具有特别重要的意义。加强生态文明建设是保障城市建设和发展的可持续性的关键,是促进城市社会和谐的基础和前提,是提升城市生活品质的重要途径和基本内容,将直接关系到城市的竞争力。

三、生态文明扬弃工业文化

(一)从工业"物质文化"转向工业"生态文化"

社会的财富观发生转变。即社会财富,不仅以创造有形的物质财富为特征,更重要的是创造人类社会可持续发展的精神财富,社会文明从人际文化走向人与自然关系的伦理文化。

　　生态文化与工业文化是两种不同形态的文化。在生态环境日趋恶化的当下,固守工业文化,而拒斥生态文化,显然是不理智的。如果否定工业文化,一味奉行生态文化,也是不现实的。文化的转向需要一个过程。生态文化与工业文化既存在冲突和对抗的一面,又有协同和融合的另一面。我们需要在生态文化与工业文化的冲突中找到一个平衡点,以便在工业社会的地基上,改造工业社会的物质生产,建立绿色、有序和生态的社会物质生产体系。在马克思、恩格斯所建构的社会发展理论中,蕴涵着丰富的生态社会发展思想,他们强调人与自然的不可分离、相互依存关系,认为自然界是"人的无机的身体"。他们反对抽象的社会观,认为社会不是离开了人和自然的抽象物,而是一个以实践为基础的历史过程,是"人同自然地完成了的本质的统一"。他们对未来寄予无限希望,提出了"人类自身的和解"和"人类与自然的和解"重要论断,并认为这是共产主义新社会的重要特征。这些重要论述深刻地阐明了人与人、人与自然、人与社会的关系。

　　生态文明的产生背景:其一是环境问题、资源枯竭等全球性问题的催逼,这是生态化潮流出现的外在机制;其二,生态学自身体系的综合性及其合理性,是生态学走向社会各领域并在其中产生指导作用的内在原因;其三是人类文化所特有的创造性和超越性。这几个方面结合起来,不但使生态化成为一种发展趋势,也把一种新的文化形态——生态文化推上了时代的舞台。这种文化,是对古代的传统文化以及近代科学文化的扬弃,是在现代语境下对传统生态智慧的重新认知,是对科学文化的"生态化"选择。因而在一定意义上成为一种融合科学文化与人文文化于一体的文化形态。作为一种新的文化形态,生态文化并不排斥或取消其他的文化,但它要在多种文化所汇合成的文化生态系统中占据适宜的位置,才能在一定程度上发挥其应有的作用。当前,生态化潮流的出现表明生态文化已经成形并具有了良好的发展态势。但它毕竟是一个新生事物,在各个层次上来说,都不够成熟,对人类现实行为的规范与引导作用尚有待于加强。环境问题、可持续发展、传统文化的惯性作用、全球化发展、生态学研究状况等等构成了生态文化社会生成的现代语境。这一语境的复杂性决定了生态文化的发展存在着多重规定性,受多方面因素的影响。为此,必须加强文化建设,促进生态文化在社会各领域的生成。从实现途径上看,首先要在物质文化、制度文化、精神文化各个层次上,系统地构建起生态文化自身体系,发展其成为完整的文化形态。其次,实现社会各文化主体之间的互动,即生态文化在精英文化、政治文化、大众文化之间的良性互动。通过这一过程,不但可以不断充实并扩张生态文化的体系,而且可以优化生态文化发展的语境,使其成为越来越多的人的共同选择。

由此也可见生态文明的产生是一种反思式的思考,从农业时代就开始反思,工业时代更加剧烈的对比使反思更加迫切而强有力。工业文明是以工业化为重要标志、机械化大生产占主导地位的一种现代社会文明状态。其主要特点大致表现为工业化、城市化、法制化与民主化、社会阶层流动性增强、教育普及、消息传递加速、非农业人口比例大幅度增长、经济持续增长等。这些特征也可视作推动传统农耕文明向工业文明转轨的重要因素。人类社会历经原始文明、农业文明、工业文明最终到达现在西方国家所处的知识文明是需要一个过程的,中间的任何一个阶段都不可省去。这是一个生产力水平不断递进不断发展的过程,是人类社会的普遍规律。

相比较而言,工业文明早期对环境造成了巨大破坏。这也使得一些左派人士对此表达出了强烈的不满情绪。这种情绪的产生是正常的,但也是不理性的,因为他们只看到了工业文明早期造成的环境污染、资源浪费、贫富差扩大等问题,却丝毫没有看到工业革命后人类粮食产量的迅猛增长,没有看到工业革命后期社会福利制度的蓬勃发展,没有看到工业革命后新生儿死亡率的快速下降。因而,西方国家的曾经走过的工业化道路,今天的我们也必须走,但我们要吸取西方先进国家的经验教训,使我们在工业化道路上尽可能少走弯路,以期更早进入知识文明。

生态文明符合人们基因中固有的对自然的眷恋,工业化的冲动作为生态向往的双向力同样是人的本能,二者的文明产生发展就如双螺旋结构一样互相影响互相联系起来。

（二）从"生产第一"到"生活第一"

在18世纪60年代开始,机器生产逐步取代手工劳动,又扩张到其他行业,这场在工业、科学、技术等方面的重大变革叫作工业革命。与此同时,一种新的动力机器——蒸汽机的发明和应用,将人类带入了蒸汽时代。工业革命的兴起,极大地推动了社会经济的发展和技术的进步。在19世纪后半期,在科学理论的指导下,技术发明层出不穷,工业革命进入了一个新的发展阶段。这一时期最突出的特点是电力在生产和生活中的广泛运用。在这个时代,正是资本主义发展与扩张的最好时期,综合国力较弱的国家迫于经济实力的压力,为掠夺者提供更多的原料,这样的社会是强大的国家更强大,弱小的国家更弱小。

可以说我们现在所使用的高科技的东西,他们的前身几乎都是工业革命的产物,工业革命确实是前所未有的突破,人类的生产生活都有着不小的变化。然而凡事都具有两面性,环境污染随之而来,包括煤炭的燃烧带来的空气污染、工业废水带来的水污染、工厂的工程带来的噪声污染、以及开垦森林带来的植被骤减等等。人们享受社会发展的便捷生活的代价便是再也没有了以前那样好的自然环境和生态条件。这样的生活是资本主义国家倍感担心,他们就将工厂建在了正在发展的国家中,导致被污染的范围越来越大。英国作为最早实现工业革命的国家,其煤烟污染最为严重,水体污染亦十分普遍。除英国外,在19世纪末期和20世纪初期,美国的工业中心城市,如芝加哥、匹兹堡,圣·路易斯和辛辛那提等,煤烟污染也相当严重。至于后来居上的德意志帝国,其环境污染也不落人后,19世纪与20世纪之交,德国工业中心的上空长期为灰黄色的烟幕所笼罩,常有人抱怨说,严重的煤烟造成植物枯死,晾晒的衣服变黑,即使白昼也需要人工照明。就在空气中弥漫着有害烟雾的时候,德国工业区的河流也变成了污水沟。如德累斯顿附近穆格利兹河,因玻璃制造厂所排放污水的污染而变成了"红河";哈茨地区的另一条河流则因铅氧化物的污染毒死了所有的鱼类,饮用该河水的陆上动物亦中毒死亡。到20世纪初,那些对污水特别敏感的鱼类在一些河流中几乎绝迹了,譬如,在19世纪,人们曾在莱茵河下游大量捕捞鲟鱼,用鲟鱼卵制造鱼子酱,而到该世纪末和20世纪初,"由于数量的减少,明显地受到限制,到1920年就完全禁止了捕鲟鱼。鲑鱼的捕捞也遭到了同样的命运,于1955年完全终止了。"1892年,汉堡还因水污染而致霍乱流行,使七千五百余人丧生。在明治时期的日本,因开采铜矿所排出的毒屑、毒水,危害了农田、森林,并酿成田园荒芜、几十万人流离失所的足尾事件。

　　以上的种种事例,无一不在指责工业革命造成的环境污染和对人们生活的以及影响。福斯特在《马克思的生态学》一书中对资本主义造成的全球生态危机的根源进行了深入的探讨,他认为资本主义就其本性而言是一种扩张性的制度,其对资本积累和价值增值的追求是无止境的,其生产目的就是对利润的无限追求。资本主义造成了19世纪以来的环境危机,形成了人与自然之间的物质变换裂缝,而资本主义制度下技术的反生态特性越来越突出。福斯特对生态帝国主义也进行了批判,他认为,生态帝国主义掠夺第三世界的自然资源,改变其他国家赖以生存的生态系统。并且他提出超越资本主义以追逐利润为基础的制度,希望通过生态道德革命纠正人类对自然的不道德行为。

　　有人或许会说,既然想发展,那必须付出代价,先污染后治理的老路虽然不利于未来,但也不乏为一个保证短期利益的办法。但是,可持续发展在现在的条件下是完全有可能实现的,谁都愿意得到一个双赢的结果。我们当然可以通过控制工厂排放物的监测来减少污染,对于工业废弃地来说,可以设计优美的景观,让荒芜的土地重获生机。

举例来说,德国作为现如今发达国家中的典范,正是因为在工业化那样发达的情况下,环境得到了良好且及时的治理,其中典型的案例之一正是卡尔·鲍尔的作品——海尔布隆市砖瓦厂公园。德国海尔布隆市在二战时受到了毁灭性打击,战争结束后老城的样子变得面目全非;为了充分利用资源,伴随着大机器生产,也就是工业时代的来临,使得那时的城市基本没有公园和开放的绿地。而处于较为优良地段的砖瓦厂占地约 15 公顷,由于债务原因,在开采了一百余年的黄黏土后,于 1983 年倒闭。设计中并不是简单地遮掩砖瓦厂与景观的矛盾,而是将两者结合形成一个新的生态综合体,成为一个吸引人的生活空间。砖瓦厂的废弃材料也得到了再利用,贯彻落实了可持续发展,比如砾石作为路基或挡土墙的材料或成为土壤中有利于渗水的添加剂,石材砌成干墙,旧铁路的铁轨作为路缘。在景观设计上,设计师采用生态优先的方式,对场地原有生态环境进行了保护,并作为最基本的设计原则贯穿在整个设计之中,是减少原生态系统干扰的景观设计。

西方国家环境污染与治理的历史表明,工业革命以来人类对自然的认识经历了一个由否定自然(即无视自然)到肯定自然(即重视自然)的过程,这是人类环境价值观由不科学到科学的转变。在生态危机威胁着人类生存与发展的今天,在许多发展中国家依然重蹈发达国家覆辙的情况下,从道德的高度看待人对自然环境的态度,呼吁全人类树立科学的环境价值观,激发人们保护环境的道德责任感,就显得十分的必要和迫切。

生态文明是现代社会的重要属性,它与人们息息相关。我们的生活环境怎样直接影响了每一个的心理与生理的健康,保护生态、拥有一个美好的家园是我们触手可及的目标。如果我们不去破坏自然平衡,通过相互依赖、互惠互补,与自然界和谐相处、协调发展;既满足当代人的需要,又不对后代人满足其需要的能力构成危害的发展目标,以全面长远地为人类创造良好的生存条件,逐步提高生活质量,推动整个社会走上生产发展、生活富裕、生态良好的文明发展道路,不是更好吗?

第三节　生态文明与文化的协同进化

生态文明观强调人的自觉与自律,强调人与自然环境的相互依存、相互促进、共处共融。这种文明观同以往的农业文明、工业文明具有相同点,那就是它们都主张在改造自然的过程中发展物质生产力,不断提高人的物质生活水平。但它们之间也有着明显的不同点,即生态文明突出生态的重要,强调尊重和保护环境,强调人类在改造自然的同时必须尊重和爱护自然,而不能随心所欲,盲目蛮干,为所欲为。在生产力水平很低或比较低的情况下,人类对物质生活的追求总是占第一位的,所谓"物质中心"的观念也是很自然的。然而,随着生产力的巨大发展,人类物质生活水平的提高;特别是工业文明造成的环境污染,资源破坏,沙漠化,"城市病"等等全球性问题的产生和发展,人类越来越深刻地认识到,物质生活的提高是必要的,但不能忽视精神生活;发展生产力是必要的,但不能破坏生态;人类不能一味地向自然索取,而必须保护生态平衡。

一、库恩的科学革命论模式

库恩的科学革命论模式——常规—反常—革命—新范式—新常规—新反常—新革命—在建立新范式—再进入新常规。类比库恩的科学革命论模式,应用到揭示"生态文明与文化协同进化"过程的特点:第一,具有过程相似性;就比方说库恩的《科学革命的结构》绪论第一章就谈到历史的作用,生态文明与文化的发展也有它原始的基础在,由于一些客观现实问题的存在,所以才需要生态文明与文化的协同进化。第二,目的是阐明协同进化的渐变和质变,以及过程中发生的文化共同体及其研究范式的转变。《科学革命的结构》第二章开始谈到通往常规科学之路,也就如同想要生态文明和文化协同进化就需要寻找到科学的方法发展这两者。第三,类比只具有启发意义,具有或然性。但与此同时我们也应该看到《科学革命的结构》一书是在1962年面世的,当时的时代背景与现在也有一些差别,所以我们应该辩证批判地看待库恩的科学革命模式与生态文明及文化协同进化的关系,从值得吸取经验的地方得以启发,同时也要考虑到二者之间的或然性。

二、人类生态文明与文化的协同进化

18世纪以来的工业革命创造了技术文明的辉煌,人类社会实现了大跨越发展,但是到20世纪的后半期,一系列生态环境问题都证明,仅有物质文明与技术文明是不够的,必须要建立生态文明的概念。

生态文明主要体现在两个方面:第一是人对人与自然关系的觉悟所产生的新理念,如可持续发展理论等;第二是这种新理念所派生出的人类在人与自然关系方面的价值观和行为修养,如生态伦理、生态善恶观等新的价值体系。生态文明是现代人类文明的基本标志,是人类最普遍、最重要的进步。它不仅使人类能够能动地改造自然、创造文明,又能使他们理性处理与自然的关系,与自然共生共荣,对人类生存发展具有根本性的意义。

生态文化同时也是从人统治自然的文化过渡到人与自然和谐的文化。这是人的价值观念根本的转变,这种转变解决了人类中心主义价值取向过渡到人与自然和谐发展的价值取向。生态文化重要的特点在于用生态学的基本观点去观察现实事物,解释现实社会,处理现实问题,运用科学的态度去认识生态学的研究途径和基本观点,建立科学的生态思维理论。通过认识和实践,形成经济学和生态学相结合的生态化理论。

生态文化要改变工业文化奉行的人类中心主义价值观,确立自然的价值;要改变传统的牺牲环境求发展的生产方式和高消费的生产方式,发展生态产业,倡导适度消费,寻求人与自然的和谐发展。人类文化的创新是向生态化方向发展,同时,人类文化生态化的结果孕育着生态文明。生态文化是人类向生态文明过渡的精神铺垫,也是自然科学与哲学社会科学在当代互相融合的文化发展趋势。

建设生态文明是党的十七大提出的一项重要的战略任务。我国未来的发展之路就是要走物质文明、政治文明、精神文明、生态文明协调发展的道路。生态文明作为一种独立的文明形态,是以生态文化为基础的人类处理整个生态系统的积极成果。生态文化作为社会意识形态,为生态文明提供了生态世界观、生态价值观和生态伦理观,所以说生态文化是生态文明建设的核心和灵魂。

随着社会的发展,社会历史条件的变化,人们的需求也随之增长,伴随出现的生态环境和资源压力日渐增大,社会发展的可持续性问题逐渐显现。为了达到经济社会可持续发展这一最终目标,满足人们日益增长的物质文化需要,全世界都开始反思造成生态危机如此严重的思想观念及价值理念的问题所在,都试图找到一条真正实现人与自然、人与社会和谐的、可持续发展的生态文明之路。人是生物的人，也是社会的人。人类对环境的社会生态适应即是人类文化。作为生物的人，人对环境的生物生态适应使人类产生了不同的人种，产生了不同的体质形态及生理、生化等特征方面出现差异的人群。作为社会的人，人以不同的生产方式、生活方式，以自己创造的所有的物质财富和精神财富来实现对环境的社会生态适应，从而形成了由自然文化、民族文化和科学文化三个层次组成的宏大的文化体系。

不同历史时代以不同的文化层次作为主流，并以此成为特定时代文化的主要特征。由于有了文化，人类创造了文明。如果用生态学的思维方法来对文明作一定义，有人这样描述道：某一地域文化对环境的社会生态适应的全过程。也可理解为文化的地理、时间和空间的三维进程，因为，人类与环境应该是协同进化的。人类用文化来适应环境，也用文化来改造环境，环境在进化，从原始的自然环境进化到自然环境、人工环境和文化环境的复合环境。人类的社会生态适应也在进化，从而有了人类的文化演进。当然，如果某一文化在发展过程中，不是与环境协同进化，就会导致生态危机、资源耗尽，以及各种各样的社会生态危机、战争、疾病等。

人类最后无法用文化适应新的环境，从而导致环境的退化和文明的衰亡。古巴比伦文明、玛雅文明、希腊神话中的古文明、撒哈拉文明等诸多文明的消亡，都是人类的文化不适应环境造成的。有人曾用这样的话来勾画一些古文明的消亡："文明人跨越地球表面，在他们的足迹所过之处留下一片荒漠。"虽是一句较夸张的话语，但用它来形容某些文明的消亡，却是再生动不过的了。什么是文明消亡和延续的真正原因呢？许多历史学家把古文明消亡的原因归咎于战争和统治者的荒淫，而很少注意到与文明相依存的生态环境。实际上，文明是人类在保持与环境平衡的前提下不断导致进步的一种状态。古代的战争往往以争夺土地和土地上丰厚的自然资源为目的，战争不可能把一个辉煌的文明全部销毁。只要支撑文明的自然资源还存在，文明就只是统治者或统治民族的更替、朝代的变迁而已。

生态文化重在人与自然协同发展，生态文化是人与自然协同发展的文化。在人类对地球环境的生态适应过程中，人类创造了文化来适应自己的生存环境，发展文化以促进文化的进货来适应变化的环境。随着人口、资源、环境问题的尖锐化，为了使环境的变化朝着有利于人类文明进化的方向发展，人类必须调整自己的文化来修复由于旧文化的不适应而造成的环境退化，创造新的文化与环境协同发展、和谐共进，这就是生态文化。

发展生态产业是生态文化建设的首要任务。同时,为了保证社会的可持续性,需要认真地管理人类生态系统,并保证人类生态系统的健康。人类生态系统健康的指标包括了人类生态系统的活力的保持,也就是正常的能量流动、物质循环以及系统遭遇各种自然灾害的恢复能力;人类生态系统的产品提供、调节、文化功能和支持功能等诸多服务功能的维持以及人类健康的保证。树立以清洁生产为核心、倡导扣除环境污染和生态破坏的绿色 GDP 理念,实现"循环、共生、稳生"的生产产业的蓬勃发展。

我国在人口问题上的失误与"把计划生育作为基本国策"的正反两面的教训,十分生动地证明了这一点。必须看到,生态政策具有前瞻性和远见性,不能等到生态问题成了堆才制定相关的生态政策;同时,生态政策的正确与否,造成的后果往往是巨大的。生态政策的错误往往会造成不可逆的环境影响和环境破坏,往往不是纠正错误路线就能解决的。中国沉重的人口包袱和全国生态破坏的现状,深刻地证明了这一点。因此,制定正确的生态政策,必须引起党和国家的高度重视。我国目前强调的经济政策的环境保护一票否决权,正是对生态政策的高度重视的体现。制定和执行生态政策,各级领导干部是关键,因此,必须把生态政策和生态政绩作为考察干部政绩的首要标志。

同时,还应该看到,我国的环境立法和执法的距离相距甚远,不能把问题都归咎于法制不健全,而应该在缩小立法和执法的距离上狠下功夫。生态社会和生态社会风气是构建和谐社会的重要任务。必须坚持把生态教育作为全民教育、全程教育和终生教育,把生态意识上升为全民意识和全球意识,倡导生态伦理和生态行为,提倡生态善美观,生态良心,生态正义和生态义务,建设生态文化社区。

一个社会,只有人民具有了生态道德和生态行为,只有全民和全社会共同参与,构建和谐社会才不会是一句空话,因为,环境和生态安全是和谐社会的根基。历史是人类发展的镜子,研究生态文化就要对人类的整个文明史,对人类社会进行生态学透视,对已有的文化多样性进行辨析,从教训中总结人类与环境协同发展的经验,从而使人类社会在保护生物圈的物种多样性、保护地球家园的同时得以持续发展。

中国有的学者提出建立人类新文明——与大自然和谐相处的绿色文明的观点,并把农业文明称之为"黄色文明",而把 18 世纪以来工业革命以及随之而来的环境危机称之为"黑色文明"。因为,农业文明和工业文明意味着人类在一定程度上以牺牲环境为代价去换取经济和社会发展,这种发展付出的代价是惨重的。

在自然界中,人类无论怎样推进自己的文明,都无法将自然置之脑后。一言以蔽之,只有在不断提升自己的文化实力和精神境界的同时,才能更好地进行生态文明建设。生态文明建设和文化建设,应该永远保持协同并进的关系。

三、生态文明与文化的协同进化

进化是一个再生变异选择性保留的过程,涉及三个达尔文式的变异、遗传和选择的过程。进化分析可以说明在种群中变种是怎么产生的,有利的特性如何保留和传递,以及为什么实体在繁殖方面会有差异。进化的实体可能包含生物世界的有机体,或者社会中的组织、机构和技术。选择的单位可能包括基因、生活习惯、规范、策略或者行为。尽管在生物系统和社会系统里的进化可能展现出相同的三个达尔文式的过程,但它们在很多方面也有显著的不同。在社会系统里,代际之间变异的产生有时在一定程度上是被引导的,而在生物系统里,变异是通过突变偶然发生的。

协同进化的关系可以是相互合作,但也可以是竞争性的寄生、捕食或支配。在诺加德看来,协同进化是价值无涉的变化过程。协同进化是无处不在的,例如,作为一个物种的环境由多种其他物种组成,协同进化的关系描述了几乎全部通常生物进化里传递的特性。诺加德认为,许多在社会和自然界中重要的系统,例如机构、技术、信念、价值、基因、人类和动物的行为,是影响彼此进化的扩展性的进化。因此,诺加德强调,当前重要的不是去争论直接协同进化(明确定义和记录,物种到物种的)与扩散性协同进化(更广泛分布的)哪一个对生态经济更有意义,而是用更有效的方式认识到每一种都有其价值所在,重点必须转向直接的"协同进化机制"。

在 *A Co-evolutionary Interpretation of Ecological Civilization* 一文中,诺加德认为由中国开始的"生态文明"论题现在正传向西方世界。生态文明既批判工业文明,也展望一个新的生态未来。诺加德尝试了对于生态文明可能性的一个协同进化解释。协同进化框架提供了一个理解过去的方法,也帮助我们设想了一个生态文明社会。在工业文明条件下,能源和物资的使用速率是不可持续的,证据也变得更加有力。因此,在诺加德提出的设想中,生态文明是一种以可持续方法与生态系统相互作用和共同进化的社会文明,其中我们理解和控制我们自己的限度以及我们与自然的关系。

协同进化框架内在地重视和支持多样性,多样性对于正在进行的进化是必要的。西方个人主义哲学寻求个体多样性的尊重,认为没有多样性的个人主义就没有意义。在生态学里,在多样的生态系统中,对一系列不可预期的干扰可能保持弹性并有利于整体的恢复。随着越来越少的社会多样性,生态系统的多样性将被削弱,那么系统也将衰退。全球的工业文明降低了多样性,所以随着生态文化的发展,生态文明必须与生态文化协同发展,人们对于生态的认知与行为协同进化,这样才能加强上台文化建设、促进生态文明发展。

(一) 生态文明:一种新型的文明形态

从人类发展的历史来看,最早的文明形态是原始的渔猎文明,然后是传统的农业文明和近代开始的工业文明。生态文明作为"后工业社会"的一种文明形态,可以从广义和狭义上进行界定。广义上的生态文明是指人类遵循人、自然、社会和谐发展这一客观规律而取得的物质、制度与精神成果的总和,是以人与自然、人与人、人与社会的和谐共生、良性循环、全面发展、持续繁荣为基本宗旨的文明形态。狭义上的生态文明是与物质文明、政治文明和精神文明相并列的现实文明形式之一,是协调人与自然关系的文明,旨在强调人类在处理与自然关系时所达到的文明程度。

生态文明观念,产生于现代环境运动及人类对可持续发展的不懈探索,并与西方马克思主义思潮密不可分。一些学者从哲学角度进行解释,认为"生态文明是指人们在改造客观物质世界的同时,不断克服改造过程中的负面效应,积极改善和优化人与自然、人与人的关系,建设有序的生态运行机制和良好的生态环境所取得的物质、精神、制度成果的总和。"从马克思主义哲学观来看,生态文明是人们在社会实践中处理人(社会)和自然之间的关系以及与之相关的人和人、人和社会之间的关系方面所取得的一切积极、进步成果的总和。

生态文明是一个人与自然全面统一的社会形态。这种统一不是人无条件服从于自然,也不是人统治自然,而是符合"人——社会——自然"复合生态系统整体性观点。文明的转型决定社会政治经济制度的变革。如果说农业文明带动了封建主义的产生,工业文明推动了资本主义的兴起,那么,生态文明将促进社会主义的全面发展。

(二) 生态文化:生态文明建设的关键

生态文化是从人统治自然的文化过渡到人与自然和谐并进的文化。建设生态文化,是实施可持续发展战略、建设人与自然和谐的社会的必然选择。生态文化是一种社会文化,它包括人类在总结过去传统经验的基础上提出的有利于人与自然和谐相处的文化形态,还包括人类为了保护生态环境而制定的相关手段。

在一定程度上,生态文化可以分为物质、精神和制度三个层面:物质层面的生态文化所指向的是生态文化的有形体现,代表着人类对生态环境产生作用的能力;生态文化在精神层面主要体现为生态价值观,是人们在生产和生活中的生态伦理道德准则;制度层面的生态文化则包括政府为了保护生态环境而制定的法律、法规及具体政策。生态文化是人类所面临的一种新的生活方式,即人与自然和谐发展的生活方式。把生态文化视为一种人类创造和选择的新文化,并将带来一种新文明、新价值观一生态文明。人类从反自然的文化和人类主宰与控制自然的文化,转向尊重自然、顺应自然、依赖自然、人与自然和谐共生的文化,人类将依据"生态文化"的价值观念来判定自己创造的文明程度和发展方向。

作为一种价值观、文明观,生态文化首先是价值观的转变,是人类新的生存方式,即人与自然和谐发展的生存方式。从狭义的概念来看,生态文化是以生态价值观为指导的社会意识形态、人类精神和社会制度,主要是指一种基于生态理念的社会文化现象。它主要是自世纪以来,人类在重视自身生存的生态环境保护的过程中,逐渐产生出来的一系列的环境观念、生态意识,以及在此基础上发展起来的一系列有关生态环境的人文社会科学成果,例如,生态文学、生态伦理、生态神学等等。这些新的生态文化成果既表明了生态思维对人文社会科学的渗透,是自然科学与人文社会科学在当代相互融合的文化发展趋势;同时也表明生态文化作为一股思想文化潮流,由于它所关注的是全球、全人类的福祉,因此越来越具有全球意义。生态文化的重要特征就是注重自然因素、自然规律、生态环境对人类社会的影响,注重人对自然的姿态,它是人类社会发展到一定阶段后物质生产和精神生产高度发展、自然生态与人文生态和谐统一的文化。

(三)生态文明与生态文化:整合与创新

目前人类所处的时代可以称之为环境时代,既然如此,生态文化就是当前时代的先进文化。建设社会主义生态文化应在马克思主义生态观的指导下,批判地继承中国传统文化中的生态文化理念,同时积极吸收当代西方生态文化的优秀成果,通过整合与创新,构建社会主义自己的崭新的生态文化体系。

生态危机的出现促使哲学家们以马克思主义的观点为指导来反思生态危机问题。马克思所处时代的生态问题远没有今天严重,但马克思和恩格斯的思想却深刻揭示了生态危机产生的最深层原因。"人与自然实现本质统一的价值观",这是马克思和恩格斯生态思想的核心价值理念。马克思指出"对动物、土地等等,实质上不可能通过占有而发生任何支配关系,让动物服劳役","从一个较高级的社会经济形态来看,个别人对土地的私有权,就和一个人对另一个人的私有权一样,是十分荒谬的。甚至整个社会,一个民族,以至一切同时存在的社会加在一起,都不是土地的所有者。他们只是土地的占有者,土地的利用者,并且他们必须像好家长那样,把土地改良后传给后代"。他提出"共产主义社会是人同自然界的完成了的本质的统一,是自然界的真正复活,是人实现了自然主义和自然界的人道主义",并认为在社会关系层面应通过变革整个现存社会制度,即实现共产主义,将人类的生态出路与社会主义前景联系起来。

人类社会自从进入 21 世纪后,社会生产规模日益扩大,人类不仅表现出对财富极大的创造能力,还表现出对自然极高的征服能力。在给人类带来物质产品极大丰富和社会经济高速发展的同时,人类的生存和发展也受到了来自自然的种种威胁。人口爆炸式增长、能源的大量消耗、水资源匮乏、废弃物污染等等,带来的是自然环境的破坏、耕地的减少、生物的灭绝以及大气环境和水环境的污染,严重制约着经济社会的可持续发展。

1972 年 6 月 5 日至 16 日,联合国在斯德哥尔摩首次召开了人类环境会议,表明人类对自身活动和产生的后果开始有了明确的反思。1992 年,联合国在巴西里约热内卢召开了环境与发展大会,183 个国家和 70 个国际组织及非政府组织的代表参加了会议,会议通过了环境与发展的《里约热内卢宣言》《21 世纪议程》,在世界范围内第一次把可持续发展由理论推向行动。20 世纪 80 年代末以来,在可持续发展思想形成的同时,人们一直在研究和寻求如何实现可持续发展。人们清楚地认识到,了解人类社会庞大、复杂的工业系统与环境的关系和解决它们之间存在的问题,是实现人类社会可持续发展的核心问题。这是因为,一方面,工业系统是现代社会经济系统的核心,是社会发展不可缺少的动力,它提供的产品和服务构成了现代文明生活的物质基础;另一方面,工业体系是人类社会与自然生态系统相互作用最为强烈的一个子系统,这主要表现为它快速、大量地从自然资源库中提取、消耗各种可再生和不可再生原料。在生产各种产品提供各种服务的过程中大量地排放各种废弃物,不同产品在短时间被人们使用后,最终以废弃物的形式返回自然环境。因此,工业体系与环境的关系是环境与可持续发展的关键一环,工业体系与自然环境之间的协调发展对人类社会的可持续发展起着举足轻重的影响。近十多年来,发达的工业化国家抓住这一关键问题,在研究、解决工业发展与环境这一矛盾的过程中,逐步形成了系统化、整体化解决这一问题的方法——推进工业生态化建设。工业生态化主要关注人类工业系统和自然环境之间的相互作用、相互关系,它为研究人类工业社会与自然环境的协调发展提供了一种全新的框架,为协调社会各部门共同解决工业系统与自然生态系统之间的冲突提供了具体、可操作的方法,为可持续发展奠定了坚实的基础。实现工业的生态化转向、发展生态工业,追求的是人类社会和自然生态系统的和谐发展,寻求的是经济效益、生态效益和社会效益的统一,最终实现人类社会的可持续发展。

在原始文明阶段,人类与自然的关系是一种完全的依赖关系:一方面,人类对大自然犹如婴儿依赖母亲;另一方面,自然对人类则如同暴虐的主人对恭顺的奴隶。此时,人类与自然处于混沌的原始统一状态。初始而脆弱的原始文明还不足以使得人类把握自己的生存命运,还必须服从自然。农业文明的出现,意味着人类与自然的关系进入了"公然"对抗的阶段。种植业保证了人类的生存和族类延续,从命运莫测的依赖自然的生存变为自主生存和延续,为此,人类不断地扩展、开发、占有自然。随着人类驾驭自然的能力日益增强,对自然的原始敬畏渐趋消失。这一时期,人类各民族创造了辉煌灿烂的古代文明,如古埃及文明、波斯文明、玛雅文明以及黄河流域文明。然而它们在追逐物质(农业)文明的道路上,由于过度垦殖、肆意放牧以及滥砍滥伐等人为的破坏,致使生态失衡,最终导致自身的衰落甚至覆灭。这一时期,人类从自然的奴隶变成了自然的对抗者,人类在逐渐地"征服"自然。美国学者弗·卡特和汤姆·戴尔在其合著《表土与人类文明》一书中,考察了历史上20多个古代文明的兴衰过程,包括尼罗河谷、美索不达米亚、地中海地区、希腊、北非、意大利、西欧以及印度河流域文明、中华文明和玛雅文明等,得出的结论是:绝大多数地区文明的衰败,源起于赖以生存的自然资源受到破坏,由于强化使用土地破坏植被,表土状况恶化使生命失去支撑能力,导致所谓的"生态灾难"。其他因素如气候的变迁、战争掠夺、道德失范、政治腐败、经济失调或者种族的退化对文明的衰败有至关重要的影响,但还不至于造成一个民族或文明从根本上衰败或没落。依照卡特等人的解释,真正使文明衰落的根本原因是一个民族耗尽了自己的资源,特别是表土资源;因为只有表土资源才能决定初级生产者所能生产的剩余产品的数量,而这些剩余产品,才是维系文明发展的自然条件。卡特等人对文明与表土资源、自然环境关系的论述是建立在考察文明变更史的事实基础上的。一个民族无论多么强盛,只要在短时间里耗掉自己的资源,尤其是表土资源,衰落是必然的。文明的形成、维持与生长不仅需要意识形态方面的条件,更重要的还需要物质资源方面的条件。在物质资源诸要素中,表土资源也许是最重要的,它能提供人类最基本的生活必需品。这一研究提醒我们,即使是人类最早采用的"刀耕火种"的农业技术,通过砍伐和焚烧森林,破坏了地球上的植被,同样会使千里沃野变为山穷水尽的荒凉土地。由于乱砍滥伐,改变了许多物种在地球上的分布和性质,改变了生物圈的面貌,使地球生态系统失衡,失去生命支撑能力。所以,农业文明是人类对生态系统的一次重大冲击。

"生态化"是将生态学的原则渗透到人类的全部活动范围中,用人和自然协调发展的观点去思考问题,并且根据社会和自然的具体可能性,最优地处理人和自然关系。

"工业生态化"这一概念由来已久,它的提出源于对资源环境保护和经济社会发展之间关系的重新定位和对传统不可持续发展的工业化模式的反思与变革,并随着工业化理论的成熟、人类认识能力的提高以及社会的现实需要的发展而产生和发展。特别是 20 世纪 60 年代以来,伴随着日益加快的世界工业化进程而来的全球性生态危机的逼近,由不可持续发展模式所带来的严重的生态危机问题迫使人们不得不对以往的发展模式进行深刻的反思和检讨。这使得单从社会物质架构和思想意识出发、忽视生态环境保护的传统的工业化标准越来越引起专家学者们的质疑。在此基础上,西方一些学者于 20 世纪 80 年代率先提出了工业化进程中的工业生态化概念。由于有着广泛的实用性和现实迫切性,工业生态化问题一经提出便在全球范围内迅速传播开来,成为当今国际理论界研究的热点。美国、德国、瑞典等西方发达国家纷纷提出要走工业生态化道路,将工业生态化提高到前所未有的高度。自 1991 年 10 月联合国工业发展组织提出了"生态可持续性工业发展(Ecological Sustainable Industrial Development)"的概念,此后许多生态专家学者先后对"工业生态化"进行了深入研究。目前理论界对工业生态化还没有一个明确的定义,一些学者从不同的角度对它进行了诠释。我国著名学者何劲在《论可持续发展与我国工业生态化建设》一文中所给出的工业生态化定义具有一定的代表性。他认为:所谓的工业生态化就是把作为产品生产过程主要内容的生产活动纳入生态系统中,运用现代生态化技术改造和重组工业经济结构,把生产活动对自然资源的消耗和环境的影响置于大生态系统物质、能源的总交换过程中,不仅要达到社会经济系统中社会总供给和总需求的平衡,而且要达到大生态系统中自然总供给能力和人类总需求水平的平衡,实现大生态系统的良性循环与持续发展。工业生态化是环境保护认识上的一个飞跃,是对环境保护实践的科学总结,它是我国经济可持续发展的一项战略选择。

生态文明与文化协同进化,需要将生态文明作为一种文化观念。生态文明不应是应景的口号,而应内化为民众的思想观念,成为一种集体意识,成为当代中华文化的组成部分。但遗憾的是,生态文明还远未成为民众头脑中的主导性思想,浪费、奢侈、不环保等行为还普遍存在。由此亦可看出生态文明改变人的心灵的迫切性,生态文明理应成为高尚行为和先进文化的符号。美国史学家斯塔夫里阿诺斯写道,技术变革能提高生产率和生产水平,所以很受欢迎,且很快便被采用;而社会变革则由于要求人类进行自我评估和自我调整,通常会让人感到受威逼和不舒服,因而也就容易遭到抵制。这就解释了当今社会的一个悖论:虽然人类正在获得越来越多的知识,变得越来越能按自己的意愿去改造环境,但却不能使自己所处的环境变得更适合于居住。习惯的改变、意识的改变、文化的改变都是十分困难的,生态文明成为一种文化观念是一个艰巨的过程,但它是我们民族面向未来的必然选择,因此只能勇往直前,别无他途。

生态文明与文化协同进化,是生态文化的发展态势。生态文化作为人类与自然共同创造的财富,传递真善美和向上向善的价值观,引导人们增强道德判断力和道德荣誉感。生态文明时代的开启和生态文化的崛起,既是"建设美丽中国,实现中华民族永续发展"的必然,也是世界各国人民保护地球家园、维护世界和平、促进共同发展,建立公平正义、平等互惠的国际政治经济新秩序的共同选择。

第十六章 生态和谐:一个生态世界的构想

生态和谐在一个更宽广的视域中是达成对生态世界的构想。一种广义上的生态世界,可看成一般理解的宇宙,它是在大约200亿年历程的宇宙层面由空间、时间、物质和能量,即所有无机物与有机物系统构成的统一体,《庄子·齐物论》曰:"旁日月,挟宇宙,为其吻合。"或者说它是在超越地球生命能量的层面所形成的一切空间和时间的综合。而一种狭义上的生态世界,是包括人与自然界的非人动植物成员在内的广泛生命所组成的地球生态圈。

第一节 生态和谐与生态世界的构想

一、生态和谐的概念

生态是指一切生物的生存状态,以及它们相互之间和它们与环境之间环环相扣的关系。"生态学"由希腊文房子、家或住处,和学问、知识或观念组成,所以"生态学"原来的意思是说有关人类及所有生物的住处(即自然环境)的学问。[①] 早期的"生态学"研究主要是针对生物个体的,它包括对动植物及其环境之间相互影响的研究。现代"生态学"是1866年由德国科学家恩斯特·赫克尔所提出的。现代"生态学"依据生态整体观思想,研究所有生物与其他外部世界的关系的科学。

生态整体观将人类与自然世界看作是一个整体,认为人不是世界的中心和万物存在的目的,而仅仅是世界的一个特殊成员。正如罗尔斯顿所说:"整个自然世界都是那样——森林和土壤、阳光和雨水河流和山峰、循环的四季、野生花草和野

[①] 李殿斌:《简论和谐范畴》,载《河北师范大学学报(哲学社会科学版)》,1998年第4期。

生动物——所有这些从来就存在的自然事物,支撑着其他一切。人类傲慢地认为'人是一切事物的尺度',可这些自然事物是在人类之前就已存在了。这个可贵的世界,这个人类能够评价的世界,不是没有价值的;正相反,是它产生了价值——在我们所能想象到的事物中,没有什么比它更接近终极存在。"①

生态系统就是由各类生物共同组成的,由生物系统与环境系统构成的、具有一定结构和功能的、不断更新变化的开放系统。具体而言,生态系统是由"人—社会—自然"所共同构成的复合系统,在这里,人是主体,生命和自然界也是主体。"从广义而言,人类即自然的一个组成部分。人之生源于自然,人之死归于自然。从狭义而言,自然即指由非人动植物与其他有机体及无机体所组成的自然界。"②生态系统是人类视野里的万物生存系统,同时它又是一个独立于人类之外的系统。它不依赖于人类社会和人类文明而存在,每一种生态集群都是自然伦理中的有机组成部分,它们和谐有序地生活在一起。生态系统作为万有存在的共同体,本身就充满了和谐之美。生态系统内置的秩序是和谐美丽的,生态和谐是顺应自然之美的人文存在方式。

和谐是万物之源,是宇宙和人生的最高境界。在中外传统哲学史上,和谐是一个很重要的辩证范畴。古希腊哲学家把和谐看成对立面的统一,如毕达哥拉斯认为宇宙的每一个天体在转动时都发出自身的乐音,天体之间的距离以及天体发出的乐音是和谐的,从而提出了著名的"天体和谐说"。毕达哥拉斯还认为社会生活也应是和谐的,他提出"美德乃是一种和谐,正如健康、全善和神一样。所以一切和谐的,友谊就是一种和谐和平等"③。辩证法的奠基人之一赫拉克利特从事物矛盾的角度出发论证了和谐思想,认为"对立造成和谐",他说道:"自然也追求对立的东西,它是用对立的东西制造出和谐,而不用相同的东西,例如将雌雄相配,而不是将雌配雌、将雄配雄;联合相反的东西而造成协调,而不是联合一致的东西。"④德国古典哲学大师黑格尔充分肯定了赫拉克利特的"对立和谐观",他说道:"对立的东西产生和谐,而不是相同的东西产生和谐。"⑤

在中国古代,老子在《道德经》中指出:"道生一,一生二,二生三,三生万物。

---

① [美]霍尔姆斯·罗尔斯顿:《哲学走向荒野》,刘耳等译,吉林人民出版社2000年版,第26页。
② 周国文:《自然与生态公民的理念》,载《哈尔滨工业大学学报(社会科学版)》,2012年第2期。
③ 北京大学外国哲学史教研室:《古希腊罗马哲学》,商务印书馆1961年版,第36页。
④ 北京大学外国哲学史教研室:《西方哲学原著选读》,商务印书馆1961年版,第23页。
⑤ 北京大学外国哲学史教研室:《古希腊罗马哲学》,商务印书馆1961年版,第177页。

万物负阴而抱阳,中气以为和。"①老子这里所讲的和就是指和谐,也就是说阴阳二气相互依存、相互协调、相互作用,进而产生一种和谐状态。西周末年的史伯也曾对和谐进行过探讨,他强调以不同的元素相配合,才能使矛盾均衡统一,达到和谐的效果。

　　生态和谐是指整个生物圈的和谐,或者整个生态系统及相互之间保持一种融洽、美好、健康的状态。生态和谐反映事物的协调、适中、平衡和完美的存在状态,覆盖了人、自然、社会三大维度。生态和谐既包括人与人之间、人与生物之间的和谐,也包括所有存在物之间以及它们与环境之间的和谐。

　　西方文明的发展由敬畏自然到征服自然再到对人与自然和谐的希冀,体现了人与自然关系的未来走向。西方哲学中的"对立统一规律"体现了人与自然之间的矛盾同一性,体现了人与自然在诸方面、诸要素之间处于一种相互协调、相互依存、相互合作、彼此共生的稳定状态。西方哲学中的"整体观、系统观、联系观和平衡观"也论证了自然万物之间、人与自然之间不可分割的密切联系,这些都为生态和谐提供了理论根基和思想渊源。

　　中国古代道家哲学"天人合一"思想和儒家"仁爱万物"思想也反映了生态和谐的核心思想。"天人合一"思想是中华文化的精髓,反映了中国哲学的基本问题。"天人合一"肯定人与自然的统一,强调人应当认识自然、保护自然,反对一味地向自然索取,反对片面地征服自然。从环境的角度看,"天人合一"的含义就是指人与自然和谐,即生态和谐和核心价值观。生态和谐也可理解为儒家的自然之仁。"在儒家看来,'仁'即是人之所以为人的本质之所在,又是社会之所以能够存在的基本规范,而天地也以其不断创造、发育、培护出新的生机与活力而表现了仁的最高形态——生生之德(前一个生为动词即生长、生育,后一个生为名词即生命,'生生'意在状述一种生机不断涌现、活力不断迸发的理想状态)。"②

　　生态和谐是生态主义的具体目标,更准确地说它是生成论的生态主义的重要特征。"生成论的生态主义会提醒我们:人是有限的、脆弱的,是依赖于大自然的,具体说是依赖于地球的生态健康的,如果地球上的非人生物活不了,人也活不了;因为大自然永远隐藏着无限奥秘,所以人类对自然物的干预力度越大,其干预活动之不可预测后果就越严重,或说自然物对人类的反作用力就越大。"③生态和谐

---

① 老子:《道德经》第四十二章。
② 李翔海:《生生和谐——孔子》,四川人民出版社1996年版,第125页。
③ 卢风:《科技、自由与自然》,中国环境科学出版社2011年版,第155页。

是在保障地球生物圈的承载力限度内,以广泛的生态公民的自觉规范的经济活动与社会活动所达成的。

生态和谐是生态世界的理想格局,是宇宙的最高境界,也是人类所应永远追求的一种信仰和使命。"由此,不仅人世间的一切均是充满生机与活力的,而且上达于天宇、横阔于万物,也无一不被大化流行的生生之意所充满。"[①]生生之意所贯注的生态系统作为万有存在的共同体,本身就充满了和谐之美,若似一首和谐的乐章。生态系统内置的秩序是和谐美丽的,生态和谐是顺应自然之美的人文存在方式。当所生态系统中的所有存在都有助于生态和谐时,自然的美丽就存在;否则,就是丑陋的自然。正如毕达哥拉斯学派有句著名的格言:什么是最美的?——和谐!因此,生态和谐是对整个生态系统发展规律和变化的认识,是人类和自然之间保持美好健康的状态,是21世纪人类社会可持续发展的核心价值理念。

二、生态和谐的内涵

生态和谐是自然界的理想状态。自然界是一个富有生机的生态系统,生态系统的所有存在物具有一种客观的、相互信赖、相互制约的关系。生态系统内部的各组成部分及相互之间,在长期发展和演化的过程中通过相互转化和交换维持着一定的动态平衡关系。这种生态系统的动态平衡支撑着生态系统的和谐,构成了生态和谐的前提基础。生态和谐既是生态平衡的一种价值追求,也是生态平衡的更高境界。生态文明以生态和谐为核心价值和宗旨目标,是生态和谐的概念概括和理念总结。因此,生态平衡、生态和谐和生态文明都是对生态系统美好状态的描述,也是生态系统健康运转的象征和标志。生态和谐的内涵,可以解读为如下三个方面:

(一)生态和谐是生态系统的理想范式,生态系统是生态和谐的结构单元

生态系统是生态学领域的一个主要结构和功能单位,也是生态和谐的结构单元。生态和谐是生态系统的最佳形式和理想范式,生态系统通过不断的物质资料和能量的交换能够达到自身的和谐。但是,如果人类违背了客观规律,肆意地破坏了生态系统就将会影响生态和谐形成,最终给人类的生存带来惨重的灾害。

---

① 李翔海:《生生和谐——孔子》,四川人民出版社1996年版,第125页。

1. 生态和谐是生态系统的理想范式

范式的概念和理论是 1962 年由美国著名科学哲学家托马斯·库恩提出的，是指一个共同体成员所共享的信仰、价值、技术等等的集合，也指常规科学所赖以动作的理论基础和实践规范，是从事某一科学的研究者群体所共同遵从的世界观和行为方式。生态和谐堪称生态系统的一道美丽的风景线，是自然界秩序的自我稳定和自我和谐。生态和谐是大自然生机勃勃、生态系统健康运转的基石。生态和谐是生态系统的最佳境界和理想范式，是生态伦理和生态价值所表现出的最高形式。生态系统中所有生物和非生物都具有不可替代的价值，每一个生物的存在都有它自身的价值和对他物存在的价值，没有优劣之分。生态系统是所有存在物的前提，也是人类社会的孕育母体。没有生态系统的逐步优化和良好循环，生态和谐就不可能实现，人类社会也不可能得到生存和发展。生态系统内部的任何一分子不按照自然法则进行循环都将导致整个生态系统呈现紊乱状态，生态和谐就将受阻，生态系统的理想范式也将消失。

2. 生态系统是生态和谐的结构单元

生态系统是由生物群落与无机环境构成的统一整体。生态系统的范围可大可小，形成相互交错的结构单元。生态系统是生命系统，是以生命的维持、生长、发育和演替为主要内容的活系统。生态系统是人类生存和发展必须依附的自然环境，人类的物质资料生产和再生产都是在一定的生态系统中进行的，离不开生态环境的肥壤沃土。生态系统中的所有生命和非生命构成一个不可分割的有机整体，它们相互依存、互为发展的条件。生态系统是一个开放的系统，每一个结构单元都需要不断地进行能量的输入和输出来维系其自身的稳定和平衡，整个生态系统中通过大量、不断地循环基础物质来保持所有结构单元的良好运转。生态系统作为生态和谐的结构单元，按自然法则和自然规律正常的运转就可称之为生态和谐。生态和谐并不是单一的或孤立的和谐，而是所有的结构单元共同协调所带来的健康、美好的结果。生态系统任何单元的破坏都会导致生物链条的局部甚至整体中断，进而使整个生态系统或其内部子系统的结构呈现出混乱状态，生态和谐就将无法实现。

（二）生态和谐是生态平衡的更高境界，生态平衡是生态和谐的前提基础

平衡即均衡、同等之意，平衡指物体或系统的一种状态。生态系统是一个开放系统，其自身在正常的运转中保持着动态的平衡。生态系统的动态平衡之所以可能，是因为生态系统的自我调节能力。然而，生态系统的自我调节能力是有限

度的,超过了这个限度,生态系统就难以回复到原来的稳定状态,甚至会发生不可逆转的改变,从而造成生态平衡的破坏即生态失衡。生态失衡是由于人类对生态系统的破坏所造成的,生态失衡则又会反过来影响人类的生存和发展。生态失衡意味着人与自然之间的矛盾和冲突,意味着生态系统的不和谐。生态和谐是对生态价值的最高追求,是保护生态平衡,实现可持续发展的理念融合。

1. 生态和谐是生态平衡的更高境界

生态和谐源于人与自然关系的融洽,以人与自然和谐相处为逻辑起点,决定了生态平衡的价值理念。生态和谐的核心思想就以生态系统观、开放观、循环观和联系观为出发点,以生态系统平衡和稳定为最终目标,从而达到生态系统的协调运作和良好运转。生态平衡是生态系统的正常状态,它信赖于自然界生态系统的自我调节功能而实现。因此,生态和谐即是生态平衡的更高境界,生态平衡就是要实现人与自然关系的和谐,即实现生态和谐。生态系统中的所有存在都是生态和谐发展所不可缺少的,生态和谐就是人与人之间、人与其他生物之间、人与所有存在物之间以及它们相互之间的平衡相处、互动共生。在某种程度上,生态和谐就是生态系统的均衡和平衡状态,保持生态平衡是生态和谐的内在要求。相比生态平衡,生态和谐上升到了更高的境界,它不仅仅是一种生态平衡,更是生态系统所追求的终极目标和最高境界。

2. 生态平衡是生态和谐的前提基础

生态平衡主要针对的是人和自然的关系问题,强调人对自然的依赖性和两者的统一性,主张人应同自然和谐相处,人类社会的发展不应以破坏和牺牲自然的自洽性、平衡性为代价,而应使之得到应有的维持和保护等。如果人类仅从自身的利益出发,将生态系统视为实现其自身利益的工具,过分地对自然界进行掠夺,打破人与自然的生态平衡,人类必将自食其果并且将遭受自然界无情的报复和惩罚。现代社会生态失衡的现象普遍存在,大片的绿色植物正在消退,大量的珍稀动物正在消失,取而代之的是大量的二氧化碳和不断升高的气温,曾经充满生机和朝气的地球如今已经变得千疮百孔,面目全非。人类为什么要破坏生态系统的平衡呢? 这主要是由于人类中心主义的价值观念所导致,人类为了自身的利益而随意地破坏生态环境。因此,我们必须放弃人类中心主义的观点,换一种生态伦理和道德的态度,由征服自然变为尊重自然、敬爱自然和遵循自然。著名的生态伦理学家罗尔斯顿在其《自然界的价值》一书中指出了人类需要遵循自然的七个方面:"在绝对意义上要遵循自然;在人为意义上要遵循自然;在相对意义上要遵循自然;在动态平衡上要遵循自然;在拟人伦理意义上要遵循自然;在价值论意义上要遵循自然;在师法自然的意义上要遵循自然。"① 只有这样,生态系统才能处于平衡之中,我们才能达到生态和谐局面。

(三)生态和谐是生态文明的价值旨向,也是生态文明的内在蕴含;生态文明是对生态和谐的观念概括,也是对生态和谐的理论总结

当前,我们正在走向生态文明时代。生态文明是对现代工业文明和后工业文明的全面反思,也是对生态和谐的憧憬和呼唤。生态文明不仅重视人类的生存和发展,更重视整个生态系统的健康和持续发展。事实上,人类的生存和发展不能脱离作为其生命支撑的自然生态系统。无数的历史事实告诉我们,人类只有视其为生态系统的一部分,才能提供有益于生态系统完整性和稳定性的价值,才能达到生态和谐,实现生态文明。生态文明的诞生,标志着人类处理人与自然关系的价值观念和思维方式的转变,更标志着生态伦理观念的更新。生态文明是生态和谐的理论支撑和获得生态可持续发展的实践保障。维护生态平衡、实现生态和谐的现实意蕴就是呼吁人类加快生态文明建设,因此,人类必须把生态和谐作为生态文明的价值旨向和内在蕴含,把生态文明作为生态和谐价值观的观念概括和理论总结。

1. 生态和谐是生态文明的价值指向,也是生态文明的内在蕴含。生态文明的核心价值理念即人与自然界和谐。生态文明表明了一种人类认识的进步,也是人类开创生态世界时代的开始。在生态系统中,人们所做的每一件事物都与其他事物相互联系,人类的全部活动都处于这种联系之中。因此,人类必须将自然界看作一个整体,将人类作为生态系统的一部分而不是自然界的主宰者。人类必须建立与大自然统一的生态和谐价值理念,把伦理道德扩展到人与自然的关系之中。只有这样,人与自然才能和谐共生,生态和谐才能降临,生态文明的价值观才得以实现。

2. 生态文明是对生态和谐的观念概括,也是对生态和谐的理论总结。生态系统犹如一个正在转动的陀螺,如果保持生态平衡,则会保持生态和谐的发展和运转;反之,任何局部的生态破坏都将导致整个生态系统的失衡、不和谐和停止转动。生态文明是对当今全球生态环境恶化和环境问题的伦理反思,是生态和谐核心价值的概括和总结。人与自然关系的不和谐会导致生态危机,动摇人类文明赖以运行的基础,最终走上一条不归之路。生态文明要求人类遵循生态系统所固有的客观规律,有节制地开发和利用自然。只有维护好生态系统的和谐,人类自身

---

① 转引自余谋昌:《生态伦理学》,首都师范大学出版社1999年版,第51页。

的生存和发展才能稳定地持续下去。因此,人类必须对整个地球生态系统负责,实现人与自然关系的伦理回归,协调人与自然的良性互动关系,真正做到人与自然和谐共生,从而为建设生态文明推波助澜。当前,我们正处于生态文明的建设期,建设生态文明和生态和谐社会的条件已经成熟。所有理智的人们都应该以生态和谐为理论价值目标,积极参与到生态文明的实践中来,将生态公民所有的行为置于生态和谐的目标之下。唯有生态文明才能使人与自然之间建立互动共生的和谐关系,并将人类从破碎化的自然生态中解救出来,进而实现真正的生态和谐发展,为下一代人的生存境地争取自然空间,为人类未来的可持续发展争取生态世界的和谐可能。

三、生态世界的构想是成就一项未竟之业

何谓生态世界,这是一个面向现实工业社会的重要质问,一系列初始的抽象,是生态世界的原初理念。生态世界蕴含着自然万物所存在的一个时空连续系统,包括其间的所有生命、物质、能量和事件。只是因为有了对不抱希望的当下物质世界的反思,希望才赐予对这片土地充满感情的生态公民。"然而,进行替代性选择的机会却是在这一时期历史的两个极端再次相遇:人类最先进的意识和它的最深受剥削的力量。这不过是一种机会而已。"①当物质与科技力量结合在一起时,不知是工业社会的福音,还是生态社会的咒语。

生态世界能否确立人类生产发展的新方向,能否确立人类生存的新方式?这是至为关键的问题。许许多多的自主性事件与偶然事件交相缠绕在一起,为生态世界的确立制造了许多不确定因素。

生态世界是否能成为未来世界的崭新图景?这需要我们不断谋划生态文明面向生态世界的实际行动。它是在世界万物中自然实现的一项谋划,是决定未来地球生存命运的关键。谋划是一个有远见的设计,体现了自由与责任在生态世界历史进程中的平衡。诚如马尔库塞在《单向度的人》一书中所言:"面对发达工业社会成就的总体性,批判理论失去了超越这一社会的理论基础。这一空白使理论结构自身也变得空虚起来。因为批判理论的范畴是在这样的时期得到发展的,在这个时期,拒绝和颠覆的需要体现在有效的社会力量的行动之中。"②

---

① [美]马尔库塞:《单向度的人》,刘继译,上海译文出版社2006年版,第234页。
② [美]马尔库塞:《单向度的人》,刘继译,上海译文出版社2006年版,导言,第5页。

生态世界的观念形态,强调生命形态的无等级化与平等性,强调生命物种尽管多种多样,但始终共融于一个完整的生态系统之中。沧海桑田,非一日之功,而今天生态公民所居住的生态世界是地球上千万种生命长期作用的结果,是世间万物在地球物质长期演化过程中的结果。地球是人类目前最宜居的生态世界,它是现今为止最适宜自然界万物生存的居所。但早期地球的环境条件与今日地球表面环境大相径庭。20世纪20年代末以来,许多学者都认为地球生物圈是一个由生命控制的、完整的动态系统。尤其是20世纪70年代地球物理学家洛维·洛克和美国生物学家马古丽斯所提出的一种理论"盖亚(Gaia)假说"。盖亚原本是古希腊传说中大地女神的名字,她代表大地上所有的生命(包括人类)所组成的大家庭。而在"盖亚假说"中的盖亚则是指由一个地球上生物、大气圈、海洋、土壤等各部分组成的反控制系统。这个系统通过自身调节和控制而寻求达到一个适合于大多数生物生存的最佳物理——化学环境条件。这个系统的关键是生物。地球表面的复杂性、多样性,主要是由生命和通过生命活动形成表现出来的,这就决定了地球表层系统具有自我调节、自我控制功能。假如地球上的生物消失了,那么所谓的"盖亚"也就消失了,地球表面的环境可能就要变成像其他无生命星球表面那样的不稳定状态。

地球有福,地球亦有难。生态世界的生态公民并不简单地是地球的主人。关键在于我们是否能超越既定意识中的人类王国,视域能否投向整个生态世界。天地万物的参与是一种主体的延伸。太阳系中唯一具有由多种生命组成的地球作为盖雅,是每一个人的居所,也是自然界每一组成部分的栖息地。以尊重自然为基本信条,生态公民应做生态世界的保护者,而不是地球的征服者。生态公民、生态世界与地球生态系统的关系是共生共存的伙伴关系。

如果说从理论层面来设想,人类将来凭借高科技手段移居其他星球是可能的,但至少在一个可以展望的时间内,尚无成为现实的可能。因为在目前的条件状况下人类预计脱离地球而生存,完全是一个不可能完成的任务,实践起来也显得荒谬。现代科学的前沿探索与公众普遍的生活模式,完全是两码事。现有的人居环境,还只能是地球。至于拓展未来人类生存的落脚点,尚属于太空科学、生物科学与环境科学研究的范畴。而我们每一个人所能做的只是对地球的依赖,尽管这种对地球的依赖是相对性的依赖,但人类需要一个像地球这样的栖息地则是绝对的需要,所以对终极大自然的依赖是绝对的依赖。

展望未来的生态世界,当今社会所流露出来的财富远远不能抵却在生态环境方面所遗留下的弊端。地球人离不开大自然的万事万物,大自然之中纷繁复杂的物种为人类的生存提供了基本物质保证。人类社会经济的进步不能代替社会生态的进步,物质的增长不能扩展到整个生态社会的层面。尽管有人会问:生态世界是否是有限度的?生态世界的结构、基本趋势与关系,是否表明了一种更高的合理性?"但是这些事实和历史替代性选择像一些没有联结在一起的碎片;或像一个缄默的对象世界,没有主体,没有在新的方向上改变客体的实践。"①脆弱的物质世界是现有的生产力至上格局,有待重建的生态世界还是一项未竟之业,还急需生态公民们在理念与实践上奋发有为。

第二节　生态之美的两种形态:城市荒野与城市森林

如海德格尔所认为的:"美是作为无蔽的真理的一种现身方式。"②荒野与森林之美,是自然界之无蔽真理的一种展现方式。当然,只有对荒野与森林真正抱有情感的眼,才能清晰地看到荒野与森林之美。

荒野之中众多的生命,是如此的鲜活。它的容纳与养育,让我们无限动容。游历荒野是一种冥想与身心沉浸的体验,它也是勘探大自然的一种方式。当我们充分感受了荒野的美感面貌,我们不仅怀有取悦自身的目的,而且以一种超然性的精神升华,经历着自然生态之美的无穷意味。

而森林之美就是作为事物的森林呈现形象于人类直觉时的特质,它所展现的自然美学价值是无拘而又神奇的。以此为体验的基础,当我们亲近森林,并对自然表现出和平共处的愿望之时,森林对我们来说就越发变得亲切。森林不再是一种禁锢,开放的森林留给我们无限的遐想。如同朱光潜先生在谈美中所说,古松俨然变成了一个人,人也俨然变成了一棵古松。我们是否也可以设想,森林俨然变成了一群人,众人也俨然变成了一片森林。

非人类中心主义的环境哲学所呼唤的生态城市,是城市人谋求与地球更友好融洽相处的生态良心的发现和生态居住环境及所蕴含的生态生活方式的体现。它已不再是出于敬畏自然的玄之又玄的理想,而是一种因应生态危机、促成城市与自然和谐相处的鲜活现实。"非人类中心主义的要点不在承认非人动植物个体

---

① [美]马尔库塞:《单向度的人》,刘继译,上海译文出版社2006年版,导言,第5页。
② [德]海德格尔:《艺术作品的本源》,见《海德格尔选集》上册,沈国琴等译,上海三联书店1996年版,第276页。

具有权利或内在价值,而在体认价值的客观性,承认人与生物圈的关系也是伦理关系,体认超越于人类之上的终实在的存在,体认人类自身的有限性。"①这种非人类中心主义的环境哲学理念促成的不仅是生态城市中每个人简朴节俭而又从容舒适地生活,而且是生态城市中的每一个生物机体能在一个共生的生态体系中保持自身的活力。

"如果将生态城市定义为种不耗竭人类所依赖的生态系统,且不破坏生物地球化学循环,为人类居住者提供可接受的生活标准的城市,那么它将是人类所能建造的最持久的居住地类型。"②因为当现代城市远离生态模式而无度发展时,城市所存在的物质基础也将在对生态系统的激烈破坏中消失殆尽。诚如多布森所言,如果采用无控制的增长模式,人类的发展将时日无多。

尽管城市并非地球所固有,地球也并非为人类所造就,但地球却是城市形成与发展的所在。城市是人类的主要居所,人类的社会生活所造就的城市,是人类追求文明的秉性与大自然赋予的结晶。"自旧石器时代的村落以来,人类一直表现出他们的群居天性。5000年前在美索不达米亚诞生的诸城市只有几百个居民,可能上千名。到2000年墨西哥城将超过3000万居民。任何一种其他的生物都不可能聚集到这种程度,城市好像是人类的'自然'生存环境,人类最喜爱的栖身之地。"③检视城市的发展历程,我们可以看出是人类的各种需要推动着人们去建设城市,从结群而居的需要到温饱安全的需要,从生产贸易的需要到便利舒适的需要,以至于到生态环保的需要,人类需要的变化也推动着城市形态的变化。生态城市生活的环境进步主义是一个城市人对自然情感逐步增长的过程。特别是生态城市的提出体现了城市建设的生态觉醒,摆脱了物化的城市发展进程。因为城市发展并不意味着只是数量的增加和规模的扩大,而是城市空间结构和功能的全面改善与整体协调,是典型意义上的经济、文化与自然要素的凝聚。

一、城市荒野之美

当我们谨记梭罗的名言"世界保存在荒野中"时,我们对世界及包含在世界中的城市的认知已自觉化,我们对城市荒野的观念也充满了生态理性的洞见。在

---

① 卢风:《从现代文明到生态文明》,中央编译出版社2009年版,第307页。
② [加]Rodney F. 怀特:《生态城市的规划与建设》,沈清基等译,同济大学出版社2009年版,第3页。
③ [法]克洛德·阿莱格尔:《城市生态,乡村生态》,陆亚东译,商务印书馆2005年版,第16页。

此,需要澄清的是荒野并非不毛之地,而是土壤、水、植物与人浑然一体的自然王国。如果说在现有的大多数城市中,荒野大多体现为人造自然,这其实并不是生态城市的主旨。城市荒野,体现了生态城市对土地伦理的一种尊重,也是生态学思想在城市建设中的践行。城市荒野,让我们看到了原生态自然的存在,也让我们看到了原生态自然的变化。每一个有生态良知的公民都会对人类在工业文明进程中越走越远,并间接导致荒野的消失与毁灭感到无比痛心。欧尔施莱格(Max Oelschlaeger)在《荒野的观念:从史前史到生态时代》一书中说道:"当我把这些想法印刷出来时,我正在协助砍伐森林;当我在咖啡中加入奶油时,我正协助把一片湿地排干放养乳牛,甚至带来了巴西的鸟类灭亡;当我开着我的福特汽车去打猎时,我则是在破坏油田,并为了获得我需要的橡胶而让帝国主义复辟。不仅如此,当我生育两个以上的孩子时,我是在创造更多对纸张、奶油、咖啡和汽油等的无限需求。为了满足这些需求,于是更多的鸟类、树木和花草遭到扼杀或者被赶出它们的生存空间。"①

从价值理念上来看,城市荒野的意识是形塑生态城市的绿色空间哲学。

城市荒野是构建生态城市的一种惊异,这种生态哲学层面的惊异是一种回归本源式的返璞归真。生态城市生活中我们需要的荒野,可见于一片片不赋予多余人造物的城市湿地公园。由流动的水系、沼泽、草地、林木花果、淤积的泥潭、沙地农田所组成的城市湿地公园是在城市生活界域中容纳最多自然界生命形态的所在,如同"大地母亲——盖亚"的形态,它具有自我管理和自我修复功能。它为城市人与自然界生物生命的持续和繁荣保持有益及具有观赏性的地球环境,并且当其生态系统受到干扰时,可通过有效调节的自我修复重新达至生态环境的平衡。城市湿地公园是对原生态自然进行保护的有效方式之一。当我们面对一个全新的生态城市时,我们可以理解"城市保存在荒野中",它有如下几层意思:首先,荒野记忆了自然的传承演化,荒野已经成为生态城市的母体;其次,抽象意义的荒野远大于具象意义的城市世界,因为观念的荒野与城市之外的陆地一样是无穷广大的;再次,荒野的原初状态是不需要伪装与修饰的,城市的存在离不开荒野的伴随,荒野的存在使城市生态化;再次,"荒野"不仅不再是贬义词,而且从感性意义而言,我们爱城市之自然状态即因为我们爱城市荒野。只有爱荒野,我们才可能真正爱城市、爱世界;最后,荒野在此成为原生自然及人造自然相交涉的代名词。

---

① Max Oelschaleger, *The Idea of Wilderness: From Prehistory to the Age of Ecology*, New Haven: Yale University Press, 1991, p. 217.

城市被荒野所包围,地球之上的荒野一望无垠,容纳了人与自然的纷繁芜杂。

城市荒野的一种重要方式是城市蔓延。城市蔓延,简言之,是以低密度建设为主轴的城区与乡村交相共生的一种新型城市生态。从人类中心主义向生态中心主义范式转变的城市蔓延,既要遵循城市规划的整体设计,又必须符合城市美学的观念设想,更要满足生态城市的环境运动规律。生态城市,让荒野回到城市,让城市回归荒野。荒野拥有巨大的资源与丰富的宝藏,因为荒野的朴实质地,深深地吸引了对城市与自然相融合充满感情的人;城市荒野是城市的绿色之肺,拥有足够多的生态故事向自然之友诉说。

点缀着城市荒野的生态城市是一座散发自然情趣与心灵活力的都市。它试图避免的是城市人的心灵被广泛存在的商品交换所物化。城市荒野的内涵反对物质主义的消费竞赛。源于商品生产的丰富,人对自然无度控制与盲目驱使的单向度,透露出商业社会有机体内工具之合理性与价值之不合理性之间的关系。一种奇异而又疯狂的消费社会面貌与现代人沉迷其中的物质欲望,映衬出城市人的深深无力,暴露出自然生态的失衡与人类精神的崩塌。

城市荒野直接面对着如此的追问:工业文明改善了人类居住的房子,却没有改善居住在房子里面的人。作为城市荒野的培育者,每一个生态城市的生态公民都不赞成在资本逻辑左右下的人之物化。在利润的渴求和利益驱动面前,主体与客体被混淆与替换,交换价值被抬高、被泛化,商品化使一切皆可能被量化的物质以商品的名义出售。在商品拜物教面前,资本的逻辑逐渐成为主导人生存的根本逻辑。在社会商品化过程中,不仅客体得以支配主体,物质的宰制也正在成为一种抽象化的权力。"曾被人们认为不可放弃的一切东西都成为交换和交易的对象,而能够被异己化(例如,出售)。这是一个德行、爱情、诚信、知识、科学等一切东西都可以用于交易的时代。这是个总体衰败和普遍腐朽的时代,或者用政治经济学的术语说,该时代一切东西,无论精神的还是物质的,都变成为一种市场价值被带到市场按其最真实的价值进行评估。"[1]人的纯粹本质被遮蔽,社会生产的真正目的被抽离,由此提出的新问题是:谁来形塑我们未来的生态城市?

二、城市森林之美

荷尔德林曾畅想:"人诗意地栖居在大地上。"让我们对生态城市的田园风光

---

[1] Karl Marx and Friedrich Engels, *Collected Works*: Vol. 6, New York: International Publishers, 1976, pp. 113–114.

充满无限的期待。绿化是城市重要的生态因素,城市森林与城市农庄,作为构建生态城市亲近自然之要素,也决定了 21 世纪生态城市的物质形态从社会城市向田园城市转化的必由之路。霍华德在《明日的田园城市》(《明日!一条通往真正改革的和平之路》)一书中说:"是的,问题的关键是如何让人们回复到土地——我们美丽的土地,它以天空为华盖,和风拂之,煦阳照之,雨露泽之——自然给予人类的这一神圣的爱的体现———真正是一把万能的钥匙,因为它是开启一扇大门的钥匙。"①城市森林与城市农庄不仅可以作为园林景观,而且作为生活所在,回归到大自然中去是它们的基本方向。

　　生态学的激进观念可能只欣赏原生自然的朴实与美丽,并不主张生态城市人为的造林与造园运动,但生态城市的可持续发展,需要依存一个由城市森林与城市农庄所组成的完整的生态系统。当然如若是原生自然的生态系统,我们更为欣赏,退而求其次,即使是出于保护自然与尊重生物多样性的人造环境,我们也是乐见的。"景观艺术也将跟随着耕种的生态原理而发展,在农业耕作的混合体制中,大自然给传统的景观艺术注入了多样性和差异性,无怪乎当今人类刻意追求的是回归田园乡野的天然情趣。"②而在现实的层面,城市本身就是一个人工的生态系统,城市建设很难创造与保留原生自然的生态系统,往往更多的是诉诸人化自然的努力;因为工业文明的城市化进程所消耗的资源远远超过其产出。一个严峻的事实是全球城市的面积只占地球面积的 2%,却消耗着 75% 的资源。而后工业文明城市化的进程还在迅猛推进,越来越多的农村人口正涌向城市,到 21 世纪中叶,全球人口将有 80% 居住在城市。而以城市森林与城市农庄为代表的人化自然实践,不失为应对工业文明城市化的一种路径选择。如果说环保时代的城市化进程不可阻挡,那么我们必须变工业文明的城市化为生态文明的城市化。生态文明的城市化是资源节约型、环境友好型、人与自然和谐相处的城市化,它呼唤着生态城市的居住环境、城市生活方式与传统农业模式质的转变。

　　从实践路径上来看,城市森林是建构生态城市的居住环境。森林是自然环境的重要内容,也是公共生态的基本物品。"森林是陆地上具有最大生产力的生态系统。研究表明,森林具有最高的生物总量和最高的单位面积生物量。"③生态城市公民对森林存有天然的感情,强调在保持森林资源可持续发展的前提下,重视

---

① O. E. Howard, *Tomorrow A Peaceful Path to Real Reform*, London: Swan Sonnenschein, 1898, p. 5.
② 荆其敏等:《生态的城市与建筑》,中国建筑工业出版社 2002 年版,第 22 页。
③ 沈国明:《21 世纪生态文明环境保护》,上海人民出版社 2005 年版,第 89 页。

森林开发的生态效益优先,倡导经济效益与社会效益的综合平衡。因为"从价值角度看,森林的生态防护价值远大于其实物形态的产品价值。在英国,有人估算森林的生态环境价值是经济价值的9倍;经过17年的定位观察研究,在海南岛热带天然林中,目前可计量的森林总价值量为每年34亿元,其中木材生产价值占1.9%,藤类、花卉、药用植物等非木材生产价值占1%,而森林蓄水保土、固定二氧化碳、森林旅游等生态环境价值占绝大部分,高达87.1%,约是前两项之和的7倍。因此,森林已成为人类社会生存和发展不可缺少的环境条件,保护森林资源是保证人类有良好生态环境的有效措施。"①

在此意义上,生态城市公民即森林公民,并不意味着生态城市公民是纯然生活在森林中,而是意味着与森林毗邻而居及随时都可走进森林的城市人才是真正的幸福之人。城市森林是我们新一代城市人与自然界融合的有机方式。森林城市是原生自然与人化自然的结晶,未来的森林城市是绿意盎然的树木之美、城市林带、天然氧吧、水清洁、无烟尘、空气清新、植物与城市相融;我们从生态市民广泛的植树造林行动中看到了希望。一个积极介入碳中和的生态城市蕴含城市森林、提倡城市种植。这也正是加快二氧化碳中的碳元素回到有机世界的速度的有效方式。由城市森林所构造的生态城市是一座遵循生物圈运行规律的融入森林的自然城市。城市森林气候也正是生物圈的组成部分,它对于城市生活的影响已越来越强烈。城市生活中每天所产生的二氧化碳不仅没有将我们吞没,反而是城市森林所带来足够多的碳汇,伴随着城市田园中的绿地稀释了大气中二氧化碳的浓度,并且能够有效缓解气候变化给城市生活所带来的影响。"公园、私人花园和道路边的树木都是城市森林系统的组成部分,发展城市森林能获得多种收益。夏天,它们提供荫凉;冬天,它们阻挡了寒风。一个发展状态良好的树冠覆盖面(tree canopy)能有效地减少城市在供暖和降温方面的能源需求。森林也丰富了城市中的鸟类和其他野生物种生境。"②

如果说森林是自然最具有典范意义的生境,那么森林公园则是生态人的最好朋友。"20纪中叶,人们已经利用这种方法创造出一种理想的城市景观:她与大自然融为一体,有大片的自然保护区、绵延的水道、农业绿带、休闲步道、充足的公园以及围绕着每栋建筑的庭院。但是,和许多现代城市规划思想一样,这一理想

---

① 沈国明:《21世纪生态文明环境保护》,上海人民出版社2005年版,第91页。
② [加]Rodney F. 怀特:《生态城市的规划与建设》,沈清基等译,同济大学出版社2009年版,第132—133页。

最终还是被现实改变了。在当今常规的郊区里,人与自然的关系变成了另一番景象:排污沟的周围是人工制造的链条式栅栏,沿街建筑物夸张地后退,而原本和谐相容的用地却生硬地用绿化隔离开,光秃秃的停车场上找不到一棵树。"[1]生态城市在森林的覆盖下应是更多生命物种的集聚,它不仅去除了物质化污染的环境困境,而且容纳了城市生态应有的生物多样性。当我们把钢筋混凝土的水泥丛林变成绿意盎然的城市森林时,它如同一块浑厚的磁体,人与人之间缘于竞争而疏远的距离由此得以拉近,都市人缘于经济及社会的飞速发展所导致的紧张感也将得以松弛。市民之间的互动增多了,拥挤不堪的街道消失了,取而代之的是城市森林所围绕的有氧步道及诗意栖居的家园。

总之,城市森林的出现,证明了生态城市人对土地的热爱与深厚感情,更体现了我们从拥挤的都市回归最慈爱大地母亲怀抱的企望。构造生态城市,必须有与生态城市生活相适应并能提升生存质量的绿色基础设施与自然环境。城市森林,可以说就是环绕城市布局并促进城市人生存质量的新兴自然环境。"环境的关键性的特点在于它指的是个体的当下环绕物……个体的人会将室外的街道或附近的公园看成他或她的环境,但是,不会同样地称呼房子底下的碎石瓦砾,这也许是因为碎石瓦砾对他或她的生活没有任何影响。不过,极其遥远的对象,比如太阳和月亮,对一切生命包括正被讨论的个体生命有着巨大的影响,却很少会有人把它们当作个人环境的重要组成部分。"[2]当然,城市森林与城市农庄作为对城市人近在咫尺的环境影响,是一种人工自然与原生自然融合的产物,它已超越了绿色基础设施的意义,让我们每一个生态人重新找回生命、愉悦与力量的源泉。一片片茂密高耸的城市森林与一块块错落有致的城市田园,不仅是装点生态城市最美丽的风景,也是舒缓众多市民情绪的通道,更是具有21世纪生态特色的城市休闲区域。

---

[1] [美]安德鲁·杜安尼、普雷特兹伯格、杰夫·斯佩克:《郊区国家——蔓延的兴起与美国梦的衰落》,苏薇等译,华中科技大学出版社2008年版,第31页。
[2] [英]E.库拉:《环境经济学思想史》,谢扬举译,上海人民出版社2007年版,第219页。

第三节 生态公民与一个生态世界的图景

一、生态公民的内涵蕴义

生态公民是生态主义之环境哲学的践行者,生态主义是一种整全式的非人类中心。"生态主义告诉人们,自然是包孕万有、化生万物、生生不息的;自然永远隐匿着无穷的奥秘,自然永远握有惩罚人类的力量;人不是高居于自然之上的君主,也不是悠游于自然之外的神仙,而是自然之中的有较高主体性的有限存在者。"① 在狭义上,生态公民是尊重自然并敬畏自然的公民,生态公民即低碳公民,也就是在日常生活中尽量减少二氧化碳排放的自觉公民。在广义上,生态公民是倡导公众参与环保行动的主力军,而监督政府与企业的环保行为,也会成为生态公民的常规行动。环保志愿行为是生态公民的自主选择,也是生态公民的题中应有之义。生态公民积极致力于环境污染治理的实践,全面参与对生态环境评价的公正操作。

生态公民是着眼于创建更加公正合理的生态社会制度的主流人群,是维护人与自然和谐相处的可持续经济发展模式的有序力量。生态公民是生态生产力的推动者,力求达到环境保护与经济增长相协调。生态公民认识到森林是国家的碳贮藏库和排污口,生态公民认识到树木和林地所组成的森林的多重价值——包括经济价值、生态价值、社会价值与文化价值,生态公民认识到森林的管理不善将可能导致自然生态灾难。"森林的管理不善,包括未能适当控制森林火灾,不能承受的商业性砍伐,过度放牧和空气传播污染物的有害影响,这一切又与土壤和水资源恶化、野生动物和生物多样性减少,以及全球变暖加剧等联系在一起。"②生态公民一方面主动采取措施避免使森林遭受污染物、开矿和开垦的破坏,另一方面积极通过植树造林,特别是发展营造林,以降低对原生林的压力,促进森林涵养的水土保持,制止沙漠化蔓延,恢复已退化的生态景观。

生态公民是讲究生态均衡与环境正义的群体,生态公民也是返归人性与接近自然性的人群。人性与自然性,都需要在各种各样的环保活动中得以展示。"活

---

① 卢风:《科技、自由与自然》,中国环境科学出版社2011年版,第134页。
② 万以诚:《新文明的路标》,吉林人民出版社2000年版,第60页。

动在最宽泛的意义上是属于每种存在物的。每一生命物都具有特有的活动,并且存在于它特有的活动中。人也存在于他特有的活动,即他运用理智力量来进行的活动中。对于人来说,设想自然的目的是僭越的。但是,既然我们能够观察到,自然赋予每一种生命物的特有活动都令那种活动能够达到一种特别的完善,既然自然界赋予了人运用理智力量进行生命活动的潜能,那么,我们或许可以假设,自然的这种造化也是为着人能够充分、完善地运用理智力量的方式进行生命活动的。"①生态公民因其心灵对行为活动的调节能力,而获得生态德性,正如《二程集·天地篇》中所言,"天地阴阳之运,升降盈虚,未尝暂息。阳常盈,阴常亏,一盈一亏,参差不齐,而万变生焉。故曰:物之不齐,物之情也"②。

　　生态公民是具备生态活动能力的人群。依据亚里士多德在《尼各马可伦理学》一书中的观点,人的活动在理论的反思中可以区分为植物性的活动、动物性的活动和运用理智思考的活动。理论的意义上,这三种活动是人的灵魂的三个部分活动:营养与生长的部分、感情欲望部分、理智部分。营养部分的活动是生长与发育的植物性的活动,感情欲望部分的活动是动物性的,理智部分的活动是思考。③生态公民的活动是植物性、动物性及理性思考活动的平衡,它体现出的实践理智是一种综合的生态行为能力,也表现为如同许慎解"德"而言的"外得于人,内得于己"的践履。"植物与其他动物的特有活动是功能性的。这种功能性的活动能力是自然赋予的,或者近乎自然地享有的,不需要学习来获得。它的种属的特性就存在于它正常地运用自然赋予的功能的活动之中。植物的基本功能是摄取营养、新陈代谢与生长,植物的生命功能是最为强大的。动物也具有营养与生长这种植物性的功能,但它还有运动功能和感觉,这两者是它特有的基本功能。人除了植物的和动物的生命功能,还具有精神活动的功能,按照一般的理解,这种功能是运用理智力量的活动,这种活动是人特有的。这三种活动不是截然分离的,它们总是以某种方式混合着的。"④只有自由与理性的公民,才可能享有健全生态权利;而只有享有健全的生态权利的公民,才可能成熟地承担起生态责任;而也只有成熟地承担起生态责任的公民,才可能参与生态环境的保护与生态文明的建设。在这里,生态公民的道德情感与生态和谐社会的公共理性吻合在了一起。

　　生态公民强调公民在生态环保意识指导下的自主选择,强调在生态生活自由

---

① 廖申白:《伦理学概论》,北京师范大学出版社2009年版,第51页。
② [宋]程颢、程颐:《二程集·天地篇》,王孝鱼点校,中华书局1981年版,第1226页。
③ [古希腊]亚里士多德:《尼各马可伦理学》,苗力田译,中国社会科学出版社1999年版,第91页。
④ 廖申白:《伦理学概论》,北京师范大学出版社2009年版,第51页。

的情境下建立人与自然的适当关系;生态公民尊重生态机制的循环往复,当一些人"就是匆匆忙忙地走向终极的空虚。但是,地球以及它全部的过程却在延续,太阳哺育着植物,动物以这些植物为食,动物的肌体腐烂以后,向更多的植物提供新的养料,这可以称之为一个循环圈。"①这个过程赋予了生态公民一个持久的角色。

有的人把生态公民称之为生态原教旨主义者,但我们更愿意把生态公民称之为有自然理性、有人文关怀的生态环境保护主义者。生态公民并不是没有人本情怀的,它是把自然的内在价值与人的内在价值放在一起考虑的生态环境保护主义者。如若生态历史将自然而不是将人作为中心,它也将违背生态公民的基本宗旨。

生态公民反对人以暴力对抗外界自然的行为方式,以人之暴易自然之暴,只能产生新的暴力对抗,对人与自然产生双向度的惩罚。既然人与自然都不可能从地球上完全消失,人与自然的和谐相处就是一个长期的过程。"天地之化,虽荡无穷,然阴阳之度,寒暑昼夜之变,莫不有常久之道,所以为中庸也。"②

生态公民的首要因素,体现为人是生态公民的基础,而人是生物系统的有机体。关注人,也关注人所生存的环境,进而关注人所依存的生态环境的质量。而这一切又依循于我们以何种的伦理观来有效地面对我们所置身的环境及地球。

罗纳德·赛德勒认为:"伦理学的中心问题是'我们应该如何生活?'回答这个问题当然需要提供一个我们应该如何行为的揭示。但是仅仅是关于行为的一套规则、一个基本原则或者如何做决定的程序并没有完全回答这个问题。一个完善的回答在形式上不仅包括我们应该怎么做而且包括我们应该成为什么样的人……所以完备的伦理学看起来不仅需要关于行为的伦理(an ethic of action)——对我们对环境应该做什么和不应该做什么的指导——而且应该提供关于品格的伦理(an ethic of character)——提供关于环境我们应该做什么和不应该做什么的态度和精神定势(dispositions)。"③

因此从环境伦理观的意义上分析,生态公民主张作为道德共识产物的环境

---

① [美]比尔·麦克基本:《自然的终结》,孙晓春等译,吉林人民出版社2000年版,第69页。
② [宋]程颢、程颐:《二程集·天地篇》,王孝鱼点校,中华书局1981年版,第1227页。
③ Ronald Sandler and Philip Cafaro, *Environmental Virtue Ethics*, Rowman & Littlefield Publishers Inc, 2005, p. 2.

人权。① 环境人权是以集体权利为主体的第三代人权的体现,它区别于以政治权利为主体的第一代人权和以社会经济和文化权利为主体的第二代人权。环境人权既可以在积极性的层面解读为人人享有能满足其基本生存需要的物质权利,又可以在消极性的层面解读为人人享有免受生态污染与环境损害的权利。这种权利是对其拥有保证其健康和福利环境的确认,也是对享有平等、舒适、自由、尊严和充足的生活条件的确认。它与第三代人权所包括的生存权、发展权及和平权一样,是对人类能否满足其健康和福利环境的权利主张。毕竟人类的居所必须免于环境风险的破坏及生态危机的影响。

生态公民所积极介入的环境人权是一个统一的整体,在问题域的层面,它涉及生态危机、环境问题、和平问题与发展问题;在关系范畴的层面,它涉及人与自然关系的重塑,又涉及当代社会不同利益阶层及不同代际人群之间的关系和当代人与后代人之间关系的调整。生态公民明确认同并积极实践环境人权的法律程

---

① 环境人权可以解读为人权中的环境权利。在新华社北京 6 月 11 日电所刊登的《国家人权行动计划》(2012 – 2015 年) 第一部分"经济、社会和文化权利"的第七款"环境权利"中,认为目前中国社会公民的环境权利有如下一些内容:

加强环境保护,着力解决重金属、饮用水源、大气、土壤、海洋污染等关系民生的突出环境问题,保障环境权利。

——修改环境保护法。保护和改善生活环境和生态环境,防治环境污染和其他公害。

——有效防治重金属污染。完善重金属污染防治体系、事故应急体系和环境与健康风险评估体系。

——加大水污染防治力度。改善跨省界断面、污染严重的城市水体和支流水环境质量,减轻重点湖泊富营养化,进一步提高水功能区达标率,逐步恢复部分水域水生态。加大生态良好湖泊保护力度。持续削减主要水污染物排放总量。建立地下水环境监管体系,基本掌握地下水污染状况,初步控制地下水污染源,启动地下水污染修复试点。

——改善大气质量。到 2015 年,化学需氧量、二氧化硫、氨氮、氮氧化物排放总量分别控制在 2347.6 万吨、2086.4 万吨、238.0 万吨、2046.2 万吨。重点区域可吸入颗粒物年平均浓度逐年降低。到 2015 年将细颗粒物(PM2.5)项目监测覆盖地级以上城市。

——推进生态建设。到 2015 年,陆地自然保护区总面积占陆地国土面积的比例保持在 15% 左右,使 90% 的国家重点保护物种和典型生态系统类型得到保护。全国森林覆盖率达到 21.66%,新增沙化土地治理面积达到 1000 万公顷以上。新增水土流失综合治理面积 20 万平方公里。城市建成区绿化覆盖率达到 39%,村屯建成区绿化覆盖率达到 25%。

——加强海洋生态保护,推进海洋保护区建设,强化对海洋工程、海洋倾废等的环境监管。

——加强放射性污染防治。推进早期核设施退役和放射性污染治理。开展民用辐射照射装置退役和废源回收工作。加快放射性废物贮存、处理和处置能力建设,基本消除历史遗留的中低放废液的安全风险。加快铀矿、伴生放射性矿污染治理,关停不符合安全要求的铀矿冶设施,建立铀矿退役治理工程长期监护机制。

——严格监管危险化学品。依法淘汰高毒、难降解、高环境危害的化学品,严格限制生产和使用高环境风险化学品。

——完善环境监察体制机制。建立跨行政区环境执法合作机制和部门联动执法机制,健全重大环境事件和污染事故责任追究制度。

序化,法律程序意义上的环境人权,包括环境表达权、环境知情权、环境选择权、环境决策权与环境监督权。

二、生态公民的价值立场

生态公民是生成于生态知识基础上的人群。生态知识是永恒的真理,我们所需要的新的生态社会、生态科学、生态伦理都来自生态知识的贡献。但光有知识,没有立场,不是真正的生态公民。生态公民的价值立场是生态公民内在的价值主张与观念支撑,即生态公民对地球上所存在的客观事物的意义、重要性的综合评价和全部看法。它以人类的真实境况与本国生态需求的深入描述为基础,一方面表现为生态公民在其生活及生产过程中的价值取向、价值追求,凝结为生态公民生存于世间的价值目标;另一方面表现为生态公民判断自然万物与人类行为的评价标准。生态公民的价值立场,建基于对生态与公民这两个概念的准确理解。

就生态层面而言,生态公民所秉持的价值立场是基于人与自然的和谐关系及对自然冷静观察而成就的,是立足于生态安全之上的生态美好。生态安全体现为生态系统的稳定性,生态美好体现为生态系统的生长模式所蕴含的活力及给予人们的愉悦感。生态公民并不渲染人类在这个地球的优势地位,相反是以谦卑与感恩面对非人动植物自然世界,并试图以一种更宽泛的共同生活与它们组成绿色环保生态共同体。当然更宽泛的共同生活并不意味着他们赞同地球是无限的这一表述,因为现实是地球的有限性,生态公民认为对自然的操纵与对环境的控制并不能造就人类的伟大。"任何物理东西包括人类人口和它的小汽车、建筑物与大烟囱的增长,都不能永远地持续……增长的极限是用以提供那些物质与能源流的星球源泉的能力的极限和吸收污染物与废物的星球排出口的能力的极限。"①

生态公民的价值立场是人与自然界深化融合的产物。"我们必须时时记住:我们统治自然界,决不像征服者统治异民族一样,决不像站在自然界以外的人一样,相反地,我们连同我们的肉、血和头脑都是属于自然界,存在于自然界的。"②生态公民注重的并不仅是简单生存,而是系统生活。系统生活的可能性远远高于简单生存的可能性。生态公民的生活权利是在需要与限制之间,需要表现为在物质

---

① [英]D. 米都斯等:《超越极限:全球崩溃还是一个可持续的未来》,伦敦地球观察出版社1992年版,第8—9页。
② 《马克思恩格斯全集》第3卷,人民出版社1960年版,第518页。

与精神两个层面,是满足生活的可能;限制表现为对欲求的控制与对资源的节约,是满足生态的可能。"可持续发展要求促进这样的观念,即鼓励在生态可能的范围内的消费标准和所有的人可以合理地向往的标准。满足基本的需要部分地取决于实现全面的发展潜力。"①

生态公民的价值立场强调人对环境的适度改造,反对人对自然的过度使用。生态公民是以理性的自然见识来推进有益于生态的社会运动———一个人类与自然平等相待的满足公民需要的生活模式。随着人类生态实践的不断深入,"愈会重新地不仅感到,而且也认识到自身和自然界的一致,而那种把精神和物质、人类和自然、灵魂和肉体对立起来的荒谬的、反自然的观点,也就愈不可能存在了"②。

从公民的层面而言,生态公民的价值立场继承了公民意识的优良传统。"公民角色,从某种意义上说,代表了民主参与的最高形式。正是通过这样的参与,普通人才获得了对政府事务进程的影响。"③但在特殊生态政治系统的公共生活中,他们参与公共生态领域的公众事务,仍保留着与政府的协商关系。生态公民是扮演生态政治主动角色的主体存在,这实际上谓指着生态公民的主动存在,而不是臣民式的依附存在。"公民与臣民不一样,在政治输入过程中他是一个积极的参与者——这个过程是做出政治决策的过程。然而,公民这个角色像我们指出的那样,并不取代臣民地位或者偏狭地位:它是附加在其上的。"④它既是主观上认为自己有处理生态危机能力的公民,也是客观上能对公共生态事务施加积极影响的公民。

生态公民的价值立场也体现为对生态公民资格理念的深入挖掘,"一个好的公民与一个好人是不一样的。没有一个具有良好公民资格的热心支持者会说应在忽视其他所有义务的情况下来追求政治参与。在标准政治理论里描述的积极的、有影响的公民中并没有排除臣民的义务。如果他参与了法律的制定,他也应该服从法律。"⑤生态公民的信念是持之以恒的:美好的地球与和谐的世界需要我们每一个生态公民的努力。

---

① 世界环境与发展委员会:《我们共同的未来》,王之佳等译,吉林人民出版社1997年版,第53页。
② 《马克思恩格斯全集》第3卷,人民出版社1960年版,第518页。
③ [美]加布里埃尔·A. 阿尔蒙德、西蒙尼·维巴:《公民文化——五国的政治态度和民主》,马殿君等译,浙江人民出版社1989年版,第262页。
④ [美]加布里埃尔·A. 阿尔蒙德、西蒙尼·维巴:《公民文化——五国的政治态度和民主》,马殿君等译,浙江人民出版社1989年版,第199页。
⑤ [美]加布里埃尔·A. 阿尔蒙德、西蒙尼·维巴:《公民文化——五国的政治态度和民主》,马殿君等译,浙江人民出版社1989年版,第202页。

生态公民的价值立场,可以体现为双向维度的要求,或者说它体现为生态公民权利与生态公民义务。一方面,它是公民应享有的生态权利,是保护其居住地文化特点的权利,是各国政府相关组织对公民和其他国家履行的生态责任;它体现为"维护生态系统和维护对生物圈功能所必不可少的有关生态过程;通过保证各种动植物物种的生存并促进对它们在其自然环境中的保护,维持生物的多样性;在开发生物资源和生态系统中,遵守最佳可持续产量的原则;防止或治理严重的环境污染和危害;建立适当的环境保护标准。"①另一方面,它是公民应履行的生态义务,是生态公民不脱离自己的生态社区应履行的积极作为,是生态公民对自然环境应履行的深切关注。

生态公民的价值立场与生态自我观念相契合。公民作为个体单位,是一个个活生生的自我所构成的。生态自我观念是生态公民的人性基础。自由主义者相信自我利益是唯一可靠的人类动机的信念,但生态主义者则相信于生态利益是人类整体利益的基础。

在生态与公民融合的层面上,生态公民的价值立场既是现代社会公民意识与自然意识的契合,又是以主客交融的方式达到人与天地万物的和谐并存。"生态文明的'生态',不仅包括有机生命与无机环境之间的协调关系,还包括有机生命之间、有机生命个体与群体之间的协调关系,是一个相互依赖、相互促进、共同进步的有机整体。"②

生态公民的价值立场体现人类对美好自然与福利环境之需求的基本权利,它是对世代交替、代代共享的生态环境之利益和生态系统的完整性的保护。生态公民积极提高个人、志愿组织、研究机构、企业与政府对生态问题的认识水准,其价值立场是人权与自然权的融会贯通,并倡导把环境和经济平衡融合在决策中。人权是生态公民的立足之本,自然权是生态公民的基本主张。生态公民本身就是一种有效方式,来避免那种以经济发展的名义损害后代生活环境的行为。

生态公民是具有较高环保意识的自觉的能动主体。生态公民对环境的体验是非常敏感的,对自然的认识是充满感情的,对人类整体生态系统的把握是体现出理性的。生态公民对自然资源的需求是适度的,其物质需要也是节制的。"大自然虽然是极其富有而又慷慨的,但是它也是脆弱的,是精细地平衡的。自然界

---

① 世界环境与发展委员会:《我们共同的未来》,王之佳等译,吉林人民出版社1997年版,第432页。
② 沈国明:《21世纪生态文明环境保护》,上海人民出版社2005年版,第11页。

存在着不可逾越的界限,如果超过这些界限,自然系统的基本完整性就受到威胁。"①

生态公民虽是有限理性的公民,却是对人口、资源与环境之关系极度敏感的公民。他们努力挽救地球资源的耗竭,对整个世界能源的蕴藏量与消耗速度表示出极度的关切,如同恩格斯在《自然辩证法》中的警告:"我们不要过分陶醉于我们对自然界的胜利,对于每一次这样的胜利,自然界都报复了我们。每一次胜利,起初确实取得了我们预期的结果,但是往后和再往后却发生完全不同的、出乎预料的影响,常常把最初的结果又消除了。"②生态公民渴望终结地球的环境灾难,因此生态公民是投身于自然保护与生态健全的公民。他们致力于生态系统的良性发展,致力于生态系统结构中各种生物因子的和谐搭配。"生态系统内的各种生物彼此之间有密切关系,互相影响消长。举例而言,英国南部的野生兔子数量因传染病之故而数量大减,首先可见的结果是草原快速扩张。由于草原过于浓密,造成某种蚁类及在此蚁类身上产卵与之共生的某种蝶类的灭绝。"③生态公民呼吁停止对全球原始森林的砍伐,停止过度抽取地下水。生态公民爱物惜物,这里的物更多的是指自然,即自然界中的每一分子。

三、一个生态世界的格局:生态公民的全球目标

生态公民在立足于本国土地的基础上,面向的是一个生态世界的格局。一个生态世界的格局不仅仅是世界自然地理的研究范畴,也蕴含着地球生态史的发展历程,体现着不同国家地理的现状与展望,及陆地、森林及海洋的分布,包括世界自然遗产、生物圈保护区、国际重要湿地与世界地质公园等类型地理的变迁。

生态公民既是巩固本国自然地理与生态安全的需要,又是建立一个和谐、安宁、繁荣与正义之生态世界格局的需要。在着眼于本国环境现状与人文地理的基础上,生态公民是追求生态世界一致性的公民。生态世界的一致性来源于生态世界的格局,它要求公民商谈与论坛对话,在协商共识的层面上,对地球生态价值的普适性形成有比例的共识。它要求警惕生态孤立主义,因为生态孤立主义不仅不能有效保护本国生态主权,而且将葬送人类生存的机会。

---

① 世界环境与发展委员会:《我们共同的未来》,王之佳等译,吉林人民出版社1997年版,第39页。
② 恩格斯:《自然辩证法》,人民出版社1971年版,第159页。
③ 卢昭彰:《环境·人·生活》,台北高立图书有限公司2006年版,第166页。

一个生态世界的格局是生态公民建设生态环境的全球目标,它既指向同一个地球,也指向同一个世界。或者说,同一个地球是面向生态的,而同一个世界是面向公民的。生态公民不仅认为没有一个国家能够在与其他国家相隔绝的状态下求得可持续发展,而且认为没有一个公民能够在与其他公民的生态环境相封闭的状态下而求得健全。"绝大多数国家、非政府组织和媒体构成了民间社会的重要组成部分,独立于国家政权的自愿团体的网络常充作公众良心,并被普遍认为对于民主的维持至关重要,民间社会的其他部分包括经营单位、教堂和其他宗教团体,也包括体育文化团体、国际层面上相应的团体(从国际哲学联合会到 Medecins Sans Frontieres)可以说组成了全球民间社会,其参与者(不仅仅是那些非政府组织或媒体)可以认为是全球性公民,他们非常关注信仰自由、不歧视、公民自由、政治自由和人权,也关注环境的可持续性。"[1]生态环境是属于全球公共领域的空间,它是共同生态系统的公共资源,更是属于不同国家共享的全球公共区域。生态公民的环保行动有助于培养全球自然伙伴精神与生态和平理念,并有助于实现全球青年在生态事务上的创造性、勇气与理想。全球青年是生态公民最有活力与激情的潜在群体。

生态公民也特别注重在生态的层面强调公民主体性,倡导公民环保参与及公民生态理性。一个生态世界的体系正在迅速成形,包括每一个生态公民的生活结构在强烈的互动中呈现出轮廓的全球化。生态公民坚持一个普遍的原则,那就是不断地追问——有幸创造一个更好的世界需要什么?而为了创造一个更好的世界需要我们人类做些什么?

基于对这些问题的回答,面对一个生态世界格局的生态公民其外在表现为具有生态创意、生态乐趣与生态活力的积极影响社会的人群。生态创意,即用一种创新的方式去建构生态文明。即实践生态文明,达成生态保护,所产生的生态吸引力和生态行为的实用性,不等于少用或禁用自然资源与物质,而是对自然资源与物质的有效引导与别致利用。"这个新文明是向大自然生生不息的生态循环去学习,重新的生活方式与新的生产方式着手,透过创意的设计,不再有所谓的废弃物。所有的产出(output),都是另一个流程的输入(input)。因此资源不断循环,一个价值创造另一个价值,生生不息。"[2]例如居住在像树一样的房子,生活在像森

---

[1] Robin Attfield, *Environmental Ethics—An Overview for the Twenty-First Century*, Blackwell Publishing Ltd,2003,p. 166.

[2] 黄秉德:《推荐》,见威廉·麦唐诺、麦克·布朗嘉:《从摇篮到摇篮》,中国21世纪议程管理中心译,台北野人文化股份公司2008年版,第5页。

林一样的城市,这都是生态创意的具体体现。生态创意,是对生态创造力的尊重,是对生态科技的重视与应用,是产生生态经济效益与生态社会效益的重要来源。

生态乐趣是生态公民在生态活动中所享有的生命情趣。对环保行为来说,能否有效抓住生态乐趣至关重要! 自然之美,是生态乐趣的重要来源。沉浸于自然,欣赏于自然,愉悦于自然,所产生的生命情趣是支撑人持续生存及有效进行生态活动的精神动力。生态乐趣也是人类想象力的巨大表现,它是一种愉悦,呈现为对生态活动巨大的能量内涵的挖掘;它也是一种分享,呈现为对生态行为所可能带来的开心和愉悦的分享。

生态活力即一种生态生命力,也正是对生态足迹的探寻。生态足迹,是生态公民关注的概念,德国的生态行动主义者麦克·布朗嘉教授用 footprint(足迹,引申为排放)这个概念来说明减少温室气体排放的观点,"现在所有人、所有企业都在谈如何减少二氧化碳排放,希望减轻人类在地球上的足迹或影响,因为他们都认为这些影响都是负面的,但再怎么减,我们都永远不可能把人的足迹或影响消灭,减至零。布朗嘉质问,为什么不是扩大人类的足迹? 关键是想办法让人的影响是好的,让所有的物种都乐于活在人的 footprint 中。对他而言,追求零废物(zero waste)代表这种荒谬的思考,其实废物就是养分,一个地方的废物、垃圾,可能是另一个地方人的养分"[1]。

当经济一体化随着钱流、物流及人流的不断涌动而迅猛推进,政治的一体化也在一种世界性制度及世界性法律的催生下而加速的时候,我们目睹的"全球同此凉热"的生态一体化已成为正在发生的事实。在一个生态全球化的时代,优质、持久、稳定、和谐的环境如何形成? 早在1986年5月,时任加拿大环境部长的汤姆·迈克米兰就已在渥太华举行的世界环境与发展委员会的公众听证会上提出,"我们面临的挑战是:超越本国的自身利益,以获得更高一层的'自身利益'——在这个受到威胁的世界上,使人类能够得以生存"[2]。

尽管生态全球化的事实正在加强,但在现实的层面,"地球只有一个,但世界却不是。我们大家都依赖着唯一的生物圈来维持我们的生命。但每个社会、每个国家为了自己的生存和繁荣而奋斗时,很少考虑对其他国家的影响。"[3]

---

[1] 梁中伟:《下一波工业革命》,见威廉·麦唐诺、麦克·布朗嘉:《从摇篮到摇篮》,中国21世纪议程管理中心译,台北野人文化股份有限公司2008年版,导读第22页。
[2] 世界环境与发展委员会:《我们共同的未来》,王之佳等译,吉林人民出版社1997年版,第344页。
[3] 世界环境与发展委员会:《我们共同的未来》,王之佳等译,吉林人民出版社1997年版,第31页。

生态公民重在行动,但生态公民在当今世界还只是一种理想状态,特别是在一些发展中国家,生态公民还尚未成为现实,REDD 项目是一种暂时的应对之策。生存在亚马孙河两岸繁茂的热带雨林,及居住在巴西亚马孙州保护区中的居民,就是 REDD(JUMA 可持续发展自然保护区项目)的受益者。"根据项目要求,当地居民保护树木免遭砍伐,就会得到定期奖励。项目保护区内的每个家庭都有一张银行卡,当检查人员确定当地的树木没有遭到损害后,每个家庭的银行卡里就会每月增加 28 美元……JUMA 的发起人希望其未来发展成一整套可推广的模式,由发达国家以及那些无法按要求减排的企业提供资金,帮助发展中国家保护其热带雨林免遭砍伐,以此抵消碳排放量,也给雨林中的居民保护环境提供了新的激励机制。"[①]在环保与扶贫之间,生态公民是积极的环保主义者与被动的扶贫主义者。

在民族国家的界域内,生态公民是本国生态安全的重要行动者;在全球化的趋势下,生态公民是地球环境治理的主体。面对一个并不完备及并不均衡的世界,生态公民主动参与对濒临灭绝动植物栖息地的保护,促进被损害的生态系统的恢复。他们积极通过推广生物降解材料与生物技术的有效管理,减少废弃物的污染排放,保护生物多样性。生态公民这些微薄而又务实之举,有效应对了破碎而又割裂的环境危机,托起了一个生态世界格局的基本图谱。

第四节 世界城市的生态文明模式——绿色北京的创新驱动

有目共睹,改革开放 40 年来,在党中央的领导下,北京市的城市发展确实取得了不小成就。根据美国《外交政策》杂志公布的 2010 年全球城市指数的排名显示,北京目前位居世界第十五位。这一结果是由《外交政策》杂志、全球管理咨询公司科尔尼公司以及芝加哥全球事务委员会,三家机构针对全球 65 个大城市所做的排名。由此可见,经过"十一五"的努力,北京的城市建设已经初见规模。

2009 年底,"世界城市"一词首次出现在北京市委书记刘淇的工作报告中。在圆满完成了"十一五"规划的任务后,"十二五"规划的提出进一步把推进中国特色城市建设确定为重要任务。具体来说,就是北京将从自身客观实际出发,深入理解科学发展这个主题,认真贯彻加快转变经济发展方式这条主线,深入推动"人文北京、科技北京、绿色北京"的战略。在三大战略中,"绿色北京"可以说是

---

① 《雨林居民不砍树 政府按月发补助》,载《新京报》,2009 年 10 月 11 日 B04 版。

北京构建世界城市的灵魂,在此基础上将北京建设成为具有中国特色的世界城市。事实上,北京如果要成为一个世界城市,必须表达一种有价值、有意义的人类生活方式和观念,所以绿色北京就是我们的必经之路。

党的十七大报告提出:"要建设生态文明,基本形成节约能源资源和保护生态环境的产业结构、增长方式、消费模式。"倡导生态文明建设,不仅对首都自身发展有深远影响,也是北京面对全球日益严峻的生态环境问题所具有的态度,这将展示出人类与自然、城市与自然和谐共生的新理念和新创意。如何更科学、更经济地建设资源节约型、环境友好型生态文明的世界城市,已然成为首都发展需要认真研究的问题。

一、世界城市概述

(一)世界城市的含义

现如今的世界城市更广泛地被定义为:在社会、经济、文化或政治层面直接影响全球事务的城市,并且世界城市已经不是一个新概念,而是即将到来的新时代。

(二)世界城市的起源

最早提出"世界城市"这个概念的,是1966年英国地理学家,城市规划大师帕特里克.格迪斯。1915年,他在《演化中的城市》一书中首次提出"世界城市"的概念,其中提到世界上绝大部分商务活动集中的城市就是世界城市。

(三)世界城市的基本特点

1986年,美国著名经济学家弗里德曼在《世界城市假说》一文中提出"世界城市"的7个标准:主要的金融中心、跨国公司总部、国际化组织、商业服务部门的高速增长、重要的制造中心、主要交通枢纽和人口规模。

我们以现代的眼光将一个合格的世界城市应具备的特点进行小结如下:

1. 雄厚的经济实力。主要表现为经济总量大,人均GDP程度高以及经济构成合理有效。

2. 国际金融和产业中心。某种意义上说,世界城市就是一个面向知识社会创新2.0形态的流动空间及流动过程。这种国际高端资源的流量与交易主要表现为高端人才,信息化水平,科技创新能力,金融国际竞争力和现代化、立体化的综合交通体系。

3. 全球信息中枢和交通枢纽。世界城市不仅是国内企业总部的所在地,更是很多跨国企业总部的集聚地,在这里,大量来自世界各地的信息和咨询需要集中处理。同时它又是交通枢纽,表现在航空、物流、铁路都在此进行中转,是大的运输中转节点。

4. 具有全球影响力。世界城市的影响力既包括文化和舆论的力量,也包括组织和制度的力量。主要表现为城市综合创新体系,国际交往能力,文化软实力和全球化的治理结构。①

二、世界城市的生态文明

(一)世界城市的生态文明内涵

所谓生态文明是人类文明的一种形态,它以尊重和维护自然为前提,以人与人、人与自然、人与社会和谐共生为宗旨,以建立可持续的生产方式和消费方式为内涵,从而引导人们走上持续、和谐的发展道路。世界城市的生态文明将展示人类与自然、城市与自然和谐共生的新理念和新创意。

这种文明观强调人的自觉与自律,强调人与自然环境的相互依存、相互促进、共处共融。这种文明观主张在改造自然的过程中发展物质生产力,不断提高人的物质生活水平。它区别于其他文明观的内容在于生态文明突出了生态的重要,强调尊重和保护环境,强调人类在改造自然的同时必须尊重和爱护自然,而不能随心所欲、为所欲为。世界城市的生态文明要求人类要在尊重和爱护自然的基础上,将人类生活的城市建设得更加美好;人类要自觉、自律,树立生态文明观念。

(二)世界城市生态文明因素

1. 公众具有广泛的环保意识

随着经济全球化和世界一体化的深入发展,人们的生活水平普遍提高,对自身生存环境的关注和要求也逐渐提高,越来越多的人开始意识到生态环境问题的严重性。世界城市的生态文明标准要求公众具有自觉的环保观念和实际行动,对人类生存环境的关怀程度普遍较高。

2. 配套的环保法律

在世界城市的生态文明建设中,环境保护法律法规是绝不可少的计划执行保证,并且环保法律要随着时代的变迁而随时更新,不能总是墨守成规,一成不变。

---

① 载《京华时报》,2010 年 1 月 25 日。

3. 环保管理体制健全

世界先进城市的环保管理一般都要求各级政府部门对管辖区内的环境质量负责,每个环保行政主管部门有负责人,自行监督管理。城市内各级部门相对独立,相互监督,共同促进世界城市生态环境的建设。

(三)世界城市生态文明特点

1. 自然性

世界城市生态文明具有自然性,突出自然生态的重要,强调尊重和保护自然环境,强调人类在改造自然的同时必须尊重和爱护自然,而不能随心所欲为。

2. 自律性

世界城市生态文明具有自律性,在人与自然的关系中,人类要发挥主观能动性来主动地用文明的方式对待我们赖以生存的大自然。我们要尽量在追求生态文明的过程中不断地认识自然,适应自然,确立与自然界相互依存、相互促进的关系。

3. 可持续性

世界城市生态文明并不是一个项目,完成就可以不管了,而是人们不断完善、不断追求的目标。因为只有追求生态文明,才能使人口环境与社会生产力发展相适应,在世界城市追求经济建设的同时与环境相协调,实现良性的可持续的发展。

4. 开放性

自然界本身就是一个开放的大系统,也就是说自然界中的所有事物都是相互影响、相互制约并且息息相关的。作为一个开放的生态系统,自然界也有自己的能量交换和循环规律,在人类为了建设世界城市而从自然中获取能量的同时,也要考虑到它是否可以承受,是否会影响它自身循环系统的正常运行。

(四)世界城市的生态文明模式

城市作为经济社会发展的中心,具有高度聚集资本、技术、人才和信息等生产要素的功能,并依靠这些生产要素的配置和组合产生相应的经济能量,创造国民财富[1],所以在城市里建设生态文明最有必要也最有效。自从提出生态文明战略这个思路以来,世界上有很多城市都在积极探索、试验,以建设生态文明城市为目标。我们以世界城市伦敦为例,它的污染曾非常严重,曾一度被人称为"雾都";而"雾都"的最大危机爆发是20世纪50年代。1952年12月,伦敦曾出现过一周内

---

[1] 童庆炳:《生态文明与思想解放》,载《江西社会科学》,2008年第4期。

4000多人死于煤烟污染的事故;1953年,伦敦的煤烟污染又导致800多人死亡。最后,伦敦人痛定思痛,形成了全民环保的共识,政府和民间都开始认真着手解决环境问题,严格立法执法,并取得了举世公认的成就。但这是伦敦的生态文明模式,我们只能借鉴,不能套用。北京要发掘自己的生态文明模式,要走出自己的绿色世界城市之路。

三、北京的绿色世界城市之路及建设问题分析

(一)北京的绿色世界城市之路

北京作为中国的首都,它的发展受到了全世界的瞩目,尤其是在成功举办了2008年奥运会以后,北京更是被推到了世界明星城市行列。绿色奥运在北京的成功,为绿色发展奠定了基础;绿色发展是绿色奥运理念在发展模式上的实施。北京的下一个目标就是发展绿色经济,满足北京城市功能定位的要求,并进一步推动北京的城市建设。正因如此,北京也顺势提出了建设"世界城市"的目标。

但是今时不同往日,北京不能再走纽约、伦敦等城市建设世界城市的老路。虽然这些世界城市都取得了辉煌的成绩,不过它们的建设模式和思想多少已经有些过时了。北京的世界城市建设之路,必须体现这个时代精神,它应是值得人们向往和追求的。所以,北京的世界城市之路必须是绿色的。一提到绿色,我们最先想到的就是环保措施、低碳技术这样的字眼,可是我们要做的远远不止这些,而应当把绿色的理念带入人们日常生活中,从点点滴滴体现。当然绿色北京也不仅仅是植被覆盖的增多,而是应从各方面渗透,比如城市建筑的用电采光,城市交通的绿色出行,城市社区的配套设施等等。

(二)绿色北京建设的问题分析

1. 北京市资源及环境的压力巨大

北京是一个能源资源相对短缺的城市,人均水资源占有量仅是全国的1/8,世界的1/32,据统计,北京每年的用水量与可用量存在30%左右的缺口,属于严重缺水的城市;北京每年消耗的能源约合6000万吨标准煤,然而北京自身的能源产量并不高,能源消耗的90%以上是由外部提供。不仅如此,北京电力资源和土地资源的稀缺也是困扰已久的问题。其次,北京的环境污染也相当严重,比如2007年全年排放的污水大约有13亿吨,固体废弃物1356万吨,二氧化硫17.6万吨,可以说是一个巨大的垃圾制造厂。尽管近些年来北京环境质量有所改善,但与国家

标准、生态文明城市等指标体系相比仍有一定差距。

2. 部分市民绿色发展理念缺失

随着我国生活质量的提高,越来越多的公众开始关注环境问题,认识到了生态环境问题的严重性,但这并不意味着我国公众具备足够的环境意识。事实上,我国公众对环境保护的认识仍停留在浅层次上。首先是对环境问题认识的浅层次。大多数公众认为环境问题就是环境污染,环境保护就是治理环境污染。其次是环境要求和环保行为的浅层次。再次是维权意识的浅层次。大多数市民关注环境保护的出发点是维护个人利益,只有当环境问题影响他们自身的生活、损害个人利益时才会采取一定行动。

3. 绿色环保法律法规不健全

我国环境保护法律法规仍存在明显不足,比如环保法律的内容比较滞后。其实,尽管我国已经以《宪法》和《环境保护法》为基础,颁布了一系列环境保护的法律法规,但其滞后于实践的需要。目前,我国的环境立法缺乏公民环境权利具体内容的规定,造成公民环境维权意识淡薄和维权行为困难。还有,环境保护法律中一些抽象和原则的规定,缺乏可操作性,并且法治震慑力不足。[①] 例如刑法第338条明确规定,只有当排污行为造成重大污染事故,致使公私财产遭受重大损失或者人身伤亡的严重后果时,才有可能定罪。对于造成污染事故、损失一般的排污行为,刑法并没有提到相关处罚。

4. 环保管理体制不完善

我国环境保护实行的是各级政府对当地环境质量负责,环境保护行政主管部门统一监督管理,各有关部门依照法律规定实施监督管理的管理体制。北京市的环保管理也是如此。如今是市场经济主导的时代,这种类似于计划经济的管理方式不一定适用。首先,北京市政府在发展地方经济和实施环境保护时,侧重点势必会放在前者上面,是造成北京环境污染的最大原因;其次,北京市环境保护部门同时接受地方政府和上级环保部门的双重领导,但其活动经费和人员配置是由北京市政府决定的,因而环保部门的领导和工作人员势必会听命于后者;最后,北京的环保管理应急机制仍不健全,虽然平时很难察觉,可一旦发生突发性资源短缺或者环境污染事件就会造成严重后果。

---

① 郭先登:《论建设生态文明城市问题》,载《山东经济》,2008年第9卷第5期。

四、绿色北京的创新驱动措施

要实现绿色北京的生态文明建设目标,关键是应在科学发展观的指导下,寻求创新驱动引导下的措施,来建设环境友好型、资源节约型社会。从政府的角度来说,要进一步培育公民生态文明意识,并在此基础上加强生态法制建设和提高环境管理效率。

(一)打造北京再生资源回收体系

众所周知,北京的发展离不开资源的支撑,可是其自身的资源并不丰富,且消耗巨大,基本上处在入不敷出的状态。其实,解决资源稀缺这一难题的关键,在于我们如何回收利用好再生资源。

近年来,北京市再生资源回收体系的建设工作取得了初步成效,主要采取了3项措施。第一,加大公共财政支持力度,为再生资源回收利用产业的快速发展提供了政策保障。比如2010年,北京市委市政府下发了《关于全面推进生活垃圾处理工作意见》,其中就明确指出,生活垃圾的回收利用是减少垃圾总量的一大重要举措。第二,各个部门联合推动,为再生资源回收利用产业提供发展基础。比如市发改委、环保局等部门合作确定了6家废旧纸张和废旧塑料再利用企业。第三,在实事求是的基础上探索创新,尝试结合北京市各大城区的实际情况和自身优势,制定具体的资源回收再利用方案,并在此基础上探索创新。比如朝阳区通过竞争机制,引入一家民营企业从事社区回收,同时发挥本区原有从事再生资源回收的东都中兴公司成熟的物流配送体系向产业前端拓展,然后与资源再利用企业挂钩,形成了回收、配送、分拣、加工处理完整的产业链条。①

(二)培育北京市民生态文明意识

生态文明是人类实践的产物,换句话说,人就是实现生态文明的主体。全民参与是生态文明建设的根本,而全民参与的前提就是先要产生全民意识。公民意识从根本上决定了公民在生态文明构建中的角色、态度等,所以,培养全民生态文明意识,是建设绿色北京的基础性工程。

为了实现"绿色北京"的目标,北京市政府近年来正在积极培育市民的生态文明意识。比如为了节能减排、降低污染,北京市大力发展公共交通,制定全国最低

---

① 唐永宏:《打造再生资源回收体系建设"绿色北京"》,载《再生资源与循环经济》,2010年第3卷第5期。

票价鼓励人们多乘大众交通工具,少开私家车,仅 2008 年一年,此项的财政补贴就高达 122 亿元。① 据了解,未来 2 年,北京将从实行垃圾分类、推广节能产品、加大公共交通出行等百姓生活的方方面面入手②,并通过在市内,以社区为单位进行一些生态文明指示的普及宣传或者竞赛的方式,增强参与性,使绿色消费方式和生活方式深入人心。

(三)加强北京生态法制建设

为了适应北京新形势的需要,必须修改计划经济背景下的环境保护法律法规,按照市场经济体制对生态环境与经济社会协调发展的要求,尽快确立一些实际、有效的环境管理制度,如污染赔偿制度、生态补偿制度、环保考核与责任追究制度、信息公开化制度等等;再者,北京市政府对企业的绿色发展也有进行引导的义务,如对企业实行绿色分类,在投资审批、上市、信贷和税收等方面优先股利绿色企业,淘汰不达标的企业;又如,出台政策鼓励企业间成立绿色联盟,通过定期论坛和国际交流等形式提高企业的生态意识。

要以法律形式提升环保部门的权力和地位,使其工作人员在工作中减少顾忌,可以真正参与和影响各项发展政策、规划和重大决策的制定,从而成为政府决策的重要参与机构。首先,在法律上赋予环境保护管理部门以更大的制约权力,并赋予环保行政主管部门一定的强制执行权,比如有权依法采取没收、暂扣、拆除排污设施以及限期治理和关停企业的决定权;其次,将"财权与人事任免权"统一收归中央环保部门,使地方各级环保部门独立于同级地方政府。北京地区的环保专款有中央环保部门直接下拨,专门用于各项环保事业的执行,专款专用,该款项不再经过行政部门之手。

(四)建立北京突发事件管理的资源保障体系

面对日益恶化的生态环境,仅仅是应对已经不能从根本上解决问题了,更好的办法就是防患于未然。为了实现"绿色北京"的目标,北京市政府需尽快建立和发展突发性事件管理的资源保障体系。尤其北京是一个资源严重短缺的城市,政府有必要把应急管理的资金纳入政府财政预算中,并且建立应对各种灾难和突发事件的专项资金。还有,北京市政府为了世界城市建设的需要,应完善战略资源的储备,编制资源目录,以利于有效地调动资源。

---

① 中国农工民主党北京市委员会:《再接再励推动"绿色北京"建设》,载《北京观察》,2010 年第 3 期。

② 白志刚:《"绿色北京"向世界城市迈进》,载《北京纪事》,2010 年第 11 期。

当前,生态恶化已成为制约北京市发展的主要瓶颈。为了把北京构建成世界级城市,实现"绿色北京"的目标,需要靠北京市政府、企业和市民的共同努力,从日常生活的各个方面逐步渗透绿色理念,高度重视和加快生态文明建设,尽快形成北京独特的生态文明模式。进一步讲,也能够为其他建设中的世界城市树立榜样。

第十七章 伦理范式的生态和谐社会

生态和谐社会模式是一种生态伦理主体化的具体体现。承认生态和谐社会模式的存在,即在伦理范式的层面预示着一个发育的生态和谐社会的可能。公民是具有自由而又独立人格的主体性存在。公民与生态的连接,是个体性与整体性的联系,是行为与契约的融合,是权利与义务的平衡。在此,生态语言是需要公民不断了解其词汇及技艺的熟悉过程,生态规律是需要公民不断探索其知识谱系的认识过程,生态技术是需要公民不断寻求其科学应用工具可能性的实践过程,生态制度是需要公民不断累积其政策主张、统治形式与公共社会作为的锻造过程。这些概念是具有确定性的存在,生态和谐社会在寻求这些确定性的过程中,表现出解释世界与改造世界的生态理想的范式。

第一节 生态性与公民身份的连接

生态和谐社会在重建与自然相平衡的社会中,生态性与公民身份逐渐融合在一起。而生态和谐社会之概念的起源,与一个发育的生态和谐社会存在着紧密的因果关系。生态和谐社会是一个理想的社会形态,它在实现以人为本的社会宗旨后,更加强调自然界物种的道德优先性。因为作为强势的人,相较处于弱势地位的自然界其他动植物来说,更应具有强烈的道德同情心与救济感。他们有更充分的道德义务去实现对自然权的关照。也许更为重要的是,如果我们不清楚良心和意识在这个过程中的作用,我们将不能够驾驭这个过程,接近或达到我们通常认为是善的事物或结果。

生态和谐社会通过描述其所生活的生态世界及其自然至上的行动逻辑来形塑自身的概念内涵。在一种特定而又变化着的社会生活情境中,生态和谐社会正处于人为塑造的过程当中。它需要观念认识到位,更需要对一种实践道德意识的养成。

　　生态和谐社会理解的自身是谁？仅是一个独立的个人，还是以共同体成员的身份，以一种出于自愿的适合其自然环境的方式在我们共同的家园联合行动？我们必须有能力对此种身份与空间的关系做出理性的思辨。要取得成熟而又独立的生态和谐社会的地位，"要能够在其社会中所有的'空间'内自由行动，作为一个特殊的方面，人类行动者必须具有对其环境有所认知，同时要认识到他们与其周围所有其他的行动者相比（当前）'处位'或'定位'如何。他们必须有能力感知自己并非处在一个处处都具有冷漠特征的物质空间，而是被看不见摸不着的具有道德特征的'行动机会'的'风景'所包围，这些'行动机会'的获得因他们在其周围其他行动者中的'定位'而有所不同。"每个人总是通过陈述自我生存的世界来对自身的存在加以澄清；生态和谐社会则不仅仅是在陈述一个个的自我，还联系着对更为博大的自然界的牵挂与包容。这不仅仅是用可目睹的视觉和视力来加以描述，更关键的是用触感和知觉的意会来得以认识。

　　生态和谐社会所向往的生态政治是一种理想式政治，也是一种合法性政治。它是生态民主所认同并采纳的一种特殊的现代治理模式。公民的生态行为是自愿行为，这种自愿行为表达的是爱护自然的意图，它直接指向生态政治的现代治理模式，并创造了生态民主最基本的格局。生态行为依赖于生态观念，生态观念塑造生态行动。"公民身份观念提供了一个既超越阶级限制又超越利益分化的框架。公民身份为实现某种普遍认同的观念的新途径提供了基础，也为当前政府诉诸个人主义与消费者的选择提供了替代性方案，它是这样一种认同的基础。"

　　在现实的语境下，生态和谐社会也可能遭遇身份认同的障碍。这里，一方面的问题是生态和谐社会是否也具备多重身份，另一方面的困境是我们如何真正认识生态和谐社会。在一个多元社会的空间，生态和谐社会如何形成自我身份的有效标识？当然这些问题并不直接涉及权力位置认同的难点，而是在相互交织的多元记忆中，言说一个出于人类生存身份原则的伦理观，及带给我们每个人足够震撼的归属群体的身份意识。"无论是主动追求还是被迫塑造，有限制的身份认同几乎总是建立在一种对'集体记忆'的呼唤之上。而这仅仅是把一种传递变为了一种获得。"在对大自然拟人化的处理中，思自然之所思、想自然之所想，人类行为所触及的活生生的事实凸显了自然界生命的多样与敏感；或者说自然生命的脆弱与伟大，让我们充满了固化的自然情感。生态和谐社会于斯为甚，他们将保护自然的意愿应用于对地球这个盖亚母亲的无限礼赞。毕竟从人生存于这个地球的属地思维出发，与我们密切相关的自然界塑造了我们最初的居所。这个居所，不仅属于人类,而且也属于自然界。它也从本根性原则的角度,揭示了公民之生态思维的地理情境,也透露出生态和谐社会最低程度的同质性内涵。

生态公民是公民身份的第四种形式。从政治公民、经济公民、文化公民到生态和谐社会,从自治城市和民族国家中产生的公民身份,其形式的延展是不断发育的过程。生态和谐社会是公民身份形式孕育的最新形态,它也被称之为环境公民,但它比起环境公民来说则更完备。从不同形态的公民身份的内在特质来看,如果说政治公民、经济公民更多地带有自由主义公民身份的属性,那么文化公民、生态和谐社会则更多地表现出共同体主义公民身份的属性。尽管这些公民身份都需要在公共参与的层面上,得以成形与完善的。但前者更多主张自身权利的获得与捍卫,在个体的层面得到实现;后者则更多强调义务的履行与保障,在共同体的层面得以形塑。

公民身份的不断完备,离不开生态和谐社会这一概念的赋予。生态和谐社会是一种后现代的公民身份。如果说前现代的公民身份忽略了社会信任,现代的公民身份忽视了对自然的呵护,那么生态和谐社会既表现出对公民社会的热切期盼,又强调对生态公共领域的重视。人与自然之间的信任关系,在生态意识层面往往是单向度的。作为生态和谐社会的人表达出对自然的珍爱与守护,而自然作为无言的对象只能在社会公共领域之中默然自存。尽管它不可能以一种道德情感表达对人的青睐与仰慕,但它足以一种客观的存在说明生态和谐社会概念之对象性存在的整全性。

第二节　生态和谐社会作为一个新兴的伦理范式

生态和谐社会不仅与个体多重身份的权利相向而行,而且也与一个健全公民相匹配的义务并行而存。生态和谐社会作为一个新兴的伦理范式,其越来越被各种不同的文化传统所包容与理解。

伦理视域的生态和谐社会是在更健全的意义上对公民的环境权及生态义务所做的完整规定,它更强调公民在面对自然时所必须承担的道德与责任。特别是在工业文明的进程中,人类以牺牲自然环境的巨大代价换取经济增长,令我们反思人类所谓主宰自然的作为,并警醒自然生态被无度利用的损失将是不可弥补的。"第二次世界大战至今,我们已被带到一个危险的境地,最终不得不开始反省,决心要在全世界范围内重建我们的文明(我多么希望有更多的人能认识到这点)。这个努力的第一步就是以生态学的原理为基础,重建我们的自然环境和人工环境。"全球环境问题的凸显,西方现代性所带来的工具理性之缺陷,使生态和谐社会的出场成为必然。生态和谐社会一方面主张每个人都有免于受恶劣环境干扰和伤害的权利,另一方面强调每个公民要积极参与自然环境的保护与修复。虽然我们都是大自然的匆匆过客,但从地球生命整体和子孙后代永续相承的角度,我们必须对自然界的生态责任有所担当,肩负起制止破坏自然环境的掠夺性行为的责任。生态和谐社会身份是通往生态环境愉悦的一种建设性手段,它能够从生态主体的范式建构中找寻更全面的生态共同体的存在。

生态和谐社会是具备地球公民的格局,它是生态观面向全球化的产物。从其在20世纪中后期的许多重大环境运动中诞生起,生态和谐社会就表现出强大的道义感与全面的普及性。生态世界是一种自然环境的现实存在。自然界生物链的交织与联系,促成生态世界的有效构成。"能源消耗和化学产品的增加所造成的以及正在造成的影响使地球、环境和全球化三者之间产生了一种新的关系。大量的燃烧废气、化学污染以及对地球表面的破坏使人类赖以生存的环境,如大气圈、水圈和生物圈,变得不再生机勃勃。如果用全球变化来概括这些现象,在时间、范围和地点上还不够精确,因变化而带来的各种效应慢慢使人们意识到大家生活在同一个地球上。"

生态和谐社会并不是自上而下被给予的公民身份,而是一种新的公民人格类型。它更多的是处于人与自然相融合的公共领域的公民身份,它愈加重视公民的自主性对于自然界的道德义务,善于以主体性的言行为非人动植物的权利而斗争。生态和谐社会既是源于人类社会的公民,也是心属自然界的公民。生态和谐社会并不一定直接为人类代言,其为自然界权利而持续地奔走呼告,实则是在更深远的层面上为人类的长久利益而努力。

政治灌输并非生态和谐社会所喜欢的言说方式,而道德说教也不是生态和谐社会所习惯的论述形式。标榜生态和谐社会的伦理立场是值得肯定的,但过分拘泥于道德评论似乎也是无济于事。我们需要富有创造力的哲学分析,以期为未来的生态和谐社会走出一条可见之于全球生态和谐的道路。这是一个更宽广的格局,这是更宏远的理想。生态和谐社会不仅是生活在某一个社区、某一个城市、某一个国度的公民,也是生活在同一个地球村的世界公民。它一方面在源流的层面表现出生态和谐社会在地化的原则,另一方面由于跨区域与跨国交际不断增多的事实,表达了生态和谐社会的普世性的原则。这是一个多元的时代,这是一个多元的世界。我们需要审慎地观察在多样化民众所构成的这个世界中生态和谐社会所扮演的角色与所发挥的作用。

无论是作为一个条件的生态和谐社会,还是作为一个理念的生态和谐社会,其都表现出了对公民自主人格与公民身份的平等追求。只是作为条件的生态和谐社会,更多地把这种身份的具备作为实现生态和谐社会的一个重要因素或者说是前提条件,它体现为一种物质要件的形式;而作为理念的生态和谐社会,则更多地把生态和谐社会作为生态文明观念谱系中甚为关键的环节,它是一种精神的宣导。对生态和谐社会的认识,贯穿着公民内涵不断完备及生态制度化的长期实践过程。

生态和谐社会所拥有的集体自由的意愿,是否享有共同体意志共同表达的可能？当然,我们在此并不愿意重复戈培尔那句恐怖的话语"你什么都不是,你的人民就是一切!"如若极端地否定个人意志表达的可能性,无异于否定公民这种自主性个人的存在。

生态和谐社会在走向地球公民的进程中,在跨越国界与意识形态差异的过程中,不仅是行动半径越来越广袤,而且以果敢的方式及时应对可能突发的紧急事件。"面对所遭受的和经历的变化,在无法预知的未来面前迷失方向的人——国家的公民当然也是整个世界的公民(虽然人们常常意识不到这一点)——开始思考全球化的含义。"对全球化的领悟与思虑,迎接着一个悄然到来的生态全球化时代。如若我们认为全面连接与有效互动是全球化的主要特征。那么"使人类的不同方面产生联系是全球化的实质,但只靠这一点并不能解释全球化所带来的所有转变和革命,这种联系是我们研究全球化的基本要素之一,但它并不足以解释全部问题。在此,我们需要明确一点：由所有过程组合在一起形成的全球化推动了人类各个组成部分之间的相互交往,它是一个'总体事实',用帕斯卡尔(Pascal)的话来说,它是'结果也是原因',它依靠相互作用而存在,因此我们可以将全球化作为各个体系的结合物进行分析。"

第三节　锻造生态和谐社会的公民德性

来自生态文明理念的生态和谐社会不是一个空洞的理念,生态和谐社会建设也不是一个虚幻的实践。其进程关键要聚焦于主体并诉诸主体的建设,也就是作为主体的生态公民及其群体的形塑,培养生态公民之本质特征的公民德性之存在。

在此,这种侧重生态公民的公民德性是推动一个发育的生态和谐社会不断建成的观念基础。它把握了生态理性的基本原则,身心一致地体现出知行合一的效果。毕竟生态公民理念落实到社会结构的良性构建上,表现为一种与公民主体性需求相适应的生态和谐社会的建设。生态和谐社会作为一种理想的社会范式,是人、环境与自然和谐相处之原则融入生态社会建设的基本目标,也是社会众多成员真正成长为生态公民并培养为社会主体的过程。因为它在当下的公民德性层面,还远没有得到对应式的体现,尚有一部分人群未达到公民德性的合格标准。因此,在形塑更多的生态公民的同时,孕育及涵养公民德性之中事关生态公民素质的关键部分,对从主体层面增进生态和谐社会的事实性构建与大众素养之提升将起到重要作用。

它体现在公民面对生态环境之内在素养的本质层面。从意识到理念,从心性到行动,其在实践的进程中体现着协调经济发展、人类健康与环境保护的整体式推进。在较长时空的思辨过程中,生态和谐社会更多的是作为一个建构的伦理观念来看待,在相当程度上以道德理念模式在先、行为实践路径在后的方式体现其理念存在。生态和谐社会在概念的形塑过程中努力达到目标路径的清晰,在观点的思辨进程中认真达到逻辑内涵的完整。因此生态和谐社会并不是基于现实情境描述的平面式概念,而是本着终极建构思辨的立体式观念。而深入思考生态和谐社会的生态公民模式,不仅是寻找与生态文明建设相契合的社会形态,也是发现与生态和谐社会结构相一致的主体基础。

德性是人内在的涵养,也是人匹配于幸福生活的一种能力。公民与德性存在着紧密式联系,人无德不立,同样公民如果没有德性也不能真正存在。公民德性是公民内在涵养在其言行层面的具体凝结,也是人作为公民的道德内涵与伦理规范。公民德性不是生来就有的,而是在后天社会生活中生成的。公民德性也被称之为公民美德,或者说是公民德行。

公民的德性匮乏及其不均衡是目前公民道德建设的主要问题。这既涉及公民对道德的整体认识,尤其是公民对德性的观念思考,又体现出此种思考式认识的尺度,以及把观念转化为行为的程度。在心智健全的公民看来,德性不是可有可无的东西,而是实际匹配公民内在涵养的因素;有一些思想矛盾纠结的公民,还没有体会到德性之于公民的重要性,把德性当成了奢侈品;而在一些理性欠缺的公民看来,公民有无德性已是一个无所谓的问题,他们更多的是注重公民的外在形式,甚至是把公民建构仅仅看成是政治问题,而忽略了其作为道德问题的可能性。

公民的德性在最宽广的意义上关系着民族素质,关系着国家的文明程度;在狭窄的层面则决定着每个人作为公民的素养,决定着自身的品行。德性是公民道德建设的重要概念,德性健全就是公民道德建设的基本目标。因此公民道德建设本身就是系统工程,需要持续发力,久久为功。但因为德性内涵模糊、德性动力不足、德性边界交叉、德性基础不牢,公民德性的养成存在较大的困难。

德性作为道德的内在因素,何以在现实生活中体现出对公民及其实体行为改善的功效。这需要全面认清德性进入公民思想观念及对公民实践的影响。德性在其内在自觉层面可能是软性因素的软性因素,但在带来自身与他者的幸福感的层面却是质性因素。

德性不仅表现在人类群体当中人与人以及人与社会之关系的衡量,而且表现在人与自然界关系的相处上。生态公民的德性,特别凸显在后者的环节。特别是在全球环境问题丛生的当下,生态公民的群体营造上也出现了对象不清的问题。它需要特别厘清生态公民的德性内涵,对何种公民能够真正成为生态公民提出要求与标准。在主体确定的基础上,对公民类型群体当中的生态公民做出明确的界定。

如果能够对生态公民群体有着一致的认知,生态公民之德性就是需要进一步锤炼的因素。生态公民之德性是属于生态公民特有的德性,生态公民有否适宜的德性关联着生态公民的真正成形。

公民德性如何增进生态公民的观念？这需要把公民的道德品质应用于生态公民的行为实践之中。毕竟生态公民是致力于生态文明之事业的公民群体,它需要进一步体现出公民的自然主义情怀,在日常行动之中形塑公民与自然界相交往的行为规范。

生态公民之德性是具有典型特性的公民德性,是表现出公民与自然界相交往的行为活动中所表现出来的良好品质。公民德性立足于生态的界域,是一种精细的聚焦。它既体现出公民向自然界学习包容、共生与平等的德性素养,也是生态公民积极融入自然世界的凭借。在此意义上,公民既是能够并主动作为的主体,也是顺应自然界生态规律的客体。德性作为融通主客体的桥梁,能够表现出公民尊重自然与善待自然的道德风范。

生态公民之德性的趋向,是一种道德因素之于生态公民建构的内外在关联的显现。它的首要条件是生态公民之概念从理论走向实践,生态公民在社会阶层当中已经实实在在的成形,不仅从个体走向群体,而且从理念走向行动。如果生态公民群体不仅实然式存在,而且被普罗大众所承认。那么,关注德性与生态公民之间的关系就成了一个重要的问题。它们的关联度与融合度也是一个延伸的问题。德性如何渗透于公民成长的各个环节？德性与生态公民何以形成紧密式的连接？这种连接是否拥有于一个特别的机制？这种融通式的机制如何做到促进生态公民之德性？

如果我们承认公民之德性尺度体现于生态和谐社会内在的道德机制，那么它在何种层面发挥作用，又在哪一种道德机制上体现教育功能，这关系到生态公民价值标准磨合中对行为边界与观念分寸的合理理解。它实际上也关联着生态公民德性的有效落地及生态公民德性趋向的良性发展。这种趋向表现在如下几个方面：

首先，生态公民的德性趋向以对融入自然的真正理解为根本。养成生态公民的德性趋向，不是一朝一夕的事情。它需要持续的伦理关注，把握公民道德认知的焦点，把对自然的亲近式认识融入建设生态和谐社会的行动之中。生态公民的德性需要在自然与被动的自然之间做一个有效的结合。"因此，在这些关系的历史中，不是一个人，而是许多人，同样，不是一种自然，而是多种自然，即先后出现了一系列关系，有机、机械等各种自然状态，我们以两三百万年来已经或正在创造的种种技艺不断重复这些状态。"①这种生态公民的德性也正是积极性自然主义的表现，它在自然生态与历史环境之间的衔接，表现出创造一个可以实现的理想生态和谐社会模式的理念。

其次，生态公民的德性趋向以寻求对德性探析的共识为路径。德性是来自人之德目的积累，它是人自身更高地匹配于幸福之能力的内在质素。对德性的正确理解，也正是衔接公民意识与公民行动的正确桥梁。毕竟德性不是拿来阐述的，更重要的是用来实践的。以人之德性为条件，把握自然德性为基础，生态公民才可能得以塑造。生态公民的德性在未来进步的方向上更是体现出在绿色发展上的着力，从对自然界的感情出发，聚焦生态理性的实践，锻造生态公民保护生态环境的积极能动的行动。

再者，生态公民的德性趋向以体现生态公民道德机制的完善为目的。因应于此，必须有生态公民之德性区别于一般公民之德性的新结构与新方式。有良知的公民有必要以生态德性反思当代世界的环境状况，一方面注意到人类进入大空间大尺度中诸种生命泛化的情境，另一方面也理解无言的道德主体——自然界及其非人动植物成员也始终在面对着人类。这种生态公民道德机制的建立，不仅呼应

---

① ［法］塞尔日·莫斯科维奇：《还自然之魅》，庄晨燕、邱寅晨译，生活·读书·新知三联书店2005年版，第199页。

着生态公民之德性素养的提升,而且表现着以道德机制养成德性的目的。系统的道德机制是德性趋向的依归,它重在把握德性内涵与规律所在,在机制化的运作中积极扩展生态公民之德性的功能结构,提升生态公民德性的社会影响力。

还有,生态公民的德性趋向以解决全球社会的生态危机为立足点。生态危机发生在自然界,其根源在于人。面对环境问题,解决生态危机,关键在于人,关键在于修复人作为生态公民的德性。应对生态环境问题,不仅要发挥生态公民的主体作用,以自制与适度的原则采取主动应对的理性态度,而且在尊重生态系统的多样性与整体性的进程中,把德性趋向放在生态和谐社会模式及其伦理范式的确立上。在此,生态公民是自由的,更是道德的。作为自由的道德主体,伦理范式的确立及阐释,要求人对待自然的方式须接受多种需求的平衡。物质需求、安全需求,是一般意义上的生存需求;而更长远、更整体的环境需求,则是人类作为物种生活于这个世界的根本需求。环境需求需要自然界的给予,它面对是社会环境与自然环境的综合。

最后,生态公民的德性趋向以明确生态系统的空间尺度为标杆。生态公民的德性趋向是人类自身的精神结晶,它在客观的角度直面全球气候变化导致生物的栖息地变化,也就是地球生态空间的格局变迁。在此过程中,人类的德性若被遮蔽,生态公民的德性如被淡忘,包含在自然界之中的人类社会将承受比以往困境更大的生态代价,被改造的自然意味着植被类型与广泛栖息地的缩小,原生态的多物种的地理区域大幅减少,海陆空联动的生态系统服务功能急剧减弱,陆地生态环境的质量显现退化,自然界生态修复的能力下降,生态系统的空间尺度越来越有含糊不明的趋势。明确生态公民的责任所在,也正是凝聚生态公民的德性趋向,在公民恰当的行为尺度上应对当下地球生态系统紧张而又分裂的空间格局,特别是其空间尺度模糊所呈现的物种多样性、自组织、生物群落与平衡性的递减效应。德性不明,生态不彰。

总之,人类现实所置身的生态环境,并不是理想范式中美好家园般的复合生态共同体,而是在人类生存与物质生产过程中留下的一个被改造的自然界。生态公民的德性趋向以善良行动构筑生态空间,一方面让环境与社会的共生性覆盖人类自身的行为习惯,另一方面促进全球陆地、海洋与岛屿生态系统的一致性影响人类的良性行为。可见,生态德性作为一种普遍的公民行为举止的内在素养,尊重自然界的本体存在,又融入情商的方式真实地以行动有效地调节不同类型的社会生态圈及其空间尺度的变化。

第四节　生态和谐社会的实践取向

生态和谐社会基于自然健全性的秩序原则,尝试着建设我们永恒的生态城市,探索一条可持续发展的生态文明之路。伦理范式的生态和谐社会表现出四个方面的实践取向:重建社会,重造观念,重构自然,重组资源。

重建社会。生态和谐社会的发展状态是一种从自然人到社会人,再回归生态人的状态。我们对所生存环境的认识,经历了一个反复发展的过程。从单纯为人的利益所考虑,到为人类社会的发展而眷顾,再聚焦于自然的权利,以至于关注生态社会的整体环境。我们不再从人类自身利益出发来认识周遭环境,而是从一种局部化的观念向一种整体化的观念而递进。似乎一切都处于永恒的流变之中,我们对外在世界的认识在不断地绵延。在理智所赋予的观念世界中,这个人之外的外在世界其实又是我们与自然共生的内在世界。特别是生态理性所赋予的时空尺度之中,人与自然的联系远胜于人与自然的分割。

重造观念。观念是心灵的造物,而属意自然的生态观念,是一种对生态思维确定性的寻求。我们不再单向度地相信人的主观体验,而是需要结合对自然的了解来描述人在地球生境的整体状况。生态和谐社会所呼吁的美丽的自然新世界,并非"我思故自然在",即使"我不思自然也在",思只是增添对自然的观感,在想象的层面美化自然的存在,所以对思的追求并不直接导致对自然的追求。自然并非我们的梦想,而是我们的现实。关于自然世界的现实,是永恒不朽的确证性事实。我们所了解的每一个存在,都在或深或浅地渗透着自然性的因素。我们须臾不能离开自然,如若离开自然,我们发现自身将处于一个极度不真实的世界,并置自身于一个错误的绝境。

重构自然。诚如人不是完美无缺的,自然也并非完美无缺。在寻求自然界绝对确定性的过程中,我们对自然本性的了解,首先必须立基于对"人是自然界的一种存在"这个观念认识的基础上。这种经验意识的存在是一种当下的存在,可能有限、短暂而又易逝。而生态和谐社会又来自人,因此其也并非全知全能的。但是其自身独特的经验意识,在植入自然思维方面所可能具有的超越感,成就了生态理性的确定性,也成全了生态和谐社会的美誉。建立在对科学与理性的有效理解之上,生态和谐社会在逻辑路径上自觉推崇自我与自然的融通。

重组资源。自然资源的不断消耗使传统一致的世界资源观被消解,使具有变通的资源世界观不再成为可能。一个更尊重平等判断和自主决定的时代已经到来,资源的现实状况不是如同当代社会生活态度的多样性,旧资源的重复利用,绿色资源的全面开发,新兴资源的有效引导,都是持续我们好几代人、几十代人、几百代人的历史重任。在不可再生的资源面前,我们将何以体现个人的自主力量与自然意志的和谐贯通?有一个理念永远当铭记:直面自然资源,不脱离人类生存的现实;照顾自然资源,不超越生态系统的基本底线。

总之,伦理范式所立足的生态和谐社会是一个强调自然规律与社会规则有机融合的社会。生态社会公共性的凝聚,不仅表现了个体的归属感,而且也促成了生态和谐社会在与自然界相互交往的生态关系中,对共享的生态公共空间的认同。这也需要生态和谐社会在身份认同的过程中确定其有效的边界,生态和谐社会是作为认知与实践过程的产物。生态和谐社会关于自然世界的理性知识并非是从感觉经验而来,它是具有理性本质的社会化个体存在。生态和谐社会所具有的生态醒悟力是自主的,也是自足的。它是在知识化基础上的理性化,它注重选择自由中的价值明晰,强调制度安排进程中的终极自由。

参考文献

一、中文著作

[1]《马克思恩格斯文集》第1卷,人民出版社2009年版。
[2]《马克思恩格斯全集》第2卷,人民出版社1956年版。
[3]《马克思恩格斯文集》第2卷,人民出版社2009年版。
[4]《马克思恩格斯选集》第2卷,人民出版社2012年版。
[5]《马克思恩格斯选集》第3卷,人民出版社2012年版。
[6]《马克思恩格斯选集》第4卷,人民出版社2012年版。
[7]《马克思恩格斯文集》第7卷,人民出版社2009年版。
[8]《马克思恩格斯选集》第8卷,人民出版社1999年版。
[9]《列宁选集》第4卷,人民出版社2012年版。
[10]《毛泽东选集》第1卷,人民出版社1991年版。
[11]《邓小平文选》第3卷,人民出版社1993年版。
[12]《费尔巴哈哲学著作选集》上卷,荣震华、李金山等译,商务印书馆1984年版。
[13]《大辞海》(哲学卷),上海辞书出版社2003年版。
[14]北京大学哲学系外国哲学史教研室:《西方哲学原著选读》上卷,商务印书馆2000年版。
[15]陈瑛、廖申白:《现代伦理学》,重庆出版社1990年版。
[16]曹孟勤、徐海红:《生态社会的来临》,南京师范大学出版社2010年版。
[17]柴彦威:《城市空间》,科学出版社2000年版。
[18]程颢、程颐:《二程集·天地篇》,王孝鱼点校,见《二程集》上,中华书局1981年版。

[19] 程颢、程颐:《二程集·天地篇》,王孝鱼点校,见《二程集》下,中华书局1981年版。

[20] 鞠美庭、王勇、孟伟庆:《生态建设的理论与实践》,化学工业出版社2007年版。

[21] 金吾论:《自然观与科学观》,知识出版社1985年版。

[22] 刘湘荣:《生态伦理学》,湖南师范大学出版社1992年版。

[23] 蓝宪军:《生态论》,中国社会科学出版社2001年版。

[24] 卢风:《科技、自由与自然——科技伦理与环境伦理前沿问题研究》,中国环境科学出版社2011年版。

[25] 廖申白:《伦理学概论》,北京师范大学出版社2009年版。

[26] 卢昭彰:《环境·人·生活》,台北高立图书有限公司出版社2006年版。

[27] 梁中伟:《下一波工业革命》,见威廉·麦唐诺、麦克·布朗嘉:《从摇篮到摇篮》,中国21世纪议程管理中心译,台北野人文化股份有限公司出版2008年版。

[28] 龙丹:《资本主义生态批判研究》,西安外国语大学出版社2011年版。

[29] 卢风:《应用伦理学——现代生活方式的哲学反思》,中央编译出版社2004年版。

[30] 廖申白:《交往生活的公共性转变》,北京师范大学出版社2007年版。

[31] 蒙培元:《人与自然——中国哲学生态观》,人民出版社2004年版。

[32] 潘家华、魏后凯:《中国城市发展报告No.5:迈向城市时代的绿色繁荣》,社会科学文献出版社2012年版。

[33] 宋宗水:《生态文明与循环经济》,中国水利水电出版社2009年版。

[34] 世界环境与发展委员会:《我们共同的未来》,王之佳等译,吉林人民出版社1997年版。

[35] 沈国明:《21世纪生态文明环境保护》,上海人民出版社2005年版。

[36] 世界环境与发展委员会:《我们共同的未来》,王之佳等译,吉林人民出版社1997年版。

[37] 王雨辰:《生态学马克思主义与后发国家生态文明理论研究》,人民出版社2017年版。

[38] 王正平:《环境哲学》,上海人民出版社2004年版。

[39] 万以诚:《新文明的路标》,吉林人民出版社2000年版。

[40] 万以诚:《新文明的路标》,吉林人民出版社2000年版。

[41] 万俊人:《寻求普世伦理》,商务印书馆2001年版。

[42] 韦政通:《伦理思想的突破》,中国人民大学出版社2005年版。

[43] 余谋昌:《生态文明论》,中央编译出版社2010年版。

[44] 杨通进:《走向深层的环保》,四川人民出版社2000年版。

[45] 余谋昌、王耀先:《环境伦理学》,高等教育出版社2004年版。

[46] 余谋昌:《环境哲学:生态文明的理论基础》,中国环境科学出版社2010年版。

[47] 袁振国:《当代教育学》,教育科学出版社1998年版。

[48] 周国文:《公民观的复苏》,上海三联书店2016年版。

[49] 周国文:《生态公民论》,中国环境出版社2016年版。

[50] 周国文:《西方生态伦理学》,中国林业出版社2017年版。

[51] 张京祥:《西方规划思想史纲》,东南大学出版社2005年版。

[52] 中共中央文献研究室:《十六大以来重要文献选编》(中),中央文献出版社2006年版。

[53] 周国文:《自然权与人权的融合》,中央编译出版社2011年版。

[54] 周振华:《城市发展:愿景与实践》,人民出版社2010年版。

[55] 中国城市科学研究会:《中国低碳生态城市发展战略》,中国城市出版社2009年版。

[56] 张友渔:《宪政论丛》上册,群众出版社1986年版。

[57] 卢风:《人、环境与自然》,广东人民出版社2011年版。

[58] 联合国人居署:《和谐城市——世界城市状况报告2008/2009》,中国建筑工业出版社2008版。

二、译著

[1] [英]爱德华·戈德史密斯:《企业伦理》,高等教育出版2004年版。

[2] [匈]阿格尼丝·赫勒:《现代性理论》,李瑞华译,商务印书馆2005年版。

[3] [美]比尔·麦克基本:《自然的终结》,孙晓春等译,吉林人民出版社2000年版。

[3] [美]蒂洛:《伦理学理论与实践》,孟庆时等译,北京大学出版社1985年版。

[4] [英]狄更生:《希腊的生活观》,彭基相译,商务印书馆1931年版。

[5][古希腊]德谟克利特:《道德思想》,见[英]罗素:《西方哲学史》上卷,商务印书馆1981年版.

[6][德]恩斯特·卡西尔:《人文科学的逻辑》,沉晖等译,中国人民大学出版社2004年版.

[7]恩格斯:《自然辩证法》,人民出版社1971年版.

[8][美]霍尔姆斯·罗尔斯顿:《哲学走向荒野》,刘耳、叶平译,吉林人民出版社2000年版.

[9][美]加布里埃尔·A. 阿尔蒙德、西蒙尼·维巴:《公民文化——五国的政治态度和民主》,马殿君等译,浙江人民出版社1989年版.

[10][瑞士]克里斯托弗·司徒博:《环境与发展——一种社会伦理学的考量》,邓安庆译,人民出版社2008年版.

[11][德]孔汉思·库舍尔:《全球伦理——世界宗教会议宣言》,何光沪译,四川人民出版社1997年版.

[12][美]巴里·康芒纳:《封闭的循环——自然、人和技术》,侯文蕙译,吉林人民出版社1997年版.

[13][美]蕾切尔·卡森:《寂静的春天》,吕瑞兰、李长生译,上海译文出版社2008年版.

[14][英]罗素:《西方哲学史》,何兆武、李约瑟译,商务印书馆1981年版.

[15][法]卢梭:《社会契约论》,何兆武译,商务印书馆1982年版.

[16][英]迈克尔·欧克肖特:《政治中的理性主义》,张汝伦译,上海译文出版社2003年版.

[17][美]默里·布克金:《自由生态学—等级制的出现与消解》,郇庆治译,山东大学出版社2008年版.

[18][德]马尔库塞:《单向度的人》,波士顿出版社1964年版.

[19][美]纳什:《大自然的权利》,杨通进译,梁治平校,青岛出版社2005年版.

[20][美]诺兰等:《伦理学与现实生活》,姚新中等译,华夏出版社1988年版.

[21][法]塞尔日·莫斯科维奇:《还自然之魅》,庄晨燕、邱寅晨译,生活·读书·新知三联书店出版社2005年版.

[22][美]斯塔夫里阿诺斯:《全球通史》,吴象婴、梁赤民译,上海社会科学院出版社1999年版.

[23][英]斯廷博根:《公民身份的条件》,郭台辉译,吉林出版集团2007年版。

[24][荷]斯宾诺莎:《政治论》,冯炳昆译,商务印书馆1999年版。

[25][美]马斯·库恩:《科学革命的结构》,金吾伦、胡新译,北京大学出版社2012年版。

[26][英]狄金森:《希腊的生活观》,彭基相译,华东师范大学出版社2006年版。

[27][美]约翰·罗尔斯:《正义论》,何怀宏等译,中国社会科学出版社1998年版。

[28][美]约翰·贝拉米·福斯特:《生态地批判》,郭剑仁译,人民出版社2008年版。

[29][古希腊]亚里士多德:《尼各马可伦理学》,廖申白译注,商务印书馆1933年版。

[30][古希腊]亚里士多德:《尼各马可伦理学》,苗力田译,中国社会科学出版社1999年版。

三、中文期刊论文

[1]安成林:《儒家生态伦理思想对现代社会的价值》,载《鸡西大学学报综合版》,2011年第11期。

[2]柯进华:《论儒家"生生"思想中的生态文明观》,载《杭州电子科技大学学报(社会科学版)》,2014年第1期。

[3]白志礼:《生态和谐社会:社会观的创新》,载《生态经济》,2010第1期。

[4]白瑞:《论我国绿色发展思想的形成》,载《理论月刊》,2012年第7期。

[5]白志刚:《"绿色北京"向世界城市迈进》,载《北京纪事》,2010年第11期。

[6]白志刚:《"绿色北京"向世界城市迈进》,载《北京纪事》,2010年第11期。

[7]崔金星:《生态文明语境下的消费者责任》,2009年全国环境资源法学研讨会,2009年5月。

[8]陈曦:《论经济发展与环境保护的动态均衡》,载《江西社会科学》,2009年第10期。

[9]陈望衡:《乐居——环境美的最高追求》,载《中国地质大学学报》,2011年第1期。

[10]陈伟华、杨曦:《世界观的转变:从人类中心主义到生态中心主义》,载《科学技术与辩证法》,2001年第4期。

[11]高一涵:《民约与邦本》,载《新青年》(1卷3号),1915年第11期。

[12]郭先登:《论建设生态文明城市问题》,载《山东经济》,2008年第5期。

[13]高德菊、韩照波:《"天人合一"思想与生态文明》,载《职业时空》,2009年第2期。

[14]黄焰城:《生态文明与世界城市》,世界城市与精神文明建设论坛会议论文,2010年10月。

[15]黄爱宝:《生态型政府构建与生态公民养成的互动方式》,载《行政学研究》,2007年第5期。

[16]胡远辉:《如何协调工业发展与环境保护》,载《能源与节能》,2012年第7期。

[17]韩星:《儒家天人一体观与生态文明》,载《和文化学刊》,2010年第4期。

[18]姜春云:《跨入生态文明新时代——关于生态文明建设若干问题的探讨》,载《求是》,2008年第21期。

[19]李雪玲:《可持续的循环经济载体与政府实践》,载《上海城市管理职业技术学院学报》,2009年第6期。

[20]卢风:《关于生态文明的哲学思考》,载《2012学术前沿论丛—科学发展:深化改革与改善民生》,2012年第5期。

[21]李肖瑾、谢荣华:《和谐社会视角下政治生态的优化》,载《中共山西省委党校学报》,2011年第4期。

[22]刘慧洁:《先秦儒家生态思想及其现代启示》,载《太原科技大学》,2012年第5期。

[23]卢风:《生态文明与绿色消费》,载《深圳大学学报》,2008年第1期。

[24]乐爱国:《儒家生态思想初探》,载《自然辩证法研究》,2003年第12期。

[25]李相明:《孟子的生态伦理思想与生态保护》,载《山东大学》,2009年版。

[26]闵绪国、龙钰:《儒家生态伦理及其对我国生态文明建设的启示》,载《攀登》,2010年第2期。

[27]马英:《生态地批判——资本主义条件下的生态危机》,载《内蒙古农业大学学报》,2010年第6期。

[28] 马洪波:《绿色发展的基本内涵及重大意义》,载《攀登》,2011年第2期。

[29] 潘玉君、段勇、武友德:《可持续发展下环境伦理与原则》,载《中国人口、资源与环境》,2002年第5期。

[30] 宋佳珉:《可持续发展——中国化的现实选择》,载《商业研究》,2004第3期。

[31] 童庆炳:《生态文明与思想解放》,载《江西社会科学》,2008年第4期。

[32] 唐永宏:《打造再生资源回收体系建设"绿色北京"》,载《再生资源与循环经济》,2010年第5期。

[33] 王宏斌:《西方发达国家建设生态文明的实践、成就及其困境马克思主义研究》,载《马克思主义研究》,2011年第3期。

[34] 文佳筠:《低消费高福利:通往生态文明之路》,载《绿叶》,2009年第3期。

[35] 王铭霞:《人与自然关系的哲学反思》,载《理论月刊》,2001年第2期。

[36] 万俊人:《"和谐社会"及其道德基础》,载《马克思主义与现实》,2005年第1期。

[37] 王金南、张惠远:《关于中国生态文明建设体系的探析》,载《环境保护》,2010年第4期。

[38] 吴奎彬:《论儒家"生生"理念及其衍生的生命伦理原则》,载《山东青年政治学院学报》,2014年第4期。

[39] 习近平:《让工程科技造福人类、创造未来——在2014年国际工程科技大会上的主旨演讲》,载《人民日报》,2014年6月4日。

[40] 杨通进:《生态公民论纲》,载《南京林业大学学报》,2008年第3期。

[41] 姚淑群:《生态社会与和谐社会的思考——兼论现代社会的"绿色劳动"》,载《广东社会科学》,2005年第6期。

[42] 俞可平:《和谐社会面面观》,载《马克思主义与现实》,2005年第1期。

[43] 俞可平:《治理和善治引论》,载《马克思主义与现实》,1999年第5期。

[44] 杨通进:《生态公民的培养是战略任务》,载《绿叶》,2009年第1期。

[45] 周国文:《低碳经济:生态公民的绿色尺度》,载《人文杂志》,2011年第1期。

[46] 朱力:《对"和谐社会"的社会学解读》,载《南京社会科学》,2005年第1期。

[47] 张丽红等:《建设环境友好型社会》,载《内蒙古民族大学学报》,2009年

第 6 期。

[48] 朱凯:《试论生态中心论的森林伦理思想》,载《金陵科技学院学报》,2006 年第 5 期。

[49] 周国文、卢风:《生态城市论——以环境哲学为立足点》,载《社会科学评论》,2010 年第 2 期。

[50] 中国民主建国会北京市委员会:《确立绿色发展模式,加速绿色北京建设》,"人文北京、科技北京、绿色北京"发展论坛,2009 年 9 月。

[51] 曾珠:《关于中国生态文明建设的现状与未来思考》,载《经济前沿》,2008 年第 4 期。

[52] 中国农工民主党北京市委员会:《再接再厉最懂"绿色北京"建设》,载《北京观察》,2010 年第 3 期。

[53] 白奚:《仁爱观念与生态伦理》,载《首都师范大学学报》,2002 年第 1 期。

[54] [古希腊]柏拉图:《理想国》,郭斌和、张竹明译,商务印书馆 2009 年版。

[55] [美]罗伊·莫里森:《走向生态社会》,明空译,载《中国社会科学学报》,2010 第 4 期。

四、外文著作

[1] Arthur George Tansley, *The Early History of Modern Plant Ecology in Britain Journal of Ecology*, 1947.

[2] Joan Berbick, *Thoreau's Alternative History*, PhilaDelphia: University of Pennsylvania Press, 1987.

[3] Epictetus, *Discourse*, translated by W. A. Oldfather, Cambrige: Harvard University Press, 1928.

[4] Hans Kung, *Global Responsibility: In Search of A New World Ethic*, New York: Crossroad, 1991.

[5] H. Newby, "Citizenship in Green World: Global Commons and Human Stewardship", in M. Bulmer and A. Rees(eds), *Citizenship Today*, London: UCL Press.

[6] Joseph S. and Nye Jr., *Bound to Lead: The Changing Nature of American Power*, Basic Books, 1991.

[7] Jon Ford and Marjorie Ford, *Citizenship Now*, Pearson Education. Inc, 2004.

[8] Michael Oakeshott, *On Human Conduct*, Oxford: Clarendon Press, 1975.

［9］Pagiola S. , Arcenas A. , Platais G. Can Payments for Environmentalservices Helpreducepoverty：An Exploration of Theissues and the Evidence to Date from Latin America, *World Development*, No. 2, 2005.

［10］James Roberts and Aimee Clement, Materialism and Satisfaction with Overall Quality of Life and Eight Life Domains, *Social Indicators Research*, 2007.

［11］Ronald Sandler and Philip Cafaro, *Environmental Virtue Ethics*, Rowman & Littlefield Publishers Inc, 2005.

［12］Robin Attfield, *Environmental Ethics：An Overview for the Twenty-First Century*, Blackwell Publishing Ltd, 2003.

［13］DTI (Department of Trde and Indusiry), *UK Energy White Paper：Our Energy Future-creating a Low-carbon Economy*. London：TSO (The Stationery Office), 2003.

［14］Warwick Fox, *Toward A Transpersonal Ecology*, New York：State University of New York Press, 1990.

五、外文期刊论文

［1］Aaron C. Ahuvia, Nancy Y. Wong, Personality and Values Based Materialism：Their Relationship and Origins, *Journal of Consumer Psychology*, 2002.

［2］Richins M. L. and Dawson S. , A Consumer Values Orientation for Materialism and Its Measurement：Scale Development and Validation, *Journal of Consumer Research*, 1992.

后记　生态和谐社会:生态哲学的新维度

　　立足于生态和谐社会的生态哲学源自自然式的本真存在,也关联着人类的活动。它是一个持续发现自然的过程。这种哲学式的发现,不仅在于尽量还原自然界的原初状态,而且在于保持自然界生态本位的内在价值。当然它并不是鼓吹返回原始社会,去茹毛饮血的古代世界中寻找自然本真存在。

　　对应理想的生态和谐社会,如果有一种哲学被命名为生态哲学,则需要我们尤为深刻地理解生态,理解其所拥有的新维度是它的内涵所在,更是它的外延所期。建立在对自然界多样事物独特的泛情感主义基础上的观念,其所匹配的生态哲学在可能的意义上是否拥有远比环境哲学更宽的蕴含及更大所指?因为我们辨明二者特定的所指,从界限、价值到趋向是否都存在不同?如果说在界限上,它不仅是从两个概念区分而所形塑的同一类型哲学的两种形态。如卢风教授所指出:"生态文明新时代的新哲学就是生态哲学。生态哲学不是任何一种一般哲学体系的二级学科,而是在批判继承现代性哲学的基础上建构的一种新哲学。生态哲学的基本内容包括:有机论的自然观;谦逊理性主义的知识论;扬弃了主客二分、事实价值二分的自然主义价值论(axiology);辩证共同体主义的政治哲学;超越人类中心主义的伦理学和美学;非物质主义的价值观(values)、人生观和幸福观;非经济主义的文化观,等等。"①

　　走向生态文明的生态哲学需要来一次新启蒙,意味着21世纪世界生态思想启蒙普及的哲学将是生态哲学。生态哲学更加强调其内在协调的有机性,其从价值观到行动纲领上都充分表现出地球命运共同体的定位。其所内涵的哲学批判,构建了一个有效共生共存的多元问题域。它在思维互动中所搭建的系统的价值观体系是在一个更宽广的研究边界中考虑问题。

---

① 转引自包庆德:《生态哲学:生态文明新时代的时代精神精华》,载《鄱阳湖学刊》,2017年第6期。

生态哲学是一种更高意义、更宽界域的哲学。它是哲学面向生态环境的一次主动转向,也是生态世界纳入哲学思辨的有效变化,或者说生态哲学带来的是哲学思维方式的重大变革。它构建了一个更整体的理论模型,创造了一个新的哲学理路。

生态哲学是向自然界全面回归的哲学。它表现出的哲思是面对自然界的主动思辨。它是新的符号及理念体系的集成。在价值上,它从动物权利论到自然内在价值论,所建立的观念认知模型是否拥有对道德价值重新反思的可能?而从趋向上来看,它从整体主义到万物有灵论,是否二者以其视域的不同建构了各自不同的理论模型?

若环境哲学所把握的非人类中心主义哲学的向度是足够明显,那么生态哲学所期待的宇宙主义的有机哲学之界域则是充分自足。面向地球主义的环境哲学,需要向新的界域拓展。它不仅是向生态哲学延伸其研究对象及内涵所在,更是向生态哲学的新向度寻找其多学科交融与创新的可能。

生态哲学不应为取代环境哲学而生,它在固有的意义上不仅是继承了原有环境哲学的思想遗产,而且可以被理解为环境哲学的一种新转折。它或者作为一种新概念,以生态主义的观念为依托,提示了对环境哲学的更完整定义。而与此同时,生态哲学的新维度则更是伦理观、社会观与政治观的整合式突破。它是我们人类生态意识站在新立足点上的新展示。

生态不言自明,就在那里。它构成了我们无处不在、无时不在的世界,甚至是我们可以触及的宇宙。立足于从描述的意义去诠释生态哲学,不如从规范的层面去定义生态哲学。它提供了一种新的范式,阐释一个足够知道的生态世界。

生态哲学是生态的哲学,也是生态与哲学的交融。它意味着一种生态学革命的哲学新生态。生态哲学是立足于生态阐述哲学,更是依循哲学来梳理生态。其对象更多、范围更宽、范畴更广,显而易见,比起环境哲学是更多元更丰富的哲学。

从环境哲学而来的生态哲学,意义是否更加深刻?意思是否更加明确?意涵是否更加多样?意义表达从事实而来的人与自然关系的价值。意思是一种意愿的表示及趋向的成立。意涵则构成了内涵及理念原则的存在。

从人与自然关系的理解来看,从谋生模式、征服模式、剥削模式、托管模式到共生模式,生态哲学创造了一种崭新的生态圈伦理。我们人类与在地球上和我们共享无垠宇宙的多样动植物的关系是什么?我们拥有何种权利来处置有生命的非人存在物?我们因循怎样的标准来看待人类行为的边界?我们又能把握何样尺度来建构生态和谐社会?

因此以重申环境哲学的固有价值,作为承认生态哲学出现的前提性条件,也正是把各种类型的生命存在物加以平等看待。它一方面是提升生物存在的位格,另一方面是尊重生物的多样性。生态哲学的新维度在此拓展了一种合乎生命伦理的改进。可见,生态哲学是更加注重人作为生物的平等性与相互依存的共生性。

生态哲学的新维度正在创造一种新的连接。这种连接是有机联系的连续性之哲学,它意图在宇宙圈的部分形成一个更大更好的连接,并且把内在机理的连接塑造成意义的系统。在此新的连接既是需要的功能式连接,又是超越的精神式连接。

处在环境紊乱状态中的人们,在意识深处的渴望是生态和谐的回归。这是宇宙论背景的宏大诠释及叙事。它揭示了我们与外界事物之间深层的联系。

从物种保护与种群恢复中走来的生态学,需要一种有效的哲学体系来为生态学寻找理论基础。而当群落结构、景观重建与栖息地建设为生态环境的再造提出新的要求,同样也为生态哲学的发展形成了契机。生态哲学致力于建立一个统一细致而又全面的理论框架来诠释说明生态环境及其子系统的所有知识。

毕竟生态系统的关联式存在为生态哲学不仅提供了可能,而且还创造了新的研究背景。它努力打开新的视域,不仅在向处于本体地位的人类世界拓展其界域,而且充分打开一个自足的生态世界。与此同时,人类对生态的认识能否达到一个新的水准?若是不同生态圈的存在提供了生态哲学认知的多元界域。那么它是否已超越了一个统一世界观的前科学尝试?

从境遇主义走向整体主义,从一般认知模式到深层观念图谱,我们对生态系统的哲学理解重新经历着其理性主义的审视。生态哲学其所论述的界域也可能正是宇宙范畴的。在完备其内涵与外延的进程中,生态作为主要概念定义其所指,不仅是与人类活动相关的环境,而且是脱离了人类行动的地球。宇宙若是最高的生态系统,贯穿它的哲学在思辨中提升其所思的境界与域限。生态毕竟是以生命为基础,创造一种整体化的生存境遇。没有生命的地方,在地球之外很难说构造了另一种生态。或者说生态是围绕地球而言说,地球生态因人类的存在而成为宇宙生态最活跃的部分。

生态是人类世界中的任何事实,也是诸多生命中的每一事件。"大自然既非仁慈,也非不仁。它既不反对遭受痛苦,也不支持遭受痛苦。"①生态若是先天本然

---

① [英]理查德·道金斯:《地球上最伟大的表演》,李虎、徐双悦译,中信出版社2013年版,第323页。

的,生态和谐社会则是后天必然。生态哲学是人类与自然整体和解的哲学。它憧憬着人类自身的生态意识自觉,并表现出第四维的思想观念解放。若说前面的三维是人类之维、物质之维与环境之维的话,这个第四维是重新理解自然性的生态之维。生态之维,辐射效应更加广泛。它投映在一个不断增进思想自觉的生态公民群体,在对自然的态度上不仅是更加完备式理解的好奇,而且是更具有包容的亲和力。

生态哲学愈加重视生物的进化论。在保护人性之外,努力借助伦理观及价值观发现新的生物群落,以开启人类意识世界之新空间、新结构与新趋势。"三种更超验的性质——道德、审美和宗教感情——经常被认为是人类有别于其他动物的独特特点。"① 这并非一种全新的哲学,而是展现出具备重新定义自然的能力与诠释意图。关键是人类有效的面对及融入,把握形塑生态人的契合感。

作为时空提供者的生态,人类永远在此之中,或者说人类是时空历程的旅行者。生态哲学提供了人类迈向未来之路的预见与目的。它有效超越自然工具论,在本体论的层面树立生态整体主义的视角。未来则是一张地图,以谋划人类即将展开的有效行动。

因此,生态哲学所创造的关于人类外部世界的知识体系,是一种从平面认识向立体观念的延伸。它才能依循自然观念与现象开始有效阐释自己的未来。生态哲学所树立的更多元的哲学体系,创造了新时代哲学宽广的平台。这是一个改变原有哲学话语体系的契机。毕竟生态学对于哲学的颠覆,不仅仅是打破了传统哲学的诠释模式,而且是打开了哲学论述的新窗口。自然科学知识与工程科学知识对于生态学的支撑,也帮助生态学知识达到对于哲学更新的影响。在新的话语路径与解释逻辑的提升中,生态哲学的出现及其完善,也将帮助越来越多的哲学旁观者进入哲学殿堂,并促进哲学阅读者有效增长新哲学见识。

生态和谐社会建设是生态文明事业的重要组成部分,它依自然之律、集环境之魅、携众人之智始终行进在人类追求美好生活和诗意栖居的道路上。本书来源于2011年国家社科基金青年项目"生态和谐社会伦理范式阐释研究"课题组的研究成果。本人主要承担了课题组织、研究大纲的设计、大部分内容的撰写任务,课题组成员刘玉珠、张静静、李霜霜、王滢、杨冬霞、陈琦、杨欣澳等负责收集文献、设计问卷、整理资料及编写研究报告部分章节的工作。该项课题历经四年的持续研究,于2015年圆满完成项目研究的各项任务。课题虽已结项,研究思考却还在延

---

① [美]克里斯蒂安:《像哲学家一样思考》,赫忠慧译,北京大学出版社2014年版,第502页。

展。2016年以来,贾桂君、许晓楠、陈晓宇等同学对书稿第10章及第15章的部分内容做了补充修改,并对研究报告的格式及问卷表格等技术环节进行了完善。最后,又经本人统稿修订,草成现有的篇幅规模。因为项目研究内容牵涉面较广,难免存在问题与不足,敬请方家不吝赐教指正。在《生态和谐社会伦理范式阐释研究》一书出版之际,感谢中央编译出版社将本书选入"马克思诞辰200周年纪念文库",感谢北京林业大学马克思主义学院领导对本书申请出版的支持,感谢清华大学哲学系卢风教授欣然为本书拔冗作序,感谢国家社科基金项目对我们团队前期研究工作的资助。

一个正在成熟的生态和谐社会呼唤着崭新的生态哲学,虽然其学科界限还未完全生成,其在融合人文科学、社会科学与自然科学层面的努力还有待观察,但其学理内涵已经初步具备。对此我们乐观其成。

周国文

北京林业大学马克思主义学院